教育部高等学校材料类专业教学指导委员会规划教材

国家级一流本科专业建设成果教材

工程量子力学

陈小华　袁定旺　刘智骁　编著

QUANTUM MECHANICS FOR ENGINEERING

U0243399

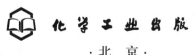

化学工业出版社

·北　京·

内 容 简 介

《工程量子力学》力图帮助工程类学科本科生建立量子力学基本原理与工程问题之间的联系,侧重通过实际案例凸显量子力学在现代科学、工程中的重要性。

本书共 6 章。第 1 章介绍了量子论提出的历史背景和早期发展过程,包括普朗克量子假说、爱因斯坦光量子理论、玻尔氢原子模型以及索末菲量子化条件,并介绍了量子论在现代材料科学中的应用。第 2 章介绍了量子力学的基本概念,包括物质的波粒二象性、状态波函数及其物理内涵、态叠加原理以及用来描述微观体系演化的薛定谔方程。第 3 章重点讲解可观测力学量算符的数学性质以及测量原理,并介绍了量子力学的矩阵表示。第 4 章讲解了全同粒子的概念及其波函数的构建方法、电子自旋算符及其相应的波函数,并介绍了多电子体系的 L-S 耦合及多电子原子光谱项的描述方法。最后两章给出了薛定谔方程的应用实例。其中第 5 章重点讲解了无限深势阱、线性谐振子、隧道效应和中心力场几种理想模型,并介绍了这些模型的具体工程应用;第 6 章针对实际问题的复杂性,介绍了微扰论、变分法等近似求解薛定谔方程的方法。

本书可作为高等院校材料类、电子类、化学化工类等专业的教材,也可作为高等学校理工科其他有关专业的参考书。

图书在版编目(CIP)数据

工程量子力学/陈小华,袁定旺,刘智骁编著. —
北京:化学工业出版社,2023.11
ISBN 978-7-122-44102-7

Ⅰ.①工… Ⅱ.①陈… ②袁… ③刘… Ⅲ.①量子力
学-高等学校-教材 Ⅳ.①O413.1

中国国家版本馆 CIP 数据核字(2023)第 167101 号

责任编辑:陶艳玲　　　　　　　　　　文字编辑:段日超　师明远
责任校对:宋　玮　　　　　　　　　　装帧设计:史利平

出版发行:化学工业出版社(北京市东城区青年湖南街 13 号　邮政编码 100011)
印　　装:大厂聚鑫印刷有限责任公司
787mm×1092mm　1/16　印张 13¼　字数 305 千字　2024 年 7 月北京第 1 版第 1 次印刷

购书咨询:010-64518888　　　　　　　售后服务:010-64518899
网　　址:http://www.cip.com.cn
凡购买本书,如有缺损质量问题,本社销售中心负责调换。

定　　价:49.00 元　　　　　　　　　　　　　　版权所有　违者必究

量子力学在应用科学、工程学中的作用越来越重要，是物理、微电子、材料等专业开设的一门基础课程。国内现有量子力学教材主要以理科学生为阅读对象，侧重量子力学的基本概念与原理，内容多，数学推导繁琐，文字表达深奥。已有教材对量子力学基本原理的物理意义阐述缺乏与实际工程/科学问题之间的关联，具体应用实例少。针对当前学时紧张、工科类学生的物理和数学知识相对比较薄弱的实际情况，如何快速地让学生掌握抽象的量子力学理论的基本要素并提高解决问题的能力是极具挑战性的。为了满足工科学生的学习需求，英国 A. F. J. Levi 编著了《Applied Quantum Mechanics》（Cambridge University Press，2003）教材，重点讨论量子力学在半导体材料中的应用，但仍比较理论化，适合工程物理专业。同时，国内仍缺乏专门面向工科，特别是材料学科的量子力学教材。教材问题已成为学生对这门课程畏惧的突出问题。随着一流本科专业建设的深入推进，教材的开发已成为高等学校课程改革焦点。开发和编写出适应新工科实际和学生适用的《工程量子力学》教材日益迫切。

针对以上问题，本教材以精练的内容，厘清量子力学原理与工程应用之间的物理图像，简化数学推导过程，加强与材料/器件之间的关联，增加相关最新应用进展等内容，力求达到通俗易懂、实用性强的目的，弥补国内面向工科学生的工程量子力学教材缺少的问题。

本教材具有以下特点：

一、将课程目标定位于培养具有较高理论水平、创新能力和自我发展能力的高级工程技术人才，突出理论与实际的联系，突出逻辑思维与想象思维的联系。

二、以家国情怀、全球视野、创新精神和实践能力为本位，突出工程教育特色，本着理论知识"实用、易学、创新"的原则，在现有量子力学教材内容的基础上做了较大改动，删除或缩减了数学的推导和演算，增加了与材料相关的内容，如光谱项、一维势阱模型在共轭有机分子的应用、光谱分析、材料的第一性原理计算方法与软件（平台）等。重点加强了材料和器件类案例的内容，同时加强了课程中蕴含的辩证法、创新思维和爱国元素的教学内容。

三、每一章开始设有导读，介绍整章的目标和主要内容。每一章后介绍相关知识在材料和器件领域的应用和进展。尽可能用图片、表格的形式展现知识点，提高可读性。章后编选了不少例题、思考题和习题。以上设置力求符合学生认知规律，使学生对所学知识有目标、有重点，能循序渐进，进而得到巩固与提高。

　　本书为湖南大学材料科学与工程专业国家级一流本科专业建设成果教材，由湖南大学陈小华（组织并执笔第 1、4、5 章）、袁定旺（执笔第 2、3、6 章）和刘智骁（公式的编辑、习题选编）编著，最后由陈小华负责修改和定稿工作。

　　由于编写时间仓促，加上编著者水平有限，书中疏漏之处在所难免，敬请各位专家、同行、读者批评指正。

编著者

2024 年 1 月

目 录

第 3 章 力学量算符及矩阵力学

第 4 章　　自旋与全同粒子

附　录

量子论的提出

第 1 章 PPT

 导读

量子是什么？

量子科学，对绝大多数人来说十分陌生。但当它与信息技术相连，则与我们每个人息息相关。当今社会，信息的海量传播背后也充斥着信息泄露的风险。而量子科学则为信息安全提供了"终极武器"。

量子究竟是什么？

构成物质的分子、原子、电子、光子等微观粒子具有量子效应，所以也可以叫它们为量子，量子效应包括能量的不连续、位置不确定、状态叠加、干涉、纠缠等。

我们中学里做的双缝干涉物理实验，就是光子干涉引起的，这就是一种量子效应。微观粒子一般都具有量子效应，据此又分为费米子和玻色子两类。

量子力学建立 100 多年，催生了许多重大发明——原子弹、激光、晶体管、核磁共振、全球卫星定位系统等，改变了世界面貌。

量子信息技术则是量子力学的最新发展，代表了正兴起的"第二次量子革命"。在量子信息技术中，具有代表性的是量子通信和量子计算。

量子力学是 20 世纪 20 年代中期建立起来研究微观粒子运动规律的理论，是现代物理学的理论基础之一[1]。19 世纪末，人们发现大量的物理实验事实不能再用经典物理学中能量是完全连续性的理论来解释。1900 年，德国物理学家普朗克提出了能量子假说，用量子化即能量具有的不连续性，解释了黑体辐射能量分布问题。1905 年，爱因斯坦在此基础上提出了光量子假说，第一次揭示出光具有波粒二象性，成功地解释了光电效应问题。1906 年，爱因斯坦又用量子理论解决了低温固体比热问题。接着，丹麦物理学家玻尔提出了解释原子光谱线的原子结构的量子论[2]，并经德国物理学家索末菲等人所修正和推广。1924 年，德国物理学家德布罗意在爱因斯坦光量子假说启示下，提出了物质波假说，指出一切实物粒子也同光一样具有波粒二象性。1925 年，德国物理学家海森堡和玻恩、约尔旦以矩阵的数学形式描述微观粒子的运动规律，建立了矩阵力学。接着，奥地利物理学家薛定谔以波动方程的形式描述微观粒子的运动规律，建立了波动力学。不久，薛定谔证明，这两种力学完全等效，这就是今天的量子力学。量子力学用波函数描述微观粒子的运动状态，以薛定谔方程确定波函数的变化规律。应用量子力学的方法解决原子、分子范围内的问题时，得出了与实验相符的结果；量子力学用于宏观物体或质量、能量相当大的粒子时，也能得出与经典力学一样的结论。因此，量子力学的建立大大促进了原子物理、固体物理和原子核物理学的发展，并推动了半导体、激光和超导等新技术的应用。它标志着人类认识已从宏观领域深入到微观领域。量子力学为哲学研究的发展开辟了新的领域，它向人们提出了一系列新的哲学课题，诸如微观客体的存在特征、微观世界是否存在因果关系、主客体在原则上是否不可分、主客体之间的互补问题等。

在 19 世纪和 20 世纪之交，物理学中的原子论与实证论发生了尖锐的冲突。很多著名科学家都卷入了这场论战。物理学与哲学的关系，二者的相互影响，在这场论战中都表现得很充分，富有启示意义和警示作用。

在夏天穿黑色衣服比穿其他颜色的衣服要热一些，这是因为黑色衣服比较容易吸收而较少反射太阳辐射的光和热。因此，吸收和反射热量的本领与物体的颜色有关。

物体越加热，它发的光就越亮，光的颜色也随着温度的增加而改变。

那么，物体的热辐射有什么规律呢？科学家们就选了黑色物体作为标准物体。

光究竟是什么？几百年来科学家们用科学方法对这个问题做了不懈的探索。著名科学家牛顿说光是微粒，是按照力学规律高速运动的粒子流；而与牛顿同时代的荷兰科学家惠更斯则认为光是像水波一样向四周传播的波。对光的这两种截然不同的看法，人们争论了 100 多年，双方相持不下。但到 18 世纪，波动说开始占主导地位。这是因为，科学家们从实验中发现了光的干涉现象，对这个实验现象，用波动说很容易说明它，而用粒子说却无法解释。

玻尔的原子理论解释了氢光谱的频率规律，阐明了光谱的发射和吸收，使量子理论取得了重大进展。另外，玻尔的理论还在预言一些新谱系特别是氦离子光谱方面显示出特有的效用。可以说，玻尔理论是成功的。但是，玻尔本人却意识到它存在的严重不足之处，他知道这充其量只能代表一种完备理论被发现之前的一种过渡理论。

整个 1910 年代，一直到 1920 年代中期，物理学家将旧量子论作为一个解析原子问题的利器。但是有成功也有失败，效果并不一致。在这期间，科学家知晓了分子的旋转和振动谱线，也发现了电子自旋；但这些也引起了半整数量子数的困惑。爱因斯坦提出了零点能量理论，索末菲半经典地量子化了氢原子。克拉莫给予了斯塔克效应一个合理的解释。萨特延德拉·玻色和爱因斯坦正确地找到了光子的量子统计。

1.1 黑体辐射及普朗克的量子假说

我们知道，宇宙中存在一种"饕餮巨兽"，就是黑洞，它能够吞噬恒星。

黑洞可以说是最神秘的天体之一，其引力非常强大，强大到连周围时空都发生了弯曲现象，没有任何物体可以逃脱它的引力范围，甚至是光也逃脱不了。

黑洞其实并不"黑"，它会以黑体热辐射的形式向外辐射能量，放出极其微弱的光（电磁波），这种光被称为"霍金辐射"。因为"霍金辐射"会释放出能量，所以，黑洞会逐渐变小，直至最后消失（黑洞蒸发）。在宇宙中有这样一种天体，你无法看见它，但却是真真实实存在的，这种天体就是黑洞。

什么叫黑体？一物体对什么光都吸收而无反射，这种物体就称为"绝对黑体"。一束光一旦从狭缝射入空腔后，就很难再通过狭缝反向出来，这个空腔的开口就可以看作是黑体。黑体辐射见图 1.1。

世上所有物体都在接连不断地吸收和发射红外辐射，而黑体就是最完美的红外辐射发射器和吸收器。黑洞就像理想化的绝对黑体一样，它们会吸收所有波段的电磁波。黑体是一种理论模型，它能吸收所有指向它的辐射，不反射也不传输任何波长的能量。对于任何波长的辐射来说，它是"完美的"吸收器，也是"完美的"发射器。

实验表明：黑体与热辐射达到平衡时，辐射能量密度 E_r 随 r 变化曲线的形状与位置只与黑体的热力学温度 T 有关，而与空腔形状及组成的物质无关。黑体辐射能量分布曲线见图 1.2。

图 1.1　黑体辐射

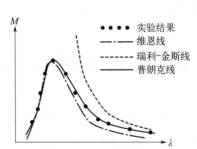

图 1.2　黑体辐射能量分布曲线

维恩假定从分子放出的辐射光波长（λ）和强度只取决于该分子的速度 v，用热力学方法导出了辐射能量密度（ρ）与波长（λ）的经验关系式

$$\rho(\lambda,T)=Av^3\mathrm{e}^{-\frac{\beta}{\lambda T}} \tag{1.1}$$

式中，A，β 为经验参数，T 为温度，c 为光速。能量密度的单位为 $\mathrm{J \cdot m^{-3} \cdot Hz^{-1}}$。维恩公式只有在高频区域与实验符合。

瑞利-金斯用经典电磁理论及统计物理学得到

$$\rho(\lambda,T)=\frac{8\pi kT}{\lambda^4} \tag{1.2}$$

式中，k 为玻尔兹曼常数。式（1.2）在低频部分与实验符合，在高频部分则与实验结果偏离很大。当 $\lambda \to 0$ 时，$\rho(\lambda) \to \infty$，是发散的，后来将其称为"紫外灾难"。

为了解决上述困难，普朗克在 1900 年提出了能量子的假设，成功地解释了黑体辐射问题。

普朗克假设：辐射物质中具有带电的线性谐振子，这些谐振子只能处于某些特定的状态，在这些状态中，相应的能量是最小能量 ε（ε 叫作能量子）的整数倍，即 $\varepsilon,2\varepsilon,3\varepsilon,\cdots,n\varepsilon,\cdots$，其中，$n$ 为正整数。

对频率为 ν 的谐振子来说，最小能量为

$$\varepsilon=h\nu \tag{1.3}$$

式中，h 为普朗克恒量，其实验值为 $h = 6.6261.76 \times 10^{-34} \text{J} \cdot \text{s}$。

根据能量子假定，运用经典统计理论得出谐振子每一振动方式的平均能量为

$$\bar{\varepsilon} = \frac{h\nu}{e^{h\nu/kT} - 1} \tag{1.4}$$

从而导出了著名的普朗克黑体辐射公式

$$\rho(\nu, T) = \frac{8\pi hc}{\lambda^5} \times \frac{1}{e^{hc/\lambda kT} - 1} \tag{1.5}$$

这公式与实验结果很好地符合。不难看出，维恩公式是普朗克公式在高频条件下的近似，瑞利-金斯公式则是在低频条件下的近似。

普朗克的能量子假设不仅解决了黑体辐射问题，更重要的是揭示了微观物体与宏观物体有着根本不同的性质，尤其是"量子论"的概念使人们对微观世界的认识大大深入。

1.2 光电效应及爱因斯坦的光子假设

当紫外光或短波长的可见光照射到真空中的金属时，会有电子从金属表面逸出，这种现象称为光电效应（图1.3），逸出的电子称为光电子，实验证明：

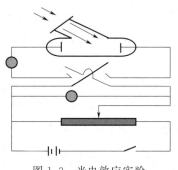

① 单位时间，受光照射的金属表面释出的光电子数与入射光强度成正比。

② 光电子的初动能随入射光的频率 ν 线性地增加，而与入射光的强度无关。

③ 当光照射某一给定金属时，无论光的强度如何，如果入射光的频率小于金属的红限 ν_0，就不会产生光电效应。

④ 当入射光频率 $\nu > \nu_0$ 时，不管光多微弱，只要光一照上，几乎立刻（约 10^{-9} s）观察到光电子。

图 1.3 光电效应实验

光电效应的这些规律是经典理论无法解释的，按照光的电磁理论，当光照射到金属表面时，金属中的电子受到入射光电场作用而做受迫振动，这样将从入射光中吸收能量而逸出表面，因而其获得能量的大小应与入射光强度、光照射的时间长短有关，而与频率无关，因此，对于任何频率，只要有足够光强度或足够的照射时间，总会产生光电效应，这些结论都是与实验结果直接矛盾的。

为了从理论上正确解释光子效应，爱因斯坦在普朗克量子假设的基础上，于1905年提出光除了波动性之外还具有微粒性的看法，他认为电磁辐射不仅在被发射和吸收时以能量为 $h\nu$ 的微粒形式出现，而且这种形式以光速 c 在空间运动，这种粒子叫作光量子或光子。

用光子假设可以成功地解释光电效应：当金属中的自由电子，从入射光中吸收一个光子的能量 $h\nu$ 时，一部分消耗于电子从金属表面逸出时所需的逸出功 A，另一部分转换为光电子的动能 $\frac{1}{2}\mu\upsilon^2$（μ 为光电子的质量，υ 为光电子的速度），按能量守恒与转换定律，得

$$h\nu = \frac{1}{2}\mu v^2 + A \qquad (1.6)$$

爱因斯坦方程成功地解释了光电子的动能与入射光频率 ν 之间的线性关系，入射光强度增加时，光子数也增加，因而单位时间内释出的光电子数目也增加。当光子频率 $\nu < \nu_0 = A/h$（红限）时，电子无法克服金属表面引力而从金属逸出，因而不产生光电效应。

1.3 原子及分子量子论

1.3.1 玻尔的原子模型量子论

由氢原子光谱实验推导出发光波长：$\lambda = B\dfrac{n^2}{n^2-4}$（$B$ 是一个常数，其值为 $B = 3.6456 \times 10^{-7}\,\mathrm{m}$，$n = 3,4,5,\cdots$）。推广到一般式：$\tilde{\nu} = k\left(\dfrac{1}{K^2} - \dfrac{1}{n^2}\right)$（$k$ 为里德堡常数，$K = 2,3,4,\cdots$，$n > K$）$\tilde{\nu}$ 为波数，由此得出氢原子光谱的规律：①谱线的波数由两个谱项的差值决定；②若把前项 K 值固定而使 n 取不同数值，则得出同一谱系各谱线的波数；③改变前项的数值，则得出不同的谱系。

氢原子光谱（图1.4）的这些规律是经典理论无法解释的。首先经典理论不能建立一个稳定的原子模型。根据经典电动力学，电子绕原子核运动是加速运动，因此不断辐射电磁波，导致不断损失能量，运动轨道不能稳定，最后终于落到原子核中，加速电子所产生的辐射，其频率应是连续分布的，这与原子光谱是分立的谱线不符。其次根据经典理论，如果一个体系发射出频率为 ν 的波，则它也可能发射出各种不同频率的谐波，这些谐波的频率是 ν 的整数倍，而光谱实验结果与此不符，谱线频率所遵从的是并合原理。

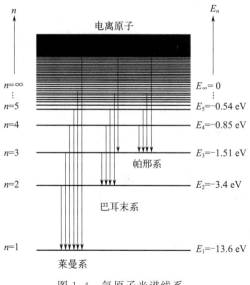

图 1.4　氢原子光谱线系

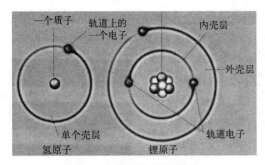

一个质子
轨道上的一个电子
内壳层
外壳层
单个壳层
轨道电子
氢原子
锂原子

图 1.5　玻尔的原子模型

1913 年，玻尔在卢瑟福的原子核模型的基础上，结合原子光谱的规律性，发展了普朗克的量子假设，提出了原子的量子论。玻尔的原子模型见图 1.5。玻尔的理论是一个半经典半量子的理论，虽然这个理论今天已经为量子力学所代替，但在历史上曾起过重大的推动作用，而且其中某些核心思想仍是正确的，并且在量子力学中被保留下来，玻尔量子论中两个重要的概念如下。

① 原子具有不连续的定态的概念：电子绕原子核做圆周运动中，只有电子角动量 p 等于 $h/2\pi$ 的整数倍的轨道才是稳定的，即

$$p = n\frac{h}{2\pi} \qquad \text{量子数 } n = 1, 2, 3, \cdots \text{（量子化条件）} \qquad (1.7)$$

电子在稳定轨道时（简称定态），具有一定能量 E_n，处于定态的电子不吸收也不发出辐射。

② 量子跃迁概念：当电子从能量为 E_m 的定态跃迁到能量为 E_n 的定态时，所吸收或发射光子的频率 ν 为

$$\nu = \frac{|E_n - E_m|}{h} \qquad \text{（频率条件）} \qquad (1.8)$$

根据玻尔的假设，应用经典力学，容易计算出类氢原子中电子的轨道半径 a_n 和相应的能量 E_n 分别为

$$a_n = \frac{h^2}{4\pi^2 \mu e_s^2} \times \frac{n^2}{Z} = \frac{n^2 h^2}{\mu e_s^2 Z} = \frac{n^2 a_0}{Z} \qquad (1.9)$$

$$E_n = -\frac{2\pi^2 \mu e_s^4 Z^2}{n^2 h^2} = -\frac{\mu e_s^4 Z^2}{2n^2 h^2} \qquad (1.10)$$

其中

$$a_0 = \frac{h^2}{4\pi^2 \mu e_s^2} = \frac{h^2}{\mu e_s^2} \qquad (1.11)$$

a_0 称为氢原子第一玻尔轨道半径；μ 为电子的质量；在国际单位制（SI）中，$e_s = e(4\pi\varepsilon_0)^{-\frac{1}{2}}$，$e$ 是电子电荷的数值（电子电荷为 $-e$）；$\varepsilon_0 = 8.854 \times 10^{-12} \, \text{C}^2/\text{N} \cdot \text{m}^2$，在厘米·克·秒制（CGS）中，$e_s = e$；$Z$ 为原子序数。

由此可见，氢原子的圆形轨道半径及氢原子能量只能取一系列不连续的数值，或者说，它们都是量子化的，通常称能量的这些不连续值为能级。实验表明，不仅氢原子，其他一切原子的能量都是量子化的。

根据玻尔的频率条件，可得氢原子光谱频率

$$\nu = \frac{E_n - E_m}{h} = \frac{\mu e_s^4}{4\pi h^3}\left(\frac{1}{n'^2} - \frac{1}{n^2}\right) \qquad (1.12)$$

式中，n'，n 为氢原子能级。

k 为里德堡常数。令 $\quad k = \dfrac{2\pi^2 \mu e_s^{\,4}}{ch^3} = \dfrac{\mu e_s^{\,4}}{4\pi h^3 c}$

式（1.12）与巴尔末经验公式完全一致，将 μ、e、ε_0、c 和 h 的具体数值代入上式，算出 R 值与由实验测得的值符合得极好。

（1）玻尔理论的进一步发展

1915 年索末菲推广玻尔理论，认为电子绕原子核运动，不但可以遵循圆形轨道，也可以遵循椭圆轨道（图 1.6），将玻尔的量子条件加以推广，使它可以应用于多自由度的情况，对每一自由度，有

$$\oint p_i \mathrm{d}q_i = n_i h \qquad n_i = 1,2,3,\cdots \qquad (1.13)$$

式中，q_i 为广义坐标；p_i 为相应于 q_i 的广义动量。

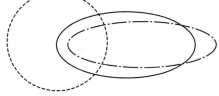

$n=3，n_\varphi=3 \qquad n=3，n_\varphi=2 \qquad n=3，n_\varphi=1$

图 1.6　索末菲椭圆轨道

如果电子只受原子核的库仑力作用而无其他的扰动，则电子是在有心力作用下运动，其轨道为一平面曲线，因此具有两个自由度。我们采用平面极坐标 r 和 φ 来描述电子的轨道，则允许的稳定轨道必须满足两个量子化条件

$$\oint p_r \mathrm{d}r = n_r h \tag{1.14}$$

$$\oint p_\varphi \mathrm{d}\varphi = n_\varphi h \tag{1.15}$$

式中，n_r 为径量子数，n_φ 为角量子数。它们都是正整数。

（2）椭圆轨道的一般特性

因为在有心力场中，角动量 p_φ 为常数，所以上式可写为

$$\oint p_\varphi \mathrm{d}\varphi = p_\varphi \int_0^{2\pi} \mathrm{d}\varphi = n_\varphi h$$

$$p_\varphi = n_\varphi \frac{h}{2\pi} \tag{1.16}$$

令 $n = n_r + n_\varphi$，我们称 n 为主量子数（亦称总量子数），它相当于圆形轨道中的量子数。由计算可得椭圆轨道的半长轴 a、半短轴 b 和电子的能量 E_n 分别为

$$a = \frac{n^2 h^2}{4\pi \mu e_s^{\,2} Z} = \frac{n^2 h^2}{\mu e_s^{\,2} Z} = \frac{n^2 a_0}{Z} \tag{1.17}$$

$$b = \frac{a n_\varphi}{n} \tag{1.18}$$

$$E_n = \frac{2\pi^2 \mu e_s^{\,4} Z^2}{h^2 n^2} = -\frac{\mu e_s^{\,4} Z^2}{2n^2 h^2} \tag{1.19}$$

从式 (1.17)、式 (1.18) 可见，当 $n_{\varphi}=n$ 时，$a=b$，轨道变成圆形；当 $n_{\varphi}=0$ 时，$b=0$，椭圆轨道变成一直线，这样，电子将与原子核相碰，故索末菲认为实际上没有这种状态。因此给定主量子数 n 时，角量子数 $n_{\varphi}=1,2,3,\cdots,n$ 共有 n 个数值，由于半长轴 a 只与主量子数有关，故对于一已知的主量子数 n，共有 n 个不同半短轴的轨道，并由式 (1.19) 可知所有这些轨道有同一能量（其值和圆形轨道所计算的能量相同），这就是说，第 n 个能级 E_n 有 n 个不同的运动状态，这种能级称为简并的，其简并度为 n。作为例子，我们试看 $n=3$ 的索末菲椭圆轨道，这些轨道都具有相同的能量。

针对经典问题，采用半经典半量子的方法求解。

【例 1.1】 利用玻尔-索末菲的量子化条件求一维谐振子的能量。

解：

① 方法一：

按经典力学，质量为 μ，角频率为 ω 的一维谐振子的能量

$$E=\frac{p^2}{2\mu}+\frac{1}{2}\mu\omega^2 q^2 \tag{a}$$

可改写成如下形式

$$\frac{p^2}{2\mu E}+\frac{q^2}{\dfrac{2E}{\mu\omega^2}}=1 \tag{b}$$

上式是椭圆方程，两半轴 a、b 分别为

$$a=\sqrt{\frac{2E}{\mu\omega^2}} \qquad b=\sqrt{2\mu E}$$

利用量子化条件 $\qquad\qquad \oint p\,\mathrm{d}q=nh \tag{c}$

但 $\displaystyle\oint p\,\mathrm{d}q=$ 椭圆面积 $=\pi ab=2\pi\frac{E}{\omega}=\frac{E}{\nu}$

代入式 (c) 得

$$E=nh\nu$$

② 方法二：

设谐振子位置可表示为

$$q=A\sin(\omega t+\delta) \tag{d}$$

式中，A 是振幅，δ 是相位。

显然 $\qquad\qquad p=\mu\dot{q}=\mu A\omega\cos(\omega t+\delta) \tag{e}$

谐振子能量

$$E=\frac{p^2}{2\mu}+\frac{1}{2}\mu\omega^2 q^2$$

将 p、q 代入上式得

$$E = \frac{1}{2}\mu\omega^2 A^2$$

利用式（d）、式（e）计算

$$\oint p\,\mathrm{d}q = \int_0^T \mu A\omega\cos(\omega t + \delta)A\omega\cos(\omega t + \delta)\mathrm{d}t$$

$$= \int_0^T \mu A\omega\cos(\omega t + \delta)A\omega\cos(\omega t + \delta)\mathrm{d}t$$

$$= \mu A^2\omega^2\frac{T}{2} = \frac{\mu A^2\omega^2}{2}\times\frac{1}{\nu}$$

代入量子化条件

$$\oint p\,\mathrm{d}q = nh$$

得

$$\frac{\mu A^2\omega^2}{2}\times\frac{1}{\nu} = nh$$

即

$$\frac{1}{2}\mu A^2\omega^2 = nh\nu$$

代入式（f），即得谐振子能量 $E = nh\nu$。

【例 1.2】 用玻尔-索末菲量子化条件求质量为 μ 的粒子在长为 l 的一维盒子中做自由运动的能量。

解： 设粒子开始时以速度 v 向右运动，设与右壁做弹性碰撞，动量数值不变，方向相反，由量子化条件

$$\oint p\,\mathrm{d}x = n_x h$$

得

$$\oint p\,\mathrm{d}x = \int_0^l (+\mu v)\mathrm{d}x + \int_l^0 (-\mu v)\mathrm{d}x$$

$$= 2\mu vl = n_x h$$

$$p = \mu v = \frac{n_x h}{2l}$$

粒子能量

$$E = \frac{p^2}{2\mu} = \frac{n_x^2 h^2}{8\mu l^2} \qquad n_x = 1, 2, \cdots$$

玻尔的量子论经过索末菲加以发展后，乌伦贝克和哥德斯密脱引入了电子自旋的假设，在光谱分析的原子物理中获得了很大的成就，但进一步研究发现这个理论还存在很

多缺陷：

  ① 玻尔理论所确定的各种量值和精确实验结果有差异。

  ② 玻尔理论只能确定光谱的频率而不能确定光谱的强度，不能计算跃迁概率。

  ③ 对复杂的原子（例如氦原子）光谱，玻尔理论完全失败。

  ④ 玻尔理论只能处理简单的周期运动问题，而不能解决非束缚态问题，例如散射。

  玻尔-索末菲理论的根本缺陷在于它没有彻底摆脱经典理论的束缚，一方面把微观粒子看作经典力学的质点，用坐标和轨道来描述其运动，并用经典力学来计算其电子轨道；另一方面，又人为地加上一些与经典不相容的量子化条件来限制稳定状态的轨道，而对这些条件却未提出理论的解释。所以玻尔理论是经典理论加上量子条件混合物，不是一个严格的完整理论，存在着逻辑上基本的矛盾。

  尽管如此，玻尔-索末菲理论对单电子原子系统和碱金属问题，在一定程度上还是可以得到很好的结果，在原子物理中曾发挥承前启后的作用，特别是玻尔关于"定态能级"和"能级跃迁决定频率"的假设，在现代的量子力学理论中仍是两个重要的基本概念。

1.3.2　分子量子论

  玻尔、索末菲提出和完善了单电子原子轨道理论，即能量只能取一系列不连续的数值，或者说，它们都是量子化的。由原子的量子论自然推广到分子的量子论——分子轨道理论，其基本观点是：物理上存在单个电子的自身行为，只受分子中的原子核和其他电子平均场的作用，以及泡利不相容原理的制约；数学上则企图将难解的多电子运动方程简化为单电子方程处理。因此，分子轨道理论是一种以单电子近似为基础的化学键理论。描写单电子行为的波函数称轨道，所对应的单电子能量称能级。对于任何分子，如果求得了它的系列分子轨道和能级，就可以像讨论原子结构那样讨论分子结构。

  原子在形成分子时，所有电子都有贡献，分子中的电子不再从属某个原子，而是在整个分子空间范围内运动。在分子中电子的空间运动状态可用相应的分子轨道波函数 ψ（称为分子轨道）来描述。

  分子轨道可以由分子中原子轨道波函数的线性组合而得到。有几个原子轨道就可以组合成几个分子轨道，其中有一部分分子轨道分别由对称性匹配的两个原子轨道叠加而成，两核间电子的概率密度增大，其能量较原来的原子轨道能量低，有利于成键，称为成键分子轨道；同时这些对称性匹配的两个原子轨道也会相减形成另一种分子轨道，结果是两核间电子的概率密度很小，其能量较原来的原子轨道能量高，不利于成键，称为反键分子轨道。还有一种特殊的情况是由于组成分子轨道的原子轨道的空间对称性不匹配，原子轨道没有有效重叠，组合得到的分子轨道的能量跟组合前的原子轨道能量没有明显差别，所得的分子轨道叫作非键分子轨道。

  原子轨道组合形成分子轨道时所遵从的能量近似原则、对称性匹配原则和轨道最大重叠原则称为成键三原则。

  电子在分子轨道中的排布也遵守原子轨道电子排布的同样原则，即泡利（Pauli）不相容原理、能量最低原理和洪特（Hund）规则。

1.4 材料功能特性的量子论基础

材料的物理、化学特性既依赖于微观的原子、分子的组成和排列，也依赖于电子的组成和排列。材料的电学、光学、磁学等性能与量子力学密切相关，近年来，以突出量子特征的一类新材料——量子材料应运而生。对它的研究，可以把人们探索自然、创造知识的能力延伸到一个全新的领域，将主导未来数十年的技术创新路径，影响极其深远。

1.4.1 材料的电学性能

根据导电性质，材料分为导体、绝缘体和半导体。为了进一步解释，需要将量子力学的基本方程（薛定谔方程）应用到材料中的电子。这里的材料中，原子和内层电子成为晶格格点，外层电子在这样的晶体中运动，可以从薛定谔方程得到外层电子在材料中的可能能量。在周期结构中，这些能量呈带状，叫作能带（图 1.7），就是说可能的能量连成连续的能带，不同能带之间有一个能隙，是不可能的能量范围。电子从低能量值向高能量值排，如果最后正好排到能隙，那么这个材料就是绝缘体，否则是导体。对一价金属，价带是未满带，故能导电。对二价金属，价带是满带，但禁带宽度为零，价带与较高的空带相交叠，满带中的电子能占据空带，因而也能导电，绝缘体和半导体的能带结构相似，价带为满带，价带与空带间存在禁带。半导体的禁带宽度为 $0.1 \sim 4\text{eV}$，绝缘体的禁带宽度为 $4 \sim 7\text{eV}$。在任何温度下，由于热运动，满带中的电子总会有一些具有足够的能量激发到空带中，使之成为导体。由于绝缘体的禁带宽度较大，常温下从满带激发到空带的电子数微不足道，宏观上表现为导电性能差。半导体的禁带宽度较小，满带中的电子只需较小能量就能激发到空带中，宏观上表现为有较大的电导率。

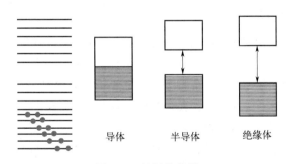

导体　　半导体　　绝缘体

图 1.7　材料的能带

1.4.2 材料的光学性能

自从玻尔提出原子的量子模型后，材料的发光和光吸收就与量子力学密不可分。玻尔的发光理论源于原子光谱。量子力学告诉我们原子外围的电子在其轨道上绕着原子运转，电子的轨道是一系列离散的轨道，电子只能在这些离散的轨道上运转而不能处在两个轨道之间，各个轨道都代表一个特定的能量值，一系列的轨道形成一系列的轨道能级，离原子核越接近轨道的能量越低，反之能量越高。在日常生活中可以见到——当人们把某些固体放到焰火上灼烧时，这些固体发出的光具有特定颜色，不同物质发光的颜色并不相同；通过分光镜就可以看到，这些光并不是单一颜色的光，也不是连续的，它的光谱线由特定的几种颜色的线构成。

光是能量的一种形式，可以被原子释放出来。爱因斯坦提出了光的量子论，即光子概念，认为光是由许多有能量和动力但没品质的微小粒子组成的，这些粒子被叫作光子，是光的最基本单位。光子是因为电子移动才释放出来。在原子中，电子在原子的四周以轨道形式移动。电子在不同的轨道有着不同的能量。当电子从一个更低的轨道跳到一个更高的轨道，能量水准就增高；反过来，当从更高轨道跌落到更低的轨道里时电子就会释放能量。能量是以光子形式释放出来的。更高能量下降释放更高能量的光子。能级跃迁辐射见图 1.8。

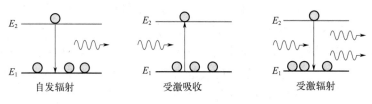

图 1.8 能级跃迁辐射

发光二极体，通常称为 LED，只是一个微小的电灯泡。但不像常见的白炽灯泡，发光二极体没有灯丝，而且又不会特别热，它单单是由半导体材料里的电子移动而使它发光。自由电子从 P 型层通过二极体落入空的电子空穴，即从导带跌落到一个更低的轨道，所以电子就是以光子形式释放能量，间隙的大小决定了光子的频率，换句话说就是决定了光的色彩。

1.4.3 材料的磁学性能

磁性材料，是古老而用途十分广泛的功能材料，而物质的磁性早在 3000 年以前就被人们所认识和应用，例如中国古代用天然磁铁作为指南针。现代磁性材料已经广泛用于我们的生活之中，例如将永磁材料用于电机，应用于变压器中的铁芯材料等。可以说，磁性材料与信息化、自动化、机电一体化、国防、国民经济的方方面面紧密相关。

现代科学表明，物质的磁性来源于物质原子中的电子。原子由原子核和位于原子核外的电子组成。电子除了绕着原子核公转以外，还发生自转（叫作自旋），跟地球的情况差不多。一个原子就像一个小小的"太阳系"。另外，如果一个原子的核外电子数量多，那么电子会分层，每一层有不同数量的电子。在原子中，核外电子带有负电荷，电子的自转会使电子本身具有磁性，成为一个小小的磁铁，具有 N 极和 S 极。也就是说，电子就好像很多小小的磁铁绕原子核在旋转。这种情况实际上类似于电流产生磁场的情况。

既然电子的自转会使它成为小磁铁，那么原子乃至整个物体会不会就自然而然地也成为一个磁铁了呢？当然不是。为什么只有少数物质（铁、钴、镍等）才具有磁性呢？原来，电子的自转方向总共有上下两种。在一些物质中，具有向上自转和向下自转的电子数目一样多，它们产生的磁极会互相抵消，整个原子，以至于整个物体对外没有磁性。而对于不同自转方向的电子数目不同的情况来说，电子所产生的磁矩不能相互抵消，使整个原子具有一定的总磁矩。但是这些原子磁矩之间没有相互作用，它们是混乱排列的，所以整个物体仍然没有磁性。只有少数物质（例如铁、钴、镍），它们的原子内部电子在不同自转方向上的数量不一样，这样，在自转相反的电子磁极互相抵消以后，还剩余一部分电子的磁矩没有被抵消，整个原子具有总的磁矩。同时，还由于一种被称为"交换作用"的机理，这些原子磁矩之间被整齐地排列起来，整个物体也就有了磁性。当剩余的电子数量不同时，物体显示的磁性强弱也不同。例如，铁的原子中没有被抵消的电子磁极数多，原子的总剩余磁性强。而镍原子中自转没有被抵消的电子数量很少，所以它的磁性比较弱。

物质中的磁矩和磁矩之间具有（有效的）这个相互作用，可以归结为量子力学的交换积分，交换积分 J 可以大于零，也可以小于零，当 J 小于零的时候，物质中的小磁矩倾向于平行排列，这就是铁磁性，当 J 大于零的时候，相邻晶格上的磁矩倾向于反平行排列，这就是反铁磁性。J 大于零，相邻晶格上的磁矩（自旋）不一样，对应的就是亚铁磁性。

自旋是电子的内禀属性，虽然有时会与经典力学中的自转相类比，但实际上本质是迥异的，作为一个纯量子力学概念，自旋和生活中的直观经验并不符合，却依旧可以被神奇的数学描述。电子和电子之间有库仑相互作用，各带负电的两个电子互相排斥，这个性质就是电子带电荷的"经典"结果。但除此以外，电子之间还有什么其他的有趣性质吗？答案是肯定的。一个是电子的非定域性（空间某处的性质，不仅仅由该处自身的物理条件决定），另一个是电子的交换，两者都与电子的全同性紧密相关。交换的含义，经典来看，就是处于空间两个不同位置处的电子，在一瞬间互相对调量子态。但在量子力学里，量子态描述了粒子的全部信息，所以对调量子态，就好像对调了粒子一样。这种可怕而又简单的操作给了波函数额外的对称性，由此可以引起很多神奇有趣的物理现象。这里讨论的磁性，如铁磁性、反铁磁性等，必须要用电子交换及相关的理论来解释。磁性是一个纯量子力学效应。电子的轨道磁矩和自旋磁矩见图1.9。

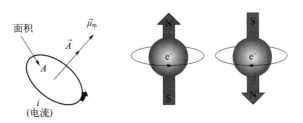

图 1.9　电子的轨道磁矩和自旋磁矩

1.4.4　新材料科技中的量子论

1.4.4.1　材料的量子尺寸效应[3]

能带理论成功地解释了大块金属、半导体、绝缘体之间的联系与区别，对介于原子、分子与大块固体之间的纳米尺度材料而言，大块材料中连续的能带将分裂为分立的能级；能级的间距随尺寸减小而增大。当热能、电场能或者磁场能比平均的能级间距还小时，就会呈现一系列与宏观物体截然不同的反常特性，称之为量子尺寸效应，即粒子尺寸下降到极值时，体积缩小，粒子内的原子数减少而造成的效应。

金属或半导体纳米微粒的电子态由体相材料的连续能带过渡到分立结构的能级，表现在光学吸收谱上从没有结构的宽吸收过渡到具有结构的特征吸收。量子尺寸效应带来的能级改变、能隙变宽，使微粒的发射能量增加，光学吸收向短波长方向移动（蓝移），直观上表现为样品颜色的变化，如 CdS 微粒由黄色逐渐变为浅黄色，金的微粒失去金属光泽而变为黑色等。同时，纳米微粒也由于能级改变而产生大的光学三阶非线性响应，还原及氧化能力增强，从而具有更优异的光电催化活性。

同时，导电的金属在纳米颗粒时可以变成绝缘体，磁矩的大小和颗粒中电子是奇数还是偶数有关，比热容亦会反常变化，光谱线会产生向短波长方向的移动，这就是量子尺寸效应的宏观表现。因此，对纳米颗粒在低温条件下必须考虑量子效应，原有宏观规律已不再成立。一些宏观物理量，如纳米颗粒的磁化强度、量子相干器件中的磁通量等显示出隧道效应，称之为宏观的量子隧道效应。量子尺寸效应、宏观量子隧道效应将会是未来微电子、光电子器件的基础，或者它确立了现存微电子器件进一步微型化的极限，当微电子器件进一步微型化时必须要考虑上述的量子效应。例如，在制造半导体集成电路时，当电路的尺寸接近电子波长时，电子就通过隧道效应而溢出器件，使器件无法正常工作。

目前，人们利用纳米电子材料和纳米光刻技术，已研制出许多纳米电子器件，如电子共振隧穿器件共振二极管、三极共振隧穿晶体管、单电子晶体管、单电子静电计、单电子存储器、单电子逻辑电路、金属基单电子晶体管存储器、半导体存储器、硅纳米晶体制造的存储器、纳米浮栅存储器、纳米硅微晶薄膜器件和聚合体电子器件等。

现在，纳米电子技术正处在蓬勃发展时期，其最终目标在于立足最新的物理理论和最先进的工艺手段，突破传统的物理尺寸与技术极限，开发物质潜在的信息和结构潜力，按照全新的概念设计制造纳米器件、构造电子系统，使电子系统的储存和处理信息能力实现革命性的飞跃。

1.4.4.2　量子材料 [4-6]

量子材料指的是由于其自身电子的量子力学特性而产生奇异物理特性的材料，如铜氧化物高温超导体、铁基超导体、石墨烯、拓扑绝缘体等。随着石墨烯和拓扑绝缘体的发现，量子材料的概念变得更宽广，超越了原先的强关联电子体系，包括超导性、量子磁性、输运和非平衡动力学、拓扑材料、异质结构量子材料以及合成、探针和建模所需的"工具"。目前，关于量子材料的各种基本问题及其对未来相关技术的潜在影响，确定了以下 4 个方向。

（1）控制和利用电子相互作用和量子波动来设计具有新功能的块体材料

这个研究方向旨在开展基础研究来理解量子材料中基本的组织原理，以评估量子材料用于相关技术的效用和增强其潜在的功能。从潜在能源应用的角度来看，量子材料表现出的三个独有的特征是其对外部扰动、量子纠缠和超导性的大响应。对外部扰动的大响应可用于热的转换和管理混合装置，或用作敏感检测器的关键部件，如大功率电子开关中的有源部件或电子激活的光学部件等。对量子纠缠的大响应可用于计算和信息存储中低能耗的新器件、未来的量子计算机中的组件以及未来的信息处理等。超导性的应用包括用于高级粒子加速器的射频腔中的超导涂层、磁悬浮列车、大功率输电线路、用于电网稳定的故障限流器和大功率互连以及使用超导线圈来产生磁共振成像所需的高磁场等。

（2）利用拓扑态获得开创性的表面特性

拓扑量子材料展现出一种新型的电子序，具有改进现有电子学和创造全新类型器件的巨大潜力。拓扑材料可以实现超导体的作用而不用保持低温，也可以为克服计算设备的耗散和发热提供一种新的方法。此外，拓扑材料还能用于打造拓扑量子计算机或神经形态计算机。主要研究内容包括：非相互作用的拓扑绝缘体和半金属，拓扑超导体，相互作用的拓扑绝缘体，强关联系统中的拓扑相，三维系统中的分数拓扑相，拓扑磁系统，鲁棒的拓扑量子现象，异质结构拓扑量子材料，过渡金属硫化物等。

（3）驱动和操纵纳米结构中的量子效应（量子相干和量子纠缠）来获得变革性技术

该研究方向旨在探索量子物质的输运和非平衡特性以及由量子材料形成的异质结构和有限尺寸结构的性质。这项研究可促使新物态的发现，可在更大的长度和时间尺度上产生增强的相干性，可为设计新的量子现象铺平道路。这项工作可以对能源技术产生长期的积极影响，包括：用于信息处理和节能计算的超快速和节能切换，超高密度磁存储，操纵新量子技术的相干和纠缠等。该方向有三个研究重点。

一是使用纳米结构来阐明和利用量子相干和量子纠缠。主要目标是开发和利用纳米结构来控制量子材料系统的相关参数（包括量子波动、晶格对称性、轨道极化、磁序或轨道序）及其相互作用，以便理解和形成新的物态。研究内容包括：调控量子材料中各个电子的特性，调控单个固体中的电子数，调控相互作用。

二是了解量子材料中的输运。主要研究内容包括：自旋输运与动力学，自旋电子学的科学，二维材料的输运，自旋-轨道力矩，磁振子设计，自旋电子学中的反铁磁体，自旋-超流体，斯格明子，谷电子学，莫尔条纹固体的输运。

三是动态可视化和操纵量子材料。主要目标是利用量子相干和量子纠缠来检验、了解和控制量子材料。主要研究内容包括：驱动超快开关和相变，利用电子态的强场修整，操纵量子材料中的纠缠，为下一代泵浦/探针实验创建实验工具，提供理论理解和预测能力以增强量子材料的相干和纠缠。

（4）设计变革性的工具来加速量子材料的发现和技术

量子材料的发现、生长和表征受限于可用的物理工具。该研究方向旨在开发必要的工具来促进量子材料的合成、表征和理论方法。主要挑战包括建立合适的方法来生长和操纵具有期望纯度的纳米结构量子材料，控制从单个原子层到晶体的掺杂物和缺陷，以及基于这些新技术发现性能提高的材料。其他挑战包括表征量子材料并学习如何在与功能相关的所有长度和时间尺度上操纵它们的性质。这包括开发适当的工具以揭示量子材料新出现的序和拓扑序的形式，预测量子材料的基本性质，如它们新出现的序的倾向、远离平衡的行为、处于无序状况等。这些领域的进展将对材料、纳米和能源科学产生广泛的影响，因为传统工具缺乏所需求的分辨率、速度和精度。

小知识

量子霍尔效应[7]

霍尔效应是美国物理学家霍尔于 1879 年发现的一个物理效应。在一个通有电流的导体中，如果施加一个垂直于电流方向的磁场，由于洛伦兹力的作用，电子的运动轨迹将产生偏转，从而在垂直于电流和磁场方向的导体两端产生电压，这个电磁输运现象就是著名的霍尔效应。产生的横向电压被称为霍尔电压，霍尔电压与施加的电流之比则被称为霍尔电阻。由于洛伦兹力的大小与磁场成正比，所以霍尔电阻也与磁场成线性变化关系。

量子霍尔效应（quantum Hall effect）是量子力学版本的霍尔效应，需要在低温强磁场的极端条件下才可以观察到，此时霍尔电阻与磁场不再呈现线性关系，而出现量子化平台。量子霍尔效应，是整个凝聚态物理领域中重要、最基本的量子效应之一。它的应用前景非常广泛。

比如我们使用计算机的时候，会遇到计算机发热、能量损耗、速度变慢等问题。这是因为常态下芯片中的电子运动没有特定的轨道、相互碰撞从而发生能量损耗。而量子霍尔效应则可以对电子的运动制定一个规则，让它们在各自的跑道上"一往无前"地前进。这就好比一辆高级跑车，在量子霍尔效应下，则可以在各行其道、互不干扰的高速路上前进。

然而，量子霍尔效应的产生需要非常强的磁场，相当于外加 10 个计算机大的磁铁，这不但体积庞大，而且价格昂贵，不适合个人电脑和便携式计算机。而量子反常霍尔效应的美妙之处是不需要任何外加磁场，在零磁场中就可以实现量子霍尔态，更容易应用到人们日常所用的电子器件中。

由清华大学薛其坤院士领衔、清华大学物理系和中国科学院物理研究所组成的实验团队从实验上首次观测到量子反常霍尔效应[8]。由于此前和量子霍尔效应有关的科研成果已经三获诺贝尔奖，学术界很多人士对这项"可能是量子霍尔效应家族最后一个重要成员"的研究给予了极高的关注和期望。那么什么是量子反常霍尔效应？对它的研究为什么引起世界各国科学家的兴趣？它的发现有什么重大意义？

自 1988 年开始，就不断有理论物理学家提出各种方案，然而在实验上没有取得任何进展。2006年，美国斯坦福大学张首晟教授领导的理论组成功地预言了二维拓扑绝缘体中的量子霍尔效应，并于2008 年指出了在磁性掺杂的拓扑绝缘体中实现量子反常霍尔效应的新方向。2010 年，我国理论物理学家方忠、戴希等与张首晟教授合作，提出磁性掺杂的三维拓扑绝缘体有可能是实现量子化反常霍尔效应的最佳体系。这个方案引起了国际学术界的广泛关注。德国、美国、日本等多个研究组沿着这个思路在实验上寻找量子反常霍尔效应，但一直没有取得突破。

薛其坤团队经过近 4 年的研究，利用分子束外延方法，生长出了高质量的 Cr 掺杂 $(Bi, Sb)_2Te_3$ 拓扑绝缘体磁性薄膜，并在极低温输运测量装置上成功观测到了量子反常霍尔效应。

"量子反常霍尔效应可在未来解决摩尔定律瓶颈问题，它的发现或将带来下一次信息技术革命，我国科学家为国家争夺了这场信息革命中的战略制高点。"拓扑绝缘体领域的开创者之一、清华大学特聘专家张首晟教授说。

拓展

量子论的提出是勇于打破传统、大胆创新的结果

1900年，普朗克大胆提出量子假说，他认为物质的辐射能不是连续的，而是以最小的不可再分的能量单位即能量量子的整数倍跳跃式地变化的。这个假说的提出宣告量子论的诞生。量子论是世纪最深刻的最有成就的科学理论之一，是人类对微观世界的基本认识有了革命性的进步。在玻尔提出氢原子结构以后，爱因斯坦利用量子论成功地解释了光电效应出现的现象及光的本质，进一步推动了量子论的发展。量子论的诞生是物理学发展中的一场革命，吹响了现代物理学的第一声号角，使人类对微观世界的认识有了革命性的进步。它解释了微观世界的特殊的运动规律，有力地冲击了经典物理理论，指出了经典物理的使用范围，使人们的认识深入到新的层次和领域，特别是发现了微观物质的运动规律，为现代自然科学和现代技术革命提供了重要的理论基础。量子力学对化学、生物学、医学、考古学、古生物学和地质学等科学领域都产生了重大影响，带来了许多划时代的技术创新。量子论和相对论一起构成了现代物理学的基础，它们改变了人们看世界的角度和方式，不仅对物理学本身，对自然科学，而且对整个人类的思维都产生了不可磨灭的影响。

推荐阅读资料

[1]　曹天元.量子物理史话——上帝掷骰子吗？[M].沈阳:辽宁教育出版社,2006.
[2]　陶文铨.传热学[M].北京:高等教育出版社,2019.
[3]　牛冬梅.分子量子力学[M].北京:科学出版社,2018.
[4]　托马斯·哈格.鲍林——20世纪的科学怪杰[M].上海:复旦大学出版社,1999.

参考文献

[1]　周世勋.量子力学的诞生[J].大学物理,1982,1(1):7.
[2]　曾谨言,喀兴林.对应原理在量子论发展中所起的作用[J].大学物理,1985,1(9):10.
[3]　量子点材料:现状、机遇和挑战.科技频道-光明网[EB/OL].(2014-12-29).
[4]　Joseph Orenstein. Ultrafast spectroscopy of quantum materials[J]. Physics Today,2012:44-50.
[5]　Yoshinori Tokura,et al. Emergent functions of quantum materials[J]. Nature Physics,2017:1056-1068.
[6]　Sang-Wook Cheong. 5th Anniversay of npj Quantum Materials[J]. Quantum Materials,2021,6:68.
[7]　Haldane F D M. A Hierarchy of Incompressible Quantum Fluid State[J]. Physical Review Letters,1983,51:605-608.
[8]　He K,Wang Y Y,Xue Q K. Quantum anomalous Hall effect[J]. National Science Review,2014,1:38-48.

思考题

1.经典物理在解释黑体辐射、光电效应和原子光谱实验现象时，遇到了什么困难？
2.为什么说量子论是现代物理学的两大基石之一？
3.说说玻尔模型的意义和局限性。

习题

一、选择题

1.普朗克在（　　）实验的基础上，提出了"量子论"。

A.氢原子光谱实验　　B.黑体辐射实验　　C.光电效应实验　　D.电子双缝衍射实验

2.下列哪种现象不属于量子效应？（　　　）

A.电子的衍射现象　　　　　　　　B.原子核外电子运动轨道的不确定性

C.光的能量只与频率相关　　　　　D.卢瑟福的原子结构模型

二、问答及计算题

1.在玻尔氢原子模型下，确定基态氢能吸收的最大与次最大波长。

2.考虑一个质量球-弹簧系统，其中一个质量 4kg 的球附着在一个常数 $K=196N/m$ 的无质量弹簧上；此系统放置在无摩擦水平工作台上振荡。质量球被拉离平衡位置 25cm，然后释放。假设球在弹簧作用下做简谐振动。

习题解答

（1）用经典力学方法求系统振荡的总能量和频率。

（2）用量子理论处理振子，找出两个连续能级之间的能量间隔和涉及的量子总数。量子效应在这个系统中重要吗？

第 2 章
量子力学的建立

第 2 章 PPT

 导读

要搞懂量子科技，要从量子力学说起。

玻尔提出的氢原子理论虽然引用了普朗克的量子化概念，却没有跳出经典力学的范围。而电子的运动并不遵循经典物理学的力学定律，而是具有微观粒子所特有的规律性——波粒二象性，这种特殊的规律性玻尔在当时还没有认识到。1926 年，薛定谔从经典力学的哈密顿-雅可比方程出发，利用变分法和德布罗意方程，求出了一个非相对论的方程，这就是名震 20 世纪物理史的薛定谔波动方程。

量子力学的核心方程就是薛定谔方程，它就好比牛顿第二定律在经典力学中的位置。正是基于薛定谔方程的建立，才有了关于量子力学的诠释、波函数坍缩、量子纠缠、多重世界等的激烈讨论。可以说，薛定谔方程敲开了微观世界的大门，让量子力学颠覆了整个物理世界。

在量子力学理论框架中，微观粒子（电子、质子、中子）具有波粒二象性。材料中的内层电子在固定的原子轨道上运动，而外层电子为晶格"共享电子"。与经典力学相类似，为了描述材料体系中的微观粒子运动状态，首先必须建立描述微观粒子状态的物理学量以及相应的运动方程——薛定谔方程，才有了用物理学家们熟悉的方式表达的量子力学。

本章将从微观粒子的波粒二象性出发，引入描述粒子状态的物理学量——波函数；介绍量子力学的基本方程——薛定谔方程；诠释波函数的物理意义；基于薛定谔方程进一步说明电子波函数在材料科学领域的具体应用。

2.1 物质客体的波粒二象性

2.1.1 德布罗意关系式与粒子的波动性

基于旧量子论，原子物理将粒子和波两个概念揉合在一起。通过黑体辐射、光电效应和康普顿散射等实验认识了经典理论面临的困难。同时，科学家们理解这样一个事实：光（电

磁波）作为客观世界中存在的一种物质，不但具有早已被人们认识的波动性质，而且具有
"光量子"这样的粒子性质，即光的波粒二象性。特别是，爱因斯坦的光量子论将粒子性特征
（E，p）与波动特征（ν，λ）不可分割地联系在一起（$E=h\nu$，$p=h/\lambda$），作为矛盾的双方处
于光的统一体内，而在不同的条件下，显示出矛盾的主要方面，或具有波动性，或具有粒
子性。

对于物质客体的波粒二象性是由德布罗意在 1923—1924 年的四篇论文中提出的。他认为
"X 射线的波粒二象性必须推广到物质粒子，特别是电子"。他将粒子的波长和动量联系起来：
动量越大，波长越短。即

$$\nu = \frac{E}{h} \tag{2.1}$$

$$\lambda = \frac{h}{p} \tag{2.2}$$

这就是德布罗意关系。因此，实物粒子（如电子）的运动，既可以用粒子的动量来描述，
也可以用波长、频率来描述。在量子力学建立之前，电子的粒子性由 Thomson（汤姆孙）阴
极射线实验所证实（1897 年），而电子的德布罗意波特性是由戴维孙（C. J. Davisson）与革末
（L. H. Germer）1927 年对电子在镍单晶上的衍射实验得到验证。

戴维孙和革末用单能的电子向镍单晶的磨光平面上，观察散射电子束的强度与散射角
之间的关系。实验装置如图 2.1 所示，电子束源与散射电子探测器对称放置在晶体表面法线。
实验指出，散射电子束的强度随着散射角而变，当取某些确定值时，散射强度有最大值，这
现象与 X 射线衍射现象相同，充分证明电子具波动性。

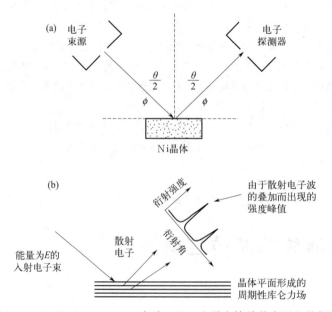

图 2.1　（a）Davison-Germer 实验；（b）电子在镍单晶表面上的衍射

由于能量不大的电子（在戴维孙-革末实验中，电子能量大致为 30～400eV），不能深入
到晶体内部，因而大部分电子在晶体表面散射。根据衍射理论，衍射最大值的位置由下面公

式决定

$$n\lambda = 2\text{d}\sin\phi \qquad n=1,2,\cdots \tag{2.3}$$

式中，n 是衍射最大值的级次；λ 是衍射线的波长；d 是晶体 Bragg（布拉格）散射的晶面间距。对于 $d=0.091\text{nm}$（镍单晶的晶面间距），当电子束能量为 54eV，$\theta=50°$ 时，观测到了一个衍射极大峰。根据布拉格方程，可以求出电子波长为

$$\lambda = \frac{2d}{n}\sin\phi = \frac{2d}{n}\cos\frac{1}{2}\theta = \frac{2\times0.091\text{nm}}{1}\cos25° = 0.165\text{nm} \tag{2.4}$$

又根据德布罗意关系可以求出电子的波长为：

$$\lambda = \frac{h}{p} = \frac{h}{\sqrt{2m_eE}} = \frac{2\pi\hbar c}{\sqrt{2m_ec^2E}} = 0.167(\text{nm}) \tag{2.5}$$

式中，$\hbar$ 为约化普朗克常数，$\hbar=h/2\pi$；m_e 为电子质量；E 为电子动能。

两者结果惊人相似，戴维孙和革末实验证实了电子的德布罗意关系。

1927 年汤姆孙通过电子在多晶体上的衍射实验，也观测到了衍射条纹。其后许多实验表明，除了电子外，其他尺寸的粒子如中子、质子、介子、原子、分子甚至 C_{60} 分子等一切微观粒子也具有波动性，并且德布罗意公式对这些粒子同样正确。因此，德布罗意公式是表示各种微观粒子的波粒二象性的一个基本公式。

微粒子的波动性，在现代科学技术上已经得到广泛的应用，例如电子显微镜、慢中子衍射技术等，可用来研究晶体的缺陷、分子的结构、病毒及细胞组织等。

2.1.2 电子的德布罗意波长

设自由粒子的动能为 E，动量为 p，粒子速度远小于光速时有：$E=\frac{p^2}{2\mu}$，则德布罗意波长为

$$\lambda = \frac{h}{p} = \frac{h}{\sqrt{2\mu E}} \tag{2.6}$$

如电子在透射电镜中经电势差为 U 的电场加速（通常电镜的加速电压为 $200\sim300\text{kV}$），则 $E=eU$。其中，e 是电子电荷的大小，将 h、μ、e 的数值代入后，得

$$\lambda = \frac{h}{\sqrt{2\mu eU}} \approx \frac{12.25}{\sqrt{U}}(\text{Å}) \tag{2.7}$$

当 $U=150\text{kV}$ 时，$\lambda=1\text{Å}=10^{-10}\text{m}$，当 $U=10000\text{V}$ 时，$\lambda=0.122\text{Å}$。

由此可见，电子的德布罗意波的波长是很短的，其数量级相当于晶体中的原子间距，比起宏观线度要短得多。故在一般宏观条件下，实物粒子的波动性不会表现出来（粒子性是主要矛盾方面）；而微观尺度下，这时用经典力学无能为力了，必须用一种新的力学——量子波动力学去处理。我们可以借助光学上的类比来清楚地理解这一点。在光的干涉和衍射现象中，如果仪器的几何量比光波的波长大很多时，干涉和衍射现象是不可能观察到的，这时光可用直线传播说明，即可用几何光学去处理；但当仪器的几何量与光波波长相比拟的情况下，则可以观察到干涉和衍射图样，这时必须用波动光学来处理。因此，要在实验上证明物质波

的存在，我们也必须这样安排实验，使仪器的几何参量与物质波波长相比拟，若用电子做实验，由上面的计算，其波长的数量级是 1Å，这与晶体中的原子间距为同一数量级。因此要观察到电子衍射的条件与观察 X 射线衍射条件相同，因而只有晶体才能作为合适的衍射光栅。现代透射电子显微镜就是以电子衍射特性来表征材料原子尺度上的微观结构。

从电子的德布罗意波的波长可知，原子尺度的粒子将表现出波动行为。因此，原子、电子尺度上粒子的量子力学性质是研究材料物性的基本出发点。接下来我们将从波动性角度介绍如何描述微观粒子的状态。

2.1.3 自由粒子的德布罗意波

由实验证实的德布罗意假设，揭示了微观粒子的波粒二象性，因此我们应该从统一波动和粒子的二象性入手，找寻新的理论来描述它。为此，需先求出描写自由粒子的平面波在数学上的表示式。

在经典力学中，角频率为 ω，波长为 λ，沿 r 方向传播的平面波可表示为

$$\psi(\boldsymbol{r},t)=A\cos[\boldsymbol{k}\cdot\boldsymbol{r}-\omega t] \tag{2.8}$$

其中，波矢 $\boldsymbol{k}=2\pi/\lambda$；常数 A 为振幅。

为了计算方便，利用欧拉公式：$e^{ix}=\cos x+i\sin x$，将式（2.8）改写为复数形式

$$\psi=A\exp i(\boldsymbol{k}\cdot\boldsymbol{r}-\omega t) \tag{2.9}$$

对于发生布拉格衍射的 X 射线就是用此式描述其波函数。既然自由电子等微观粒子表现出类似 X 射线的衍射条纹，那么自由粒子的德布罗意波亦可以用此波函数来描述。

把德布罗意关系式（2.1）和式（2.2）代入上式，得

$$\psi=A\exp\frac{i}{h}(\boldsymbol{p}\cdot\boldsymbol{r}-Et) \tag{2.10}$$

这是一个与自由粒子相联系的平面波，或者说是描写自由粒子的平面波，这种波称为德布罗意波，又称物质波。它描写动量为 p、能量为 E 的自由粒子的运动状态，即描写自由粒子的德布罗意波。值得注意的是，经典力学中，光波强度（测量值）仅与波函数的实部振幅有关，虚部仅是为了计算方便而引入的。但在量子力学中，物质波同时具有波动性与粒子性，而且自由粒子动量与能量保持不变，具有空间与时间的平移对称性，在不同的时空坐标中发现自由粒子的概率保持不变，必须用式（2.10）的复数形式平面波。

如果粒子在随时间或位置变化的势场中运动，它的动量和能量不再是常量（或不同时是常量），这时粒子不再是自由粒子，它的运动状态不能用平面波描述，但是，这样的粒子仍具有波粒二象性，因此必须用较复杂的波来描述（如固体中电子波函数用布洛赫波描述）。在一般情况下，微观粒子的运动状态均可用一个复数形式的波函数 $\Phi(\boldsymbol{r},t)$ 来描写，这是量子力学基本原理（假设）之一。

2.2 状态及状态波函数

经典力学中，粒子的状态由粒子的动量与位置描述；某一状态下，粒子的动量与位置可

以独立地精确确定。由于微观粒子的波粒二象性，量子力学中，我们不能同时确定微观粒子的位置和动量。如何用一个物理量将波粒二象性统一起来，从而描述微观粒子的状态？前一节我们介绍了用波函数来描写粒子德布罗意波，但波函数的意义是什么？是否可以描述微观粒子的状态？量子力学框架下，波函数的基本属性为何？1926年玻恩对德布罗意波做出统计的解释，他认为德布罗意波不像经典波那样代表什么实在物理量的波动，是刻划粒子在空间概率分布的概率波。为了阐明这个概念，将分析电子双缝衍射实验，并从"粒子"和"波动"这两个观点去解释实验结果，从而找出它们之间的联系。

2.2.1 经典粒子和经典波的双缝实验

为了更好地理解电子在双缝衍射中呈现的量子特征，先对比一下用经典粒子（例如子弹）与经典波（例如声波、水波）做类似双缝实验的结果。

图 2.2 表示经典粒子通过双缝情况，当只开 S_1 缝，粒子密度分布用 I_1 描述；当只开 S_2 缝，粒子密度分布用 I_2 描述，当双缝齐开时，通过 S_1 缝和 S_2 缝的粒子互不相干地一粒一粒打到屏上，$I = I_1 + I_2$。

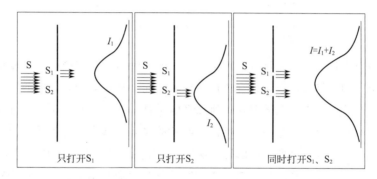

图 2.2　经典粒子的双缝实验

图 2.3 表示经典波通过双缝情况，当只开 S_1 缝，波的强度分布用 I_1 描述；当只开 S_2 缝，波的强度分布用 I_2 描述；当双缝齐开，强度分布为 I，但 $I \neq I_1 + I_2$，屏上出现了干涉图样，此时 $I = I_1 + I_2 + 2\sqrt{I_1 I_2} \cos\delta = I_1 + I_2 +$ 干涉项 $\neq I_1 + I_2$。其中，δ 是通过 S_1、S_2 两缝的波的位相差，由于存在干涉项，所以经典波强度分布与经典粒子密度分布截然不同。

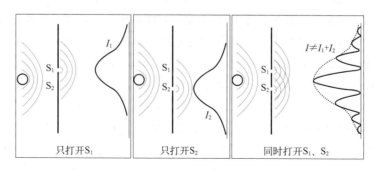

图 2.3　经典波的双缝实验

2.2.2 电子的双缝实验及概率波

现在分析电子双缝衍射实验。当电子束通过双缝，若入射电子流很微弱，电子几乎是一个一个地通过双缝，然后打到感光屏上。当感光时间短时，屏上感光点的分布看来没有什么规律，但当时间够长，则屏上感光点愈来愈多，结果有些地方很密，有些地方很疏，有些地方几乎没有点子，最后屏上电子分布形成有规律的干涉图样，如图2.4。就其强度分布来说与经典波的双缝相似，与经典粒子完全不同，如何解释这种现象呢？

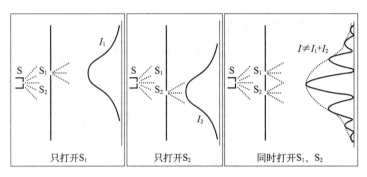

图 2.4　电子双缝实验

在历史上曾有人认为物质波是由一群粒子组成的，因而认为双缝衍射实验中的干涉图样是电子之间相互作用的结果，但这种看法是错误的。在上述实验中，衍射的图样和入射电子流的强度无关。当我们把电子流强度减弱到几乎电子是一个一个地发出，在开始时屏上显出似乎是一些无规则的斑点。但是，只要经过足够长的时间，感光屏上仍然得出相同的干涉条纹，显示出电子的波动性。因此，可以得到这样一个结论：每个粒子不依赖其他粒子而衍射，衍射现象不是粒子之间相互作用的结果，波动性是每个微观粒子所具有，每个粒子既表现出粒子性，也表现出波动性。因而干涉图样显示出的波动性可看作是大量电子在同一实验中所产生现象的统计结果，或者是一个电子在多次相同实验中的统计结果。

如何从"粒子"与"波动"两种观点分别解释上述实验结果，使"粒子"和"波动"的概念统一起来呢？按粒子的观点来看，在干涉图样中，极大值处表示电子投射到该处的概率大，因而投射到该处的粒子多；而极小值处则表示电子投射到该处的概率小，因而投射到该处的粒子少或者没有。按"波动"的观点，在干涉图样中极大值处波的强度极大，而极小值处波的强度极小，甚至为零。如果用波函数来描述干涉实验中电子的状态，波振幅绝对值的平方便表示某时刻在空间某处波的强度。玻恩在这个基础上，提出了波函数的统计解释，即波函数在空间某点的强度（振幅绝对值的平方）和在该处找粒子的概率成正比。玻恩的波函数概率解释是量子力学基本原理之一，这种解释将微观粒子的波动性与粒子性统一起来。

总的来说，微观粒子的波动性是建立在统计学的基础上。正常，波是振动形式的传递。为此，定义非常简短但是有内涵的两个核心，第一个是"振动"，那么"谁"在振动是关键；第二个是传递，那么传递"啥"是关键。只要搞清楚了这两个关键，那么对微观粒子的波动性理解也就简单多了。比如声波就是空气在上下振动，空气本身不做水平运动，但是把上下振动的"位移量"水平传递。但并不是所有波都需要介质才能传递"位移量"，比如电磁波严格来说是不需要介质的，可以直接在真空中传播。微观粒子的波也不需要介质，而传递的就是"概率"本身，也就是"概率"自己在振动，只不过这个振动不是空间中的垂直方向的位移，而是数学上的"振动"，进一步说"概率"在振动没有物理的客观实体与之对应，只有数学上的意义。所以概率波就可以理解为：微观粒子的位置（或速度）出现的"概率值"在不停振动，传递的就是"概率"本身。

对于 t 时刻，到达屏空间 $r(x, y, z)$ 处某体积 $d\tau = dxdydz$ 内的粒子数为：$dN \propto N|\Psi|^2 d\tau$。其中：$|\Psi(x,y,z,t)|^2 = \Psi\Psi^* \propto \dfrac{dN}{Nd\tau}$。而波函数的模方 $|\Psi(x,y,z,t)|^2$ 包含三种物理意义：

① t 时刻，出现在空间 (x,y,z) 点附近单位体积内的粒子束与总粒子数之比；

② t 时刻，出现在空间 (x,y,z) 点附近单位体内的概率；

③ t 时刻，粒子在空间分布的概率密度。

2.2.3 波动-粒子二重性矛盾的分析

由上面讨论可见，波函数的概念与经典波的概念完全不同，它并不是代表媒质运动的传递过程，也不是一种纯粹经典的场量的意思，而是一种概率波。由于光也具有粒子性，所以对于电磁波也不能再如经典电动力学中那样去理解它，而必须认为它是一种概率波——光子的概率波。对光的干涉和衍射现象也应采用概率波去解释，否则，就只能片面地描述光的波动性，而不能描述它的粒子性。

传统对波粒二象性的理解：①物质波包。物质波包会扩散，波包说夸大了波动性一面。②大量电子分布于空间形成的疏密波。电子双缝衍射表明，单个粒子也有波动性。疏密波说夸大了粒子性一面。对波粒二象性的辩证认识：微观粒子既是粒子，也是波，它是粒子和波动两重性矛盾的统一，这个波不再是经典概念下的波，粒子也不再是经典概念下的粒子。在经典概念下，粒子和波很难统一到一个客体上。

黑体辐射、光电和康普顿效应、戴维孙/革末、汤姆孙晶体衍射实验和双缝实验表明：光子、电子和任何其他微观粒子的行为既不同于经典粒子，也不同于经典波。这些发现表明，在微观尺度上，自然界可以显示粒子行为和波动行为。现在的问题是，一个粒子和一个波如何同时起作用？这些概念不是相互排斥的吗？在经典物理学领域，答案是肯定的，但在量子力学领域则不然。这种双重行为在经典物理学中是无法调和的，因为粒子和波是相互排斥的实体。然而，量子力学理论为协调物质的粒子和波两方面提供了适当的框架。通过使用波函数来描述电子等物质粒子，量子力学可以同时对微观系统的粒子行为和波行为进行说明。它将能量或强度的量化与物质的波动描述相结合。也就是说，它使用粒子和波图像来描述相同的材料粒子。因此，微观系统既不是纯粒子，也不是纯波，两者都是。粒子和波的表现并不相互矛盾或排斥，但正如玻尔所说，它们只是互补的。在描述微观系统的真实本质时，这两个概念是互补的。作为微观物质的互补特征，粒子和波对于量子系统的完整描述同样重要。互补原理，物理学中的一个原理，即对原子维度上的现象的完整认识需要对波和粒子的性质进行描述。1928 年，丹麦物理学家玻尔宣布了这一原理。实验上，光和电子等现象的行为有时是波状的，有时是粒子状的，这类事物具有波粒二象性。同时观察波和粒子是不可能的。然而，它们结合在一起，比单独使用两者中的任何一个都更完整。互补原理意味着原子和亚原子尺度上的现象与大尺度粒子或波（如台球和水波）并不完全相同。在同一大尺度现象中，这种粒子和波的特性是不相容的，而不是互补的。当物体的德布罗意波长在其大小范围内或超过其大小时，物体的波动性质是可检测的，因此不能忽略。但是，如果它的德布罗意波长与它的大小相比太小，那么这个物体的波动行为是无法检测到的。可以得出结论，与微观系统相关的波长是有限的，但显示出易于检测的波状图案。然而与宏观系统相关的波长是无限小的，并没有显示出可识别的波动行为。因此，当波长接近零时，系统的类波特性消失。在这种波长无限小的情况下，几何光学应该用来描述物体的运动，因为与之相关的波表现为光线。

另一方面，普朗克常数 h 出现在所有真实反映量子力学行为的结果中。当我们允许 h 趋近于 0 时，必须得到经典力学的结果。也就是说，当达到这个极限时，真正的量子效应必须消失。现在，我们确实没有改变这样一个基本常数的值，但是对应原理断言，如果我们这样做，经典的结果就会恢复。这意味着量子效应是对经典性质的修正。这些影响可能小，也可能大，这取决于许多因素，如时间尺度、空间尺度和能量尺度。尽管普朗克常数的值很小，为 6.626×10^{-34} J·s，但不应假设量子效应很小。例如，量子化效应会影响现代金属-氧化物-半导体（MOS）晶体管的工作原理，并使之成为隧道二极管等器件的基本特性。

物质粒子既然是波，为什么长期把它看成经典粒子？正如上面所说：当物体的德布罗意波长在其大小范围内或超过其大小时，物体的波动性质是可检测的，因此不能忽略。但是，如果它的德布罗意波长与它的大小相比太小，那么这个物体的波动行为是无法检测到的。为了定量说明这一规则，在下面的示例中计算两个粒子对应的波长，一个是微观粒子，另一个是宏观粒子。

【例 2.1】 计算如下物质粒子的德布罗意波长：

① 动能为 70 MeV 的质子；

② 以 900ms 的速度运动的 100g 子弹。

解：① 因为质子的动能是 $T = p^2/(2m_p)$，所以它的动量是 $p = \sqrt{2Tm_p}$。其德布罗意波长为 $\lambda_p = h/p = h/\sqrt{2Tm_p}$。为了以数值方式计算该量，引入已知量 $\hbar c \approx 197$MeV·fm，质子的静止质量 $m_p c^2 = 938.3$MeV。其中，c 是光速。那么质子对应的德布罗意波长为

$$\lambda_p = 2\pi \frac{\hbar c}{pc} = 2\pi \frac{\hbar c}{\sqrt{2Tm_p c^2}} = 2\pi \frac{197\text{MeV} \cdot \text{fm}}{\sqrt{2 \times 938.3 \times 70\text{MeV}^2}} = 3.4 \times 10^{-15}\,\text{m}$$

② 至于子弹，它的德布罗意波长为：$\lambda_b = h/p = h/(mv)$，既然 $h = 6.626 \times 10^{-34}$ J·s，则

$$\lambda_b = \frac{h}{mv} = \frac{6.626 \times 10^{-34}\text{J} \cdot \text{s}}{0.1\text{kg} \times 900\text{m/s}} = 7.4 \times 10^{-36}\,\text{m}$$

两个波长的比值为 $\lambda_b/\lambda_p \approx 2.2 \times 10^{-21}$。很明显，这颗子弹的波动性超出了人类的观察能力。至于质子的波动方面，它不能被忽略；它的德布罗意波长为 3.4×10^{-15} m，其大小与典型原子核的大小相同。

2.2.4 波函数的意义及其数学表示

量子力学中，复数形式波函数是不能直接实验测量的，用来描述粒子状态的波函数既不同于经典电动力学中的光波函数，也不能用来直接描述粒子的位置。那么如何用波函数的数学形式来描述粒子的状态？

下面用数学表示波函数的性质。设波函数 $\Phi(x,y,z,t)$ 描述粒子的状态，在空间一点 (x,y,z) 和时间 t，波的强度 $|\Phi|^2 = \Phi^* \Phi$，其中 Φ^* 是 Φ 的共轭复数。按照波函数的统计解释，在空间点 A 找到粒子的概率 $dW(x,y,z,t)$ 与 $|\Phi_A(x,y,z,t)|^2$ 成正比，所以 t 时刻在 $x \sim x+dx$，$y \sim dy$，$z \sim z+dz$ 的体积元 $d\tau = dxdydz$（图 2.5）内找到粒子的概率 $dW(x,y,z,t)$ 与 $|\Phi(x,y,z,t)|^2$ 成正比，写成等式则为

$$dW(x,y,z,t) = C|\Phi(x,y,z,t)|^2 d\tau \tag{2.11}$$

式中，C 为比例常数，那么时刻 t 在 (x,y,z) 点附近单位体积内找到粒子的概率，即概率密度为

$$\omega(x,y,z,t) = \frac{dW(x,y,z,t)}{d\tau}$$

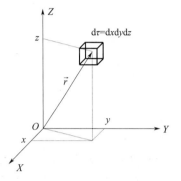

图 2.5　坐标空间的体积元

$$= C|\Phi(x,y,z,t)|^2 \tag{2.12}$$

由于粒子必定要在空间中某处出现，所以粒子在空间各点出现的概率总和等于 1，所以有

$$C\int_\infty |\Phi(x,y,z,t)|^2 d\tau = 1 \tag{2.13}$$

积分号下的 ∞ 符号表示对整个空间积分，由式（2.13）得

$$C = \frac{1}{\int |\Phi|^2 d\tau} \tag{2.14}$$

对于经典波，例如声波、水波、弹性波等，当波的振幅增大 C 倍，波的强度（能量）增加 C 倍，表示另一个物理态。在量子力学中，$|\Phi|^2$ 只代表波的相对强度，把波函数乘以 C 倍，波的强度增大 C^2 倍，但 Φ 与 $C\Phi$ 代表同一状态，这是因为波函数增大 C 倍，$|\Phi|^2$ 增大 C^2 倍，空间各点波的强度均增大 C^2 倍，故各点间的相对概率并未改变，例如空间 A、B 两点的相对概率，当波函数为 $C\Phi$ 的情况下是

$$\frac{|C\Phi_A|^2}{|C\Phi_B|^2} = \frac{|\Phi_A|^2}{|\Phi_B|^2} \tag{2.15}$$

与波函数为 Φ 情况下的相对概率完全相同。

既然在量子力学中 Φ 与 $C\Phi$ 描述的是完全相同的状态，所以常数 C 的选择就可以任意了，现在把式（2.14）所确定的 C 乘 Φ，并以 Ψ 表示所得的函数

$$\Psi(x,y,z,t) = C\Phi(x,y,z,t) = \frac{\Phi(x,y,z,t)}{\int_\infty |\Phi(x,y,z,t)|^2 d\tau} \tag{2.16}$$

Ψ 与 Φ 所描述的是同一状态。于是，由式（2.11）、式（2.12）分别得出时刻 t 在（x，y，z）点附近体积元 $d\tau$ 内找到粒子的概率

$$dW(x,y,z,t) = |\Psi(x,y,z,t)|^2 d\tau \tag{2.17}$$

概率密度为

$$\omega(x,y,z,t) = |\Psi(x,y,z,t)|^2 \tag{2.18}$$

式（2.13）可改写为

$$\int_\infty |\Psi(x,y,z,t)|^2 d\tau = 1 \tag{2.19}$$

或简写为

$$\int |\Psi(\boldsymbol{r},t)|^2 d\tau = 1 \tag{2.20}$$

满足式（2.19）的波函数称为归一化波函数，式（2.19）或式（2.20）称为归一化条件，把 Φ 换成 Ψ 的步骤称为归一化，由式（2.14）确定的常数 C 称为归一化因子（或归一化常数）。

对于描述粒子状态的波函数需注意以下几点。

① 归一化波函数并不是唯一的，如果 Ψ 是归一化波函数，那么 $e^{i\delta}\Psi$（δ 是任意实常数）也是归一化的。因此 $|\Psi|^2 = |e^{i\delta}\Psi|^2$，而 $e^{i\delta}\Psi$ 所描述的是同一个概率波，$e^{i\delta}$ 称为相因子，所以归一化波函数可以含有任意相因子，以后我们可以利用波函数这个性质，乘上或除去一个相因子来简化波函数的表达式。

② 如果 $\int_\infty |\Phi|^2 d\tau$ 发散，即波函数在整个空间不是平方可积的，就不能按式（2.19）归一化，因为这样必会得到归一化因子 $C=0$，这种归一化显然是没有意义的。例如自由粒子的波函数 $\Psi_p(\boldsymbol{r},t) = A\exp\frac{i}{h}(\boldsymbol{p}\cdot\boldsymbol{r} - Et)$，其波函数的模方为 $|\Psi_p|^2 = \Psi_p^* \Psi_p = A^2$，这是一个与时间、坐标无关的常数，故在空间任一点附近单位体积内找到粒子的概率相同。那么：$\int_\infty |\Psi_p|^2 d\tau = A^2 \int_\infty d\tau = \infty$。因而这类波函数在整个空间不是平方可积的，不能按式（2.19）归一化。至于这种波函数应怎样归一化，在第3章中再讨论。

③ 若粒子的状态已由归一化波函数 $\psi(\boldsymbol{r},t)$ 所描述，则 t 时刻在 $\boldsymbol{r}$ 处的概率分布函数为 $\omega(\boldsymbol{r},t)$。

$$\omega(\boldsymbol{r},t) d\tau = |\psi(\boldsymbol{r},t)|^2 d\tau \tag{2.21}$$

利用上式，我们可以按照通常由概率求平均值公式求粒子坐标的平均值

$$\overline{x} = \int x |\psi(\boldsymbol{r},t)|^2 d\tau \tag{2.22}$$

若粒子的任一力学量 $f(\boldsymbol{r})$ 为已知，则其平均值可以表示为

$$\overline{f(\boldsymbol{r})} = \int \psi^* f(\boldsymbol{r}) \psi d\tau \tag{2.23}$$

2.3 波函数（态）叠加原理

2.3.1 态叠加概念

物理学中，对于任何一个线性系统，对于满足描述其物理过程的线性方程（组），线性微分方程（组）的物理量（包括函数、矢量或矢量场）都具有叠加性质。对于经典波动过程都满足加原理，即任意一个波动过程 ϕ 是两个可能的波动过程 ϕ_1 和 ϕ_2 的线性叠加的结果，即

$$\phi = a\phi_1 + b\phi_2 \quad (a, b \text{ 都是常数}) \tag{2.24}$$

对于满足叠加原理的经典波，如水波、声波，在同一空间中传播的两个或多个波的合成振幅，是由每个波单独产生的振幅之和。对其进行测量时，测量值是合成变量的振幅。其单个参与叠加的状态不具有各自独立的特征。

在量子力学中，微观粒子的状态由波函数描述，而支配波的行为的方程称为薛定谔波动方程（见 2.4.2 节）。计算一个波函数的行为的一个主要方法是将波函数写成（可能无穷个）一些行为特别简单的状态波函数之叠加（称为量子叠加）。因为薛定谔波方程是线性的，从而波函数的行为可以通过叠加原理来计算。光学中，利用叠加原理可以解释光的干涉、衍射现象。

在 2.2 节中，我们知道波函数是用来描写微观粒子的物理量。波函数的统计解释是微观粒子波粒二象性的一个表现，微观粒子的波粒二象性还可通过量子力学关于状态波函数的一个基本原理——态叠加原理表现出来。量子力学中的态叠加原理可以从电子的双缝实验得到解释。如图 2.4，入射电子一部分通过狭缝 S_1，另一部分通过狭缝 S_2，令通过狭缝 S_1 的粒子波函数为 ψ_1，通过狭缝 S_2 的粒子波函数为 ψ_2。对于某一个粒子来说，它可能通过狭缝 S_1，也可能通过狭缝 S_2，即在通过后，它可能处于 ψ_1 态，也可能处于 ψ_2 态。

实验结果指出：通过双缝后粒子的状态 ψ 是由 ψ_1 和 ψ_2 的线性叠加的结果，即 $\psi = C_1\psi_1 + C_2\psi_2$（$C_1$，$C_2$ 是任意复常数），只有这样，才能解释干涉现象，因为屏上干涉图样的叠加，干涉强度为

$$
\begin{aligned}
|C_1\psi_1 + C_2\psi_2|^2 &= |C_1\psi_1|^2 + |C_2\psi_2|^2 \\
&\quad + \underbrace{C_1 C_2 \psi_1^* \psi_2 + C_1 C_2^* \psi_1 \psi_2^*}_{\text{（干涉项）}} \\
&\neq |C_1\psi_1|^2 + |C_2\psi_2|^2
\end{aligned}
\tag{2.25}
$$

正因为多了这个干涉项，使得两个重叠的衍射图变为实际的干涉图。因此，可将量子力学的态叠加原理叙述如下：如果 ψ_1 和 ψ_2 是体系的可能状态，那么，它们的线性叠加

$$\psi = C_1\psi_1 + C_2\psi_2 \quad (C_1, C_2 \text{ 是任意复常数}) \tag{2.26}$$

也是这个体系的一个可能状态。

推广到一般情况：体系的可能状态，它们的线性叠加

$$\psi = C_1\psi_1 + C_2\psi_2 + \cdots + C_n\psi_n = \sum_n C_n\psi_n \quad (C_1, C_2, \cdots, C_n \text{ 是任意常数}) \quad (2.27)$$

也是体系的一个可能状态，即体系处于 ψ 态时，体系部分地处于态 $\psi_1, \psi_2, \cdots, \psi_n$ 之中。

量子力学中的态叠加原理数学形式虽然与经典波的叠加相同，但物理本质上有根本的差异，在经典波中，如果说一个波由若干子波叠加而成，只不过说明这个合成的波含有各种成分（例如不同波长及频率）的子波而已；而态叠加原理是"波的叠加性"与"波函数完全描述一个微观体系状态"两个概念的概括。因为用波函数描述微观体系的状态（包括波函数的统计解释）这个概念在经典物理中是没有的。例如一个系统（或粒子）的波函数为 $\Psi = C_1\Psi_{p_1} + C_2\Psi_{p_2}$ 的形式，那么在状态 Ψ_{p_1} 中，动量只能测得一个值 p_1，而在 Ψ_{p_2} 中只能是 p_2，因此，在状态 Ψ 中，测得动量的值可能是 p_1 也可能是 p_2，但绝不会是其他的值，显然在经典物理学中波的叠加并不包含这样的内容，经典观点认为系统的状态总是用确定的值来表征的。此外，在经典波中，如果振动状态由函数 Ψ 描写，那么把它和自己相加，得到函数 $\Psi + \Psi = 2\Psi$，则描写双倍振幅的状态。而在量子力学中，以任一常数 C 乘函数 Ψ，得出 $C\Psi$，Ψ 与 $C\Psi$ 描写同一状态，故 Ψ 与 2Ψ 表示同一状态，即一个态与本身叠加不形成任何新的态，这与经典波的叠加也是不同的。

2.3.2 态叠加的量子力学解释

对于量子力学的态叠加原理可以量子力学史上著名的"薛定谔猫"思想实验解释。猫被放在一个封闭的盒子里，如图 2.6。盒子里还有一个盖革计数器和一个微量的放射性物质会引起盖革计数器的爆炸，它会释放毒药杀死猫。放射性物质的衰变是一个量子力学过程；任何时刻放射粒子衰变与不衰变的可能性都是 50%。然后，猫是活的，也是死的，处于一个生与死的量子叠加态。当然，没有理智的人会相信在看到一个盒子里面有一只猫，既死又活。这就是量子力学史上有名的"薛定谔的猫"。薛定谔的猫解释需要涉及量子力学的测量、波函数演化等一系列的量子力学理论，史上各种量子力学学派针对此问题给出了各类诠释，但仍

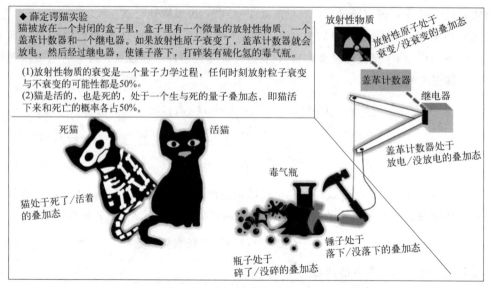

图 2.6 "薛定谔猫"思想实验

然是量子力学领域最具争议的问题之一。该实验试图从宏观尺度阐述微观尺度的量子叠加原理的问题。

"量子态"波函数 Ψ，比经典粒子的状态难测量得多，经典粒子的状态仅通过测量其位置 x 和动量 p 来确定。根据海森堡不确定性原理，在量子理论中 x 的精确测量会干扰粒子的波函数，并迫使 p 的后续测量变得随机。

材料（原子）中的电子，其轨道波函数描述了电子在原子周围的出现位置以及不同位置出现的概率。如果对原子中电子进行位置测量，必将会引起不可忽略或显著的扰动从而改变原子的原有状态。例如，考虑一个测量氢电子位置的实验。为此，我们需要用电磁辐射（光子）轰击电子。如果我们想准确地确定位置，辐射的波长必须足够短。由于电子轨道大约为 $10^{-10}\,\mathrm{m}$，我们必须使用波长小于 $10^{-10}\,\mathrm{m}$ 的辐射。也就是说，我们需要用能量高于 $h\nu = h\dfrac{c}{\lambda} = h\dfrac{3\times10^{8}}{10^{-10}} \approx 10^{4}\,\mathrm{eV}$ 的光子轰击电子。当这些光子撞击电子时，它们不仅会扰乱电子，还会使电子完全脱离轨道（氢原子的电离能约为 $13.5\,\mathrm{eV}$）。因此，测量电子位置的行为就会明显地干扰电子在原子中的状态。

在量子力学哥本哈根学派的诠释中，波函数是用来完整描述量子系统的复杂分布，是量子理论的核心。玻恩（Born）规则认为量子事件发生的概率与其波函数的平方振幅有关。对微观世界的"观察"会导致物质粒子的"叠加态"发生改变，有可能从一种"叠加态"变回组成叠加态的"本征态"，即波函数坍缩。在"薛定谔的猫"实验中，未打开盒子前，人们不知道猫是死的还是活的，此时猫处于一个叠加态（死、活两个本征态的叠加态，各占 $1/2$ 的概率）；打开盒子观察后，猫处于一个唯一明确的状态（本征态之一），"叠加态"变成"坍缩态"。

在经典物理学中，可以对一个系统进行测量，而不会对其造成重大干扰，系统可以近似保持原有的状态。当一个量子物理系统不被测量时，它的波函数根据薛定谔方程不断演化。量子力学体系与外界发生某些作用后波函数发生突变，变为其中一个本征态或有限个具有相同本征值的本征态的线性组合的现象。波函数坍缩可以用来解释为何在单次测量中被测定的物理量的值是确定的，但是对多个等同的量子体系进行多次测量中每次测量值可能都不同。

【例 2.2】 已知：三个状态（ϕ_1，ϕ_2，ϕ_3）正交，即 $\int \phi_j^* \phi_k \, d\tau = \delta_{jk}$。对于一个系统，其状态 ψ 是用三个正交的状态（ϕ_1, ϕ_2, ϕ_3）线性组合构成的，即

$$\psi = \frac{\sqrt{3}}{3}\phi_1 + \frac{2}{3}\phi_2 + \frac{\sqrt{2}}{3}\phi_3$$

① 验证 ψ 归一性，然后计算在任何一种状态 ϕ_1, ϕ_2, ϕ_3 下发现系统的概率并验证总概率等于 1。

② 现在考虑一组 810 个相同的系统，每个系统都处于状态 ψ。如果对这些系统都进行了测量，那么在对应每个状态 ϕ_1、ϕ_2、ϕ_3 下会发现多少个系统？

解：

① 利用正交条件 $\int \phi_j^* \phi_k \, d\tau = \delta_{jk}$。其中，$j, k = 1, 2, 3$，可以证明

$$\int \psi^* \psi \mathrm{d}\tau = \frac{1}{3}\int \phi_1^* \phi_1 \mathrm{d}\tau + \frac{4}{9}\int \phi_2^* \phi_2 \mathrm{d}\tau + \frac{2}{9}\int \phi_3^* \phi_3 \mathrm{d}\tau = \frac{1}{3} + \frac{4}{9} + \frac{2}{9} = 1$$

那么 ψ 满足归一化条件。

既然 ψ 是归一化的，对系统进行投影测量，系统发现 ϕ_1 态的概率为

$$P_1 = \left| \int \phi_1^* \psi \mathrm{d}\tau \right|^2 = \left| \frac{\sqrt{3}}{3}\int \phi_1^* \phi_1 \mathrm{d}\tau + \frac{2}{3}\int \phi_1^* \phi_2 \mathrm{d}\tau + \frac{\sqrt{2}}{3}\int \phi_1^* \phi_3 \mathrm{d}\tau \right|^2 = \frac{1}{3}$$

其中，$\int \phi_1^* \phi_1 \mathrm{d}\tau = 1$，$\int \phi_1^* \phi_2 \mathrm{d}\tau = \int \phi_1^* \phi_3 \mathrm{d}\tau = 0$。

同样，由 $\int \phi_1^* \phi_1 \mathrm{d}\tau = \int \phi_3^* \phi_3 \mathrm{d}\tau = 1$，$\int \phi_2^* \phi_1 \mathrm{d}\tau = \int \phi_2^* \phi_3 \mathrm{d}\tau = \int \phi_3^* \phi_1 \mathrm{d}\tau = \int \phi_3^* \phi_2 \mathrm{d}\tau = 0$，系统在 ϕ_2, ϕ_3 中的概率为

$$P_2 = \left| \int \phi_2^* \psi \mathrm{d}\tau \right|^2 = \left| \frac{2}{3}\int \phi_2^* \phi_2 \mathrm{d}\tau \right|^2 = \frac{4}{9}$$

$$P_3 = \left| \int \phi_3^* \psi \mathrm{d}\tau \right|^2 = \left| \frac{\sqrt{2}}{3}\int \phi_3^* \phi_3 \mathrm{d}\tau \right|^2 = \frac{2}{9}$$

总的概率 P 为

$$P = P_1 + P_2 + P_3 = \frac{1}{3} + \frac{4}{9} + \frac{2}{9} = 1$$

② 该系统处于状态 ϕ_1，ϕ_2，ϕ_3 的数目分别为

$$N_1 = 810 P_1 = \frac{810}{3} = 270$$

$$N_2 = 810 P_2 = \frac{810 \times 4}{9} = 360$$

$$N_3 = 810 P_3 = \frac{810 \times 2}{9} = 180$$

2.4 薛定谔方程

在量子力学框架下，粒子的波函数赋予了新的特征，如何求解这一状态函数，是量子力学需要解决的首要问题。下面将介绍求解微观粒子状态的量子力学波动方程。

经典力学的核心是研究各种粒子或体系的运动，即它们的运动状态是如何随时间变化的。一个宏观物体运动状态随时间的变化是动力学过程。在经典力学里，动力学遵守牛顿第二定律。这里介绍如何确定微观粒子状态以及随时间的演化过程。量子力学框架下，采用薛定谔方程描述量子态随时间演化。

薛定谔方程是量子力学最基本的方程，其地位与牛顿方程在经典力学中的地位相当。它

是量子力学的一个基本的假定，并不能用什么更根本的假定来证明它，其正确性只能靠实验来检验。由于要建立的是描写波函数 $\Psi(\boldsymbol{r},t)$ 随时间 t 变化的方程，因此应满足下面条件：①方程应是波函数 $\Psi(\boldsymbol{r},t)$ 对时间的一阶微商的微分方程，因为通过方程便可由微观体系的初始状态求出任一时刻的状态。②方程是线性的，即如果 Ψ_1 和 Ψ_2 都是这方程的解，则 Ψ_1 和 Ψ_2 的线性叠加 $a\Psi_1+b\Psi_2$ 也是方程的解，这就使方程的解能满足态叠加原理的要求。③方程的系数不应含有状态参量如能量、动量。否则，方程只能被粒子的一个或者一部分状态所满足，而不能被各种可能的状态所满足，这样它就不是一个普遍的方程。

为了建立满足上述条件的方程，从自由粒子的平面波出发，利用尝试办法，试由解来建立方程，然后把它推广到一般情况去。

2.4.1　从自由粒子的波动方程到薛定谔方程

自由粒子平面波为

$$\Psi(\boldsymbol{r},t)=A\exp\frac{i}{\hbar}(\boldsymbol{p}\cdot\boldsymbol{r}-Et)$$

$$=A\exp\frac{i}{\hbar}(p_x x+p_y y+p_z z-Et) \tag{2.28}$$

将式（2.28）对时间求偏微分

$$\frac{\partial\Psi}{\partial t}=-\frac{i}{\hbar}E\Psi \tag{2.29}$$

再把式（2.28）分别对坐标 x、y、z 求二次偏微商，得

$$\frac{\partial^2\Psi}{\partial x^2}=-\frac{A p_x^2}{\hbar^2}\exp\frac{i}{\hbar}(p_x x+p_y y+p_z z-Et)$$

$$=-\frac{p_x^2}{\hbar^2}\Psi$$

同理

$$\frac{\partial^2\Psi}{\partial y^2}=-\frac{p_y^2}{\hbar^2}\Psi$$

$$\frac{\partial^2\Psi}{\partial z^2}=-\frac{p_z^2}{\hbar^2}\Psi$$

将三式相加，得

$$\left(\frac{\partial^2}{\partial x^2}+\frac{\partial^2}{\partial y^2}+\frac{\partial^2}{\partial z^2}\right)\Psi=-\frac{p^2}{\hbar^2}\Psi$$

或写为

$$\nabla^2\Psi=-\frac{p^2}{\hbar^2}\Psi \tag{2.30}$$

其中，$\nabla^2\equiv\dfrac{\partial^2}{\partial x^2}+\dfrac{\partial^2}{\partial y^2}+\dfrac{\partial^2}{\partial z^2}$ 为拉普拉斯算符。

利用自由粒子能量 E（就是动能）和动量 p 的关系式

$$E=\frac{p^2}{2\mu} \tag{2.31}$$

式中，μ 是粒子的质量，则式（2.30）可写为

$$\nabla^2 \Psi = -\frac{2\mu E}{\hbar^2}\Psi \tag{2.32}$$

比较式（2.29）和式（2.30），得

$$ih\frac{\partial \Psi}{\partial t} = -\frac{\hbar^2}{2\mu}\nabla^2 \Psi \tag{2.33}$$

这就是自由粒子波函数所满足的微分方程，它满足前面所述的三个条件。将式（2.29）和式（2.30）化简成如下形式

$$E\Psi = i\hbar\frac{\partial}{\partial t}\Psi \tag{2.34}$$

$$(\boldsymbol{p} \cdot \boldsymbol{p})\Psi = (-i\hbar\nabla)(-i\hbar\nabla)\Psi \tag{2.35}$$

式中，∇ 是劈形算符（nabla operator）。

$$\nabla = i\frac{\partial}{\partial x} + j\frac{\partial}{\partial y} + k\frac{\partial}{\partial z}$$

由式（2.34）和式（2.35）可见，粒子能量 E 和动量 p 各与下列作用于波函数上的算符相当

$$E \rightarrow i\hbar\frac{\partial}{\partial t} \qquad \boldsymbol{p} \rightarrow -i\hbar\nabla \tag{2.36}$$

由此可见，只要将经典的能量和动量关系式（2.31）中的能量、动量各以算符替换，然后作用于波函数 Ψ 上，即得到自由粒子的波动方程式（2.33）。

对于处于一定势场中的粒子，设粒子在力场中的势能为 $U(r)$，粒子总能量为动能和势能之和

$$E = \frac{p^2}{2\mu} + U(\boldsymbol{r}) \tag{2.37}$$

将上式的 E、p 以算符［式（2.36）］代替，然后作用于波函数上，即得

$$i\hbar\frac{\partial \Psi}{\partial t} = \left[-\frac{\hbar^2}{2\mu}\nabla^2 + U(\boldsymbol{r}) \right]\Psi \tag{2.38}$$

这个方程称为薛定谔波动方程（简称波动方程），通常称为含时间的薛定谔方程，它描写在势扬 $U(\boldsymbol{r})$ 中粒子状态随时间的变化，如果作用在粒子上的力场是随时间 t 而变化的，上式一般的形式为

$$i\hbar\frac{\partial \Psi}{\partial t} = \left[-\frac{\hbar^2}{2\mu}\nabla^2 + U(\boldsymbol{r},t) \right]\Psi \tag{2.39}$$

2.4.2　定态薛定谔方程

假设作用在粒子上的力场是不随时间而改变的，这时势能 $U(r)$ 不显含时间 t，这种情况

叫作定态。令特解为

$$\Psi(\boldsymbol{r},t)=\psi(\boldsymbol{r})f(t) \tag{2.40}$$

将式（2.40）代入式（2.39）中，并把方程两边用 $\psi(\boldsymbol{r})f(t)$ 去除，得到

$$\frac{i\hbar}{f}\times\frac{\mathrm{d}f}{\mathrm{d}t}=\frac{1}{\psi}\left[-\frac{\hbar^{2}}{2\mu}\nabla^{2}+U(r)\right]\psi \tag{2.41}$$

上式左边只是 t 的函数，右边只是 r 的函数，而 t 和 r 是相互独立的变量，要使等式成立，必须等式两边等于同一个常数，以 E 表示这个常数，则有

$$i\hbar\frac{\mathrm{d}f}{\mathrm{d}t}=Ef \tag{2.42}$$

$$\left[-\frac{\hbar^{2}}{2\mu}\nabla^{2}+U(r)\right]\psi=E\psi \tag{2.43}$$

式（2.42）的解为

$$f(t)=C\exp\left(-\frac{i}{\hbar}Et\right)$$

C 为任意常数，将这结果代入式（2.40），并把常数 C 合并至 $\psi(\boldsymbol{r})$ 中，这样便得到薛定谔方程式（2.39）的特解

$$\Psi(\boldsymbol{r},t)=\psi(\boldsymbol{r})\exp\left(-\frac{i}{\hbar}Et\right) \tag{2.44}$$

这个波函数与时间 t 的关系是正弦式的，其角频率 $\omega=E/\hbar$。由德布罗意关系可见，常数 E 就是体系处于这个波函数所描述的状态时的能量。形式如式（2.44）的波函数所描述的微观粒子状态称为定态，式（2.43）称为定态薛定谔方程（不含时间的薛定谔方程）。处于定态下的粒子具有如下特征。

① 粒子的势能 $U(\boldsymbol{r})$ 与时间无关，能量 E 有确定值。

② 粒子的概率密度

$$|\Psi(\boldsymbol{r},t)|^{2}=\left|\psi(\boldsymbol{r})\exp\left(-\frac{i}{\hbar}Et\right)\right|^{2}=|\psi(\boldsymbol{r})|^{2}$$

与时间无关，即粒子概率分布不随时间而变。

③ 任何力学量（不显含 t）的平均值不随时间变化。

若将式（2.42）、式（2.43）分别乘以 $\psi(\boldsymbol{r})$ 和 $\exp\left(-\frac{i}{\hbar}Et\right)$，可以得到

$$i\hbar\frac{\partial\Psi}{\partial t}=E\Psi \tag{2.45}$$

$$\left[\frac{-\hbar^{2}}{2\mu}\nabla^{2}+U(r)\right]\Psi=E\Psi \tag{2.46}$$

令：

$$\hat{H} = \left[\frac{\hat{p}^2}{2\mu} + U(\boldsymbol{r})\right] = \left[-\frac{\hbar^2}{2\mu}\nabla^2 + U(\boldsymbol{r})\right] \qquad (2.47)$$

称为哈密顿算符, 于是薛定谔方程式 (2.46) 可写成

$$\hat{H}\Psi = E\Psi \qquad (2.48)$$

这类型方程为本征值方程, E 称为算符 $\hat{H}$ 的本征值, Ψ 称为算符 $\hat{H}$ 的本征函数。至此, 在量子力学框架下, 建立了描述微观粒子状态的量子力学波动方程, 即薛定谔方程。这个方程用于描述微观粒子 (如电子) 在三维空间的量子行为。

2.4.3　自由电子近似与材料体系中的薛定谔方程

材料体系中电子的薛定谔波函数描述最简单的应用就是电子近似在自由空间中的运动。为了推导薛定谔方程所确定的电子状态, 对质量为 m_0 的电子, 其定态薛定谔方程为

$$H\Psi_n(\boldsymbol{r}) = E_n\psi_n(\boldsymbol{r}) \qquad (2.49)$$

由电子的哈密顿算符又可以写成

$$-\frac{\hbar^2}{2m_0}\nabla^2\Psi_n(\boldsymbol{r}) + V(\boldsymbol{r})\Psi_n(\boldsymbol{r}) = E_n\Psi_n(\boldsymbol{r}) \qquad (2.50)$$

对于自由空间外势场 $V(\boldsymbol{r}) = 0$, E_n 与 ψ_n 是对应的能量本征值与本征态。由式 (2.44) 有

$$\Psi(\boldsymbol{r},t) = \psi(\boldsymbol{r})\exp(-i\omega t) \qquad (2.51)$$

电子的波函数与对应的本征值用量子数 n 来标识。对于自由空间的电子, 其能量本征值与本征波函数可以写为

$$E_n = \frac{p_n^2}{2m_0} = \frac{\hbar^2 k^2}{2m_0} = h\omega_n \qquad (2.52)$$

式中, k 为波矢, $k = \frac{2\pi}{\lambda}$

$$\Psi_n(\boldsymbol{r},t) = [A\exp(i\boldsymbol{k}\cdot\boldsymbol{r}) + B\exp(-i\boldsymbol{k}\cdot\boldsymbol{r})]\exp(-i\omega t) \qquad (2.53)$$

因此, 薛定谔方程不允许自由空间电子的能量和波长任意取值; 相反, 二者必须满足特殊的色散关系

$$\omega(k) = \frac{\hbar k^2}{2m_0} \qquad (2.54)$$

而电子波函数是两组波矢相反的行波叠加。

实际材料中的电子处于一定的外势场中, 包括原子核对电子的库仑作用, 电子-电子的相互作用, 所以求解其由薛定谔方程决定的本征值与本征态极其复杂, 涉及多粒子体系的薛定谔方程近似方法。在本书的第 6 章将进行详细的阐述。

2.5　概率流密度和粒子数守恒定律

经典物理中, 具有动能的粒子必须运动, 因此会有粒子电流或电流密度 (即每单位时间

粒子穿过单位面积）。然而，量子力学中粒子的状态用波函数描述，其随时间演化规律由含时间的薛定谔方程描述。空间一定区域内粒子出现的概率由其波函数的模方确定。与波函数相对应，粒子的概率在空间随时间演化满足什么样的规律？在量子力学中，建立粒子流密度满足的方程来讨论粒子空间概率随时间的演化。

对于含时间的薛定谔方程

$$\frac{\partial \Psi(\boldsymbol{r},t)}{\partial t}=\frac{1}{i\hbar}\hat{H}\Psi(\boldsymbol{r},t) \tag{2.55}$$

两边取复数共轭有

$$\frac{\partial \Psi^*(\boldsymbol{r},t)}{\partial t}=-\frac{1}{i\hbar}\hat{H}^*\Psi^*(\boldsymbol{r},t) \tag{2.56}$$

由此有如下方程

$$\frac{\partial}{\partial t}(\Psi^*\Psi)+\frac{i}{\hbar}(\Psi^*\hat{H}\Psi-\Psi\hat{H}^*\Psi^*)=0 \tag{2.57}$$

通常，哈密顿量的势能部分为实数，且与时间无关，那么式（2.57）可以改写为

$$\frac{\partial}{\partial t}(\Psi^*\Psi)-\frac{i\hbar}{2m}(\Psi^*\nabla^2\Psi-\Psi\nabla^2\Psi^*)=0 \tag{2.58}$$

由下列数学关系

$$\begin{aligned}\Psi\nabla^2\Psi^*-\Psi^*\nabla^2\Psi&=\Psi\nabla^2\Psi^*+\nabla\Psi\nabla\Psi^*-\nabla\Psi\nabla\Psi^*-\Psi^*\nabla^2\Psi\\&=\nabla\cdot(\Psi\nabla\Psi^*-\Psi^*\nabla\Psi)\end{aligned} \tag{2.59}$$

有

$$\frac{\partial(\Psi^*\Psi)}{\partial t}=-\frac{i\hbar}{2m}\nabla\cdot(\Psi\nabla\Psi^*-\Psi^*\nabla\Psi) \tag{2.60}$$

如令粒子概率密度式（2.61）与粒子流密度式（2.62）分别为

$$\omega(\boldsymbol{r},t)=\Psi^*(\boldsymbol{r},t)\Psi(\boldsymbol{r},t) \tag{2.61}$$

$$J=\frac{i\hbar}{2m}(\Psi\nabla\Psi^*-\Psi^*\nabla\Psi) \tag{2.62}$$

式（2.60）可以写为

$$\frac{\partial\omega}{\partial t}+\nabla\cdot\boldsymbol{J}=0 \tag{2.63}$$

此方程与经典粒子（电荷）所满足的连续性方程在形式上一致的。对于电子，ω 表示电荷密度，而 J 为电流密度。在量子力学中，该方程表示微观粒子概率密度与粒子流密度之间所满足的连续性方程。

对于定态 $(\phi_n(\boldsymbol{r}),E_n)$ 所有对应的体系波函数

$$\Psi_n(\boldsymbol{r},t)=\exp\left(-i\frac{E_n}{\hbar}t\right)\phi_n(\boldsymbol{r}) \tag{2.64}$$

代入式（2.62）有

$$J_n(\boldsymbol{r},t)=\frac{i\hbar}{2m}\exp\left(-i\,\frac{E_n}{\hbar}t\right)\exp\left(i\,\frac{E_n}{\hbar}t\right)\left[\psi_n(\boldsymbol{r})\nabla\psi_n^*(\boldsymbol{r})-\psi_n^*(\boldsymbol{r})\nabla\psi_n(\boldsymbol{r})\right]$$

$$=\frac{i\hbar}{2m}\left[\psi_n(\boldsymbol{r})\nabla\psi_n^*(\boldsymbol{r})-\psi_n^*(\boldsymbol{r})\nabla\psi_n(\boldsymbol{r})\right] \tag{2.65}$$

因此，粒子流密度与时间无关。对于像电子这样的粒子，电流密度就是 eJ。稳定的电流不会辐射任何电磁辐射。这意味着处于能量本征态的电子不会辐射电磁辐射。例如，关于处于一个能量本征态中的氢原子，包括任何一个激发的能量本征态，不管氢原子能量本征函数解的细节如何，这个量子力学结果表明，处于这种状态的原子不会辐射电磁能，因为没有变化的电流。经典地说，围绕原子核运行的电子会有一个时变电流；经典轨道中的电子不断地被加速（因此相关的电流也在改变），因为它的方向一直在改变，以保持它在圆形或椭圆形经典轨道上，因此它必须辐射电磁能。量子力学图像与氢原子的真实状态一致，而经典图像则不一致。

对式（2.63）的方程在空间任意体积 V 内积分

$$\int_V\frac{\partial\omega}{\partial t}\mathrm{d}\tau=-\int_V\nabla\cdot\boldsymbol{J}\mathrm{d}\tau \tag{2.66}$$

利用矢量分析中的高斯定理，把体积分转换成包围整个体积 V 的曲面 S 的面积分，得

$$\int_V\frac{\partial\omega}{\partial t}\mathrm{d}\tau=-\oint_S\boldsymbol{J}\mathrm{d}\boldsymbol{S}=-\oint_S J_n\mathrm{d}S \tag{2.67}$$

式中，S 为包围整个体积 V 的封闭曲面的面积；J_n 为矢量 $\boldsymbol{J}$ 沿 $\mathrm{d}\boldsymbol{S}$ 方向的投影。波函数在无限远处为零，可以把积分区域 V 扩展到整个空间，这时式（2.67）右边的面积分为零。从而

$$\frac{\mathrm{d}}{\mathrm{d}t}\int_\infty\omega\mathrm{d}\tau=\frac{\mathrm{d}}{\mathrm{d}t}\int_\infty\Psi^*\Psi\mathrm{d}\tau=0 \tag{2.68}$$

那么在整个空间内找到粒子的概率不随时间变化，即粒子数守恒。

以粒子电荷 e 乘式（2.63）得

$$\frac{\partial\omega_e}{\partial t}+\nabla\cdot\boldsymbol{J}_e=0 \tag{2.69}$$

其中，$\omega_e=e\omega$，是电荷密度；$\boldsymbol{J}_e=e\boldsymbol{J}$ 是电流密度。式（2.69）是量子力学中的电荷守恒定律，它说明粒子电荷总量不随时间而变。

【例 2.3】 ① 电子显微镜中，为了达到分辨率 0.27nm，估计需要在电子显微镜中使用的电压。

② 在晶体对 2eV 质子的散射中，在 30°处观察到强度的第五个最大值，估计晶体的面间距。

解：

① 电子动量 $p=2\pi\hbar/\lambda$，电子动能为

$$E=\frac{p^2}{2m_e}=\frac{2\pi^2\hbar^2}{m_e\lambda^2}$$

因为 $m_e c^2 = 0.511\mathrm{MeV}$，$\hbar c = 197.33 \times 10^{-15}\mathrm{MeV \cdot m}$，$\lambda = 0.27 \times 10^{-9}\mathrm{m}$，则有

$$E = \frac{2\pi^2 (\hbar c)^2}{(m_e c^2)\lambda^2} = \frac{2\pi^2 (197.33 \times 10^{-15}\mathrm{MeV \cdot m})^2}{0.511\mathrm{MeV} \times (0.27 \times 10^{-9}\mathrm{m})^2} = 20.6(\mathrm{eV})$$

因此，需要施加的电压为 $U = 20.6\mathrm{V}$。

② 利用布拉格关系，$\lambda = (2d/n)\sin\phi$，其中 d 为晶面间距，质子能量为

$$E = \frac{p^2}{2m_p} = \frac{2\pi^2 \hbar^2}{m_p \lambda^2} = \frac{n^2 \pi^2 \hbar^2}{2m_p d^2 \sin^2\phi}$$

那么

$$d = \frac{n\pi\hbar}{\sin\phi \sqrt{2m_p E}} = \frac{n\pi\hbar c}{\sin\phi \sqrt{2m_p c^2 E}}$$

当 $n = 5$，$\phi = 30°$，$E = 2\mathrm{eV}$，$m_p c^2 = 938.27$（MeV），那么

$$d = \frac{5\pi \times 197.33 \times 10^{-15}\mathrm{MeV \cdot m}}{\sin 30° \sqrt{2 \times 938.27\mathrm{MeV} \times 2 \times 10^{-6}\mathrm{MeV}}} = 0.101\mathrm{nm}$$

【例 2.4】 证明在定态中，概率流密度与时间无关。

证： 在定态中，波函数可写成

$$\psi(\boldsymbol{r}, t) = \psi(\boldsymbol{r})\mathrm{e}^{i\frac{E}{\hbar}t}$$

并由此有：$\psi^*(\boldsymbol{r}, t) = \psi^*(\boldsymbol{r})\mathrm{e}^{-i\frac{E}{\hbar}t}$

代入概率流密度的定义式

$$\boldsymbol{j} = \frac{i\hbar}{2\mu}[\psi(\boldsymbol{r}, t)\nabla\psi^*(\boldsymbol{r}, t) - \psi^*(\boldsymbol{r}, t)\nabla\psi(\boldsymbol{r}, t)]$$

则有

$$\boldsymbol{j} = \frac{i\hbar}{2\mu}[\psi(\boldsymbol{r})\nabla\psi^*(\boldsymbol{r}) - \psi^*(\boldsymbol{r})\nabla\psi(\boldsymbol{r})]$$

即 $\boldsymbol{j}$ 仅是空间坐标 (x, y, z) 的函数，与时间无关。

【例 2.5】 由下列两定态波函数计算概率流密度：

① $\psi_1 = \dfrac{1}{r}\mathrm{e}^{ikr}$　　② $\psi_2 = \dfrac{1}{r}\mathrm{e}^{-ikr}$

从所得结果说明 ψ_1 表示向外传播的球面波，ψ_2 表示向内（即向原点）传播的球面波。

解： 因　$\psi_1 = \dfrac{1}{r}\mathrm{e}^{ikr}$

$$\psi_1^* = \frac{1}{r}\mathrm{e}^{-ikr}$$

则 $\quad \nabla\psi_1 = \left(ik - \dfrac{1}{r}\right)\dfrac{\boldsymbol{r}}{r}\psi_1$

$$\nabla\psi_1^* = -\left(ik + \dfrac{1}{r}\right)\dfrac{\boldsymbol{r}}{r}\psi_1^*$$

所以 $\quad \boldsymbol{j} = \dfrac{i\hbar}{2\mu}(\psi_1\nabla\psi_1^* - \psi_1^*\nabla\psi_1)$

$$= \dfrac{i\hbar}{2\mu}\left[-\left(ik + \dfrac{1}{r}\right)\dfrac{\boldsymbol{r}}{r}\psi_1\psi_1^* - \left(ik - \dfrac{1}{r}\right)\dfrac{\boldsymbol{r}}{r}\psi_1\psi_1^*\right]$$

$$= \dfrac{k\hbar}{\mu}\times\dfrac{\boldsymbol{r}}{r^3}$$

上述结果说明 $\boldsymbol{j}$ 的方向沿矢经 $\boldsymbol{r}$ 的方向，即概率流沿 $\boldsymbol{r}$ 方向向外流动，所以 ψ_1 表示向外传播的球面波。

②与①类似，求得

$$\boldsymbol{j} = -\dfrac{k\hbar}{\mu}\times\dfrac{\boldsymbol{r}}{r^3}$$

此结果说明 $\boldsymbol{j}$ 的方向沿矢径 $\boldsymbol{r}$ 的负方向，即概率流流向原点，所以 ψ_2 表示向内传播的球面波。

 小知识

（一）波函数在电子显微学中的应用

透射电子显微镜（TEM）是一种表征材料微观结构有力研究工具，在材料科学、物理学、化学以及生物学等领域得到了广泛的应用。在这些学科领域中，TEM 技术主要用于提取有关样品的宏观、介观及微观信息，包括材料原子位置、样品取向、形态和成分。近年来，利用电子量子性质的新方法出现（如波函数重构方法，多片层电子衍射方法，三维成像技术），为 TEM 技术提供了重要发展与广泛的应用前景。

根据德布罗意关系可知：高速运动的电子其波长约 1Å（加速电压 150kV）。因此，将电子作为探测射线，入射电子波遇到散射物（材料）后发生散射、衍射以及传播，进而利用电子的波动特性进行电子显微镜成像，在原子层次分析材料的微观结构。透射电子显微镜是以电子为观察媒介的显微镜设备，其作用类似于光学显微镜。同时，由于电子光源的特殊性，其功能不断丰富，已成为凝聚态物理领域中一种重要的研究手段。作为一种显微镜，其基础是光源以某种形式与样品发生相互作用，并产生可探测的信号。同时，所产生的信号须遵循某些物理规律并可用数学描述。这些都与量子理论息息相关，而这门科学也被称为电子显微学。

根据德布罗意波粒二象性理论，电子既是一种带电粒子，同时也是一种概率波，其波长与电子所携带的能量直接相关

$$\lambda = \frac{h}{m_e v} = \frac{h}{\sqrt{2em_e E + e^2 E^2/c^2}}$$

式中，λ 是波长；h 是普朗克常数；m_e 是电子的相对论质量；v 是速度；e 是电子的电荷；E 是加速电压；c 是光速。从式中可以看出，电子波的波长与电子的加速电压有关，加速电压越大，电子波长

越小。根据瑞利公式 $r = 0.61\lambda/\beta$ 可知，其可用于观察更小的细节，因此分辨率更高。理论上，当加速电压达到 200kV 时，电子波的波长可达到 0.00251nm。因此可以看出，电子显微镜具有比光学显微镜更高的分辨率。

在不考虑相对论效应的前提下，微观系统的状态可用薛定谔方程描述，当不考虑时间的情况下，其方程可描述为

$$\nabla^2 \Psi(\pmb{r}) + \frac{8\pi^2 m_e e}{h^2}[E + V(r)]\Psi(\pmb{r}) = 0$$

式中，E 是入射电子的加速电压；e 是电子的电荷；h 是普朗克常数；r 是样品在实空间中的三维坐标；V (r) 是样品的电势；∇ 是一阶微分符号。

通过设立边界条件，以及能量守恒，可通过计算机模拟的方法求解不同情况下电子波的波函数，从而获得不同物质与电子波的相互作用。在一定的近似条件下，这种相互作用可反映出物质的位置、势场以及种类等信息。

因此，透射电子显微镜成像理论中，高能电子与样品的作用是通过量子力学描述，而反映材料微观结构的衍射图像及显微图像是基于电子波函数的相位衬度成像理论。相关理论知识可参考电子显微学专业书。

(二)晶体电子衍射

电子衍射从本质上而言也是入射电子波在穿过晶体材料后传播一定距离形成的图像。按照上述理论，这个问题也可用定态薛定谔方程来描述。而晶体相对于非晶体的特殊之处在于其周期性的原子排列，这种周期性结构导致了类似于双缝干涉一样的波叠加态，从而产生了有别于非晶的衍射花样。

考虑两个相距为 d 的原子对入射电子波（平面波）的散射，由于电子波波长较短（在 200kV 下为 0.00251nm），与原子间距（如面心立方 Al 的 {200} 晶面间距为 0.203nm）相当，因此这个过程可类比单缝衍射的过程，电子波在穿过狭缝之后会形成明暗相间的衍射条纹，中间亮条纹较宽，旁边的亮条纹宽度依次减小且亮度依次降低。当更多的原子以间距为 d 周期性排列时，此时从每个狭缝出来的电子波发生衍射的同时也会发生干涉效应。最终形成干涉花样，即形成了明锐的亮斑点。

 拓展

微观粒子波粒二象性的互补性原理是对立与统一思想的升华

玻尔在 1928 年提出了互补性原理或互补性的概念。玻尔认为如果量子力学的数学描述要成为可接受的科学理论的核心，就必须构建合理连贯的概念框架。量子力测不准原理的结果是：物质的波和粒子性质不能同时测量。实验无法同时准确地描述光的双重性，如光的粒子说能圆满地解释光电效应，却不能解释光的衍射实验；而光的波动说，能很好地解释衍射实验，却无法描述光电效应。但是，这并不能用"非此即彼"传统思维模式否定微观粒子波粒二象性。现在假设一个实验是以这样一种方式构建的：它被设计用来测量物质的粒子性质。这意味着，在这个实验中，位置和时间坐标的测量误差必须为零或不存在，而物质的动量、能量和波动性质是完全未知的。同样，如果一个实验是为了测量粒子的波动性质而设计的，那么能量和动量的测量误差将为零，而物质的位置和时间坐标则完全未知。当测量或显示物质的粒子性质时，物质的波动性质必然被抑制，反之亦然。针对一个量子体系，不能同时观察物质的波动性质和粒子性质被称为互补原理。

玻尔认为"在一个系统的波动方面被揭示的情况下，它的粒子方面被隐藏；并且，在粒子方面被揭示的情况下，其波方面被隐藏。同时揭示两者是不可能的；波和粒子方面是互补的。"在量子物理理论中，由于所需设备的物理特性，不同实验方法提供的信息原则上不能一个实验中同时揭示出来。从不相容的测量中获得的物理信息被称为是互补的，但是，对立的物理特性（粒子性与波动性）综合起来将导致描述粒子状态信息的丢失。这种对立的状态以数学的形式（波函数）来进行统一描述，而通过不同的实验可以揭示关于粒子的所有物理特性与现象。

玻尔互补性思想的核心：存在两种互斥或对立的概念，但其中的每一个概念都不能全面地描述特定现象，而只有把它们综合起来才能得到完整的图景。玻尔互补性思想的基本架构已成功地突破了"非此即彼"的思维束缚，开启了一种崭新的思维方式。

推荐阅读资料

[1] Egerton R Switzerland. Physical Principles of Electron Microscopy[M]. Springer, 2005.
[2] Cowley J M. Diffraction Physics[M]. Elsevier, 1995.
[3] Halvorson H. Complementarity of Representations in Quantum Mechanics[J]. 2004, 35B:45-46.

思考题

1.电子波函数可以用来描述材料的哪些基本物性？

2.如何用薛定谔方程定量描述材料的电子性质？

3.如何理解电子轨道与电子波函数？

4.是否可以同时描述微观粒子的粒子性与波动性？

5.粒子的德布罗意波长是否可以比其本身线度长或短？

习题

一、选择题

1.量子力学中描述粒子状态的波函数应满足的标准条件是（　　）。

A.单值、正交、连续   B.归一、正交、完全性

C.连续、有限、完全性   D.单值、连续、有限

2.Davisson 和 Germer 的实验证实了（　　）。

A.电子具有波动性   B.光具有波动性

C.光具有粒子性   D.电子具有粒子性

3.设粒子的波函数为 $\psi(x,y,z)$，在 $x \sim x+\mathrm{d}x$ 范围内找到粒子的概率为（　　）。

A. $|\psi(x,y,z)|^2 \mathrm{d}x\mathrm{d}y\mathrm{d}z$ B. $|\psi(x,y,z)|^2 \mathrm{d}x$

C. $\left(\iint |\psi(x,y,z)|^2 \mathrm{d}y\mathrm{d}z\right)\mathrm{d}x$ D. $\int \mathrm{d}x \int \mathrm{d}y \int \mathrm{d}z \, |\psi(x,yz)|^2$

4. 波函数 Ψ_1、$\Psi_2 = c\Psi_1$（c 为任意常数），以下描述正确的是（　　）。

A. Ψ_1 与 $\Psi_2 = c\Psi_1$ 描述粒子的状态不同

B. Ψ_1 与 $\Psi_2 = c\Psi_1$ 所描述的粒子在空间各点出现的概率的比是 $1 : c$

C. Ψ_1 与 $\Psi_2 = c\Psi_1$ 所描述的粒子在空间各点出现的概率的比是 $1 : |c|^2$

D. Ψ_1 与 $\Psi_2 = c\Psi_1$ 描述的粒子状态相同

5. 有关微观实物粒子的波粒二象性的正确表述是（　　）。

A. 波动性是由于大量的微粒分布于空间而形成疏密波

B. 微粒被看成在三维空间连续分布的某种波包

C. 单个微观粒子具有波动性和粒子性

D. 以上三个都对

习题解答

二、问答及计算题

1. 简要说明微观实物粒子的波粒二象性。

2. 简要论述量子力学中态叠加原理的内涵。

3. 量子力学中波函数归一化的物理意义是什么？如何确定任意波函数 $\Psi(r,t)$ 的归一化常数？

4. 量子力学中，建立描述粒子运动方程需满足的数学条件有哪些？

5. （1）写出一维单子含时定态薛定谔方程；

（2）写出 N 个粒子体系的含时定态薛定谔方程。

6. 计算通过 100V、200V 的电场加速的电子的德布罗意波长。

7. 计算动能为 1000eV 的电子的德布罗意波长，并将其结果与具有相同能量的 X 射线的波长进行比较。

8. 计算电子的德布罗意波长与质子的德布罗意波长之比。两者具有相同的动能，以及电子动能为 1000eV，质子动能为 100eV。

9. 如果晶体中的原子间距约为 2Å，估算研究晶体结构的电子衍射所需的电子能量。

10. 质量为 m 的粒子在势场 $V(x)$ 中运动时，其波函数为 $\Psi(x,t) = A\exp\left(-ikt - \dfrac{km}{\hbar}x^2\right)$，其中 A，k 为常数。试利用一维含时薛定谔方程求出势场 $V(x)$ 的解析形式。

11. 质量为 m 的粒子在势场 $V(x) = a^2 x^2$ 中运动，粒子与时间无关的波函数为：

$$\psi(x) = \exp\left(-\sqrt{\frac{ma^2}{2\hbar^2}}x^2\right) \quad （\alpha \text{ 为常数}）$$

试利用一维含时薛定谔方程求体系的能量表达式。

12. 一维势 $V(x)$ 中质量为 m 的粒子的能量本征值和相应的本征函数为：

$$E = 0, \quad \psi(x) = \frac{A}{x^2 + a^2}$$

推导出势函数 $V(x)$ 的解析形式。

13. 一维体系的波函数为：

$$\psi(x) = Ax^n \mathrm{e}^{-x/a} \quad (A, a \text{ 和 } n \text{ 为常数})$$

如果 $\psi(x)$ 是薛定谔方程的本征函数，当对应的本征能量为 $E = -\hbar^2/(2ma^2)$ 时，求势函数 $V(x)$ 的值，并讨论当 x 趋于无穷时，势函数的值。

14. 电子显微镜用电子束作为探测信号，每束电子的能量为 60keV。这样的设备可以解析样品结构信息的最小尺寸是多少？如果用中子束作为探测信号，每个中子的能量必须是多少才能分辨出相同大小的物体？

力学量算符及矩阵力学

第 3 章 PPT

 导读

在量子力学中，当微观粒子处于某一状态时，它的力学量（如坐标、动量、角动量、能量等）一般不具有确定的数值，而是具有一系列可能值，每个可能值以一定的概率出现。这就注定了经典力学量的表示方法不再适用，因此需要寻求新的表示方法。

为了反映这些特点，在量子力学中引进算符来表示力学量。算符是对波函数进行某种数学运算的符号。在量子力学理论假设框架下，可以通过算符的线性代数方法求解物理量。在本章中，将介绍一些用于描述量子力学的数学知识，并用这些数学方法，在量子力学理论基础上，讨论微观粒子的力学量的量子属性——不确定性原理。

回顾第 1 章所介绍的玻尔的旧量子论，原子中的电子绕着某些特定的轨道以一定的频率运行，并时不时地从一个轨道跃迁到另一个轨道上去。每个电子轨道都代表一个特定的能级，因此当这种跃迁发生的时候，电子就按照量子化的方式吸收或者发射能量，其大小等于两个轨道之间的能量差。对此海森堡提出了一种基于可观测量的量子理论，把旧量子论里的方程和量子化条件重写一遍，就得到了矩阵力学。表面看起来，矩阵力学是将电子当"粒子"看待，波动力学是将电子当"波动"看待，但是，薛定谔和狄拉克都证明了，两种表述在数学上是等效的。矩阵力学表面描述粒子，将波动性隐藏其中；薛定谔方程则是波动性显示在外，而将粒子性隐藏起来。

3.1 算符与力学量的算符表示

3.1.1 算符的定义及一般运算规则

数学上，算符是指作用在一个函数上得出另一个函数的运算符号。例如 $\frac{\mathrm{d}}{\mathrm{d}x}u=v$，那么 $\frac{\mathrm{d}}{\mathrm{d}x}$ 就是一个求微商运算的算符。同理，$\frac{\mathrm{d}^2}{\mathrm{d}x^2}$、$x$、$\sqrt{}$ 等运算符号，也是算符。量子力学中，力

学量算符也是一种数学规则，但它作用在状态波函数上时，将得到另一个状态波函数：

$$\hat{A}\Psi(\boldsymbol{r})=\varphi(\boldsymbol{r}) \tag{3.1}$$

数学上，算符有以下一些基本的运算规则。

（1）算符相等

如果算符 $\hat{F}$ 和 $\hat{G}$ 分别作用于任意一个函数 φ 上，得出

$$\hat{F}\varphi=\hat{G}\varphi \tag{3.2}$$

那么，算符 $\hat{F}$ 等于算符 $\hat{G}$，即

$$\hat{F}=\hat{G} \tag{3.3}$$

（2）算符相加

如果把算符 $\hat{F}$ 和 $\hat{G}$ 分别作用于任意一个函数 φ 上所得到的两个新函数 $\hat{F}\varphi$、$\hat{G}\varphi$ 之和等于另一算符 $\hat{M}$ 作用于 φ 的结果，即

$$\hat{F}\varphi+\hat{G}\varphi=\hat{M}\varphi \tag{3.4}$$

则算符 $\hat{M}$ 是 $\hat{F}$ 和 $\hat{G}$ 之和：

$$\hat{M}=\hat{F}+\hat{G} \tag{3.5}$$

（3）算符相乘

如果两算符 $\hat{F}$ 和 $\hat{G}$ 先后作用于任意一个函数 φ 所得的结果与另一算符 $\hat{M}$ 作用于 φ 的结果相等，即

$$\hat{G}(\hat{F}\varphi)=\hat{M}\varphi \tag{3.6}$$

则算符 $\hat{M}$ 等于 $\hat{F}$ 和 $\hat{G}$ 的乘积：

$$\hat{M}=\hat{G}\hat{F} \tag{3.7}$$

一般来说，两算符的积不满足交换律，即

$$\hat{G}\hat{F}\neq\hat{F}\hat{G} \tag{3.8}$$

称满足上式的两算符 $\hat{F}$ 和 $\hat{G}$ 是不可对易的。

例如，$\hat{G}=x$，$\hat{F}=\dfrac{\mathrm{d}}{\mathrm{d}x}$ 是不可对易的，即

$$x\frac{\mathrm{d}}{\mathrm{d}x}\neq\frac{\mathrm{d}}{\mathrm{d}x}x$$

因为把它们分别作用在任一函数 φ 上，则有

$$x\frac{\mathrm{d}}{\mathrm{d}x}\varphi=x\left(\frac{\mathrm{d}}{\mathrm{d}x}\varphi\right)=x\frac{\mathrm{d}\varphi}{\mathrm{d}x}$$

$$\frac{\mathrm{d}}{\mathrm{d}x}x\varphi=\frac{\mathrm{d}}{\mathrm{d}x}(x\varphi)=x\frac{\mathrm{d}\varphi}{\mathrm{d}x}+\varphi$$

显然两者的作用结果不相等。

在某些情况下，若 $\hat{G}\hat{F}=\hat{F}\hat{G}$，则称算符 $\hat{F}$ 和 $\hat{G}$ 是可对易的。例如，$\hat{F}=\dfrac{\partial}{\partial x}$，$\hat{G}=\dfrac{\partial}{\partial y}$ 是可对易的，即 $\dfrac{\partial}{\partial x}\times\dfrac{\partial}{\partial y}=\dfrac{\partial}{\partial y}\times\dfrac{\partial}{\partial x}$，因为对于任一函数 φ，显然有 $\dfrac{\partial}{\partial x}\times\dfrac{\partial}{\partial y}\varphi=\dfrac{\partial}{\partial y}\times\dfrac{\partial}{\partial x}\varphi$。如果算符 $\hat{F}$ 和 $\hat{G}$ 满足下列等式：$\hat{F}\hat{G}=-\hat{G}\hat{F}$，则称算符 $\hat{F}$ 和 $\hat{G}$ 是反对易的。

对于算符的对易关系，还应当注意两点：

a. 如果算符 $\hat{A}$ 和 $\hat{B}$ 对易，$\hat{B}$ 和 $\hat{C}$ 对易，则我们一般不能由此得出结论说 $\hat{A}$ 和 $\hat{C}$ 对易。例如 $\dfrac{\partial}{\partial x}$ 和 $\dfrac{\partial}{\partial y}$ 对易，$\dfrac{\partial}{\partial y}$ 和 x 对易，但 $\dfrac{\partial}{\partial x}$ 和 x 不对易。

b. 两算符相乘不满足对易律，故在相乘时不要随便改变各因子次序，例如 $(\hat{A}-\hat{B})(\hat{A}+\hat{B})=\hat{A}^2-\hat{B}\hat{A}+\hat{A}\hat{B}-\hat{B}^2\neq\hat{A}^2-\hat{B}^2$

3.1.2 力学量算符的性质

量子力学中，与每一个物理可观测的物理量相联系的是一个相应的线性力学量算符 $\hat{A}$。算符具有以下基本性质。

（1）力学量算符的本征方程

与定态薛定谔方程 $\hat{H}\psi=E\psi$ 类似，如果算符 $\hat{F}$ 作用于一个函数 φ，结果等于一个常数 λ 与 φ 的乘积

$$\hat{F}\varphi=\lambda\varphi \qquad (3.9)$$

式（3.9）为力学量 $\hat{F}$ 的本征方程，λ 为算符 $\hat{F}$ 的本征值，φ 为算符 $\hat{F}$ 的本征函数。

对任意量子力学量算符都有其对应的本征方程与本征值（本征态）。其本征态满足态叠加原理。而本征值 λ 为算符 $\hat{F}$ 对应本征态 φ 唯一可物理观察物的可能结果。

（2）力学量算符是线性算符

由于波函数（本征态）满足态叠加原理，其对应的算符是线性的。设 φ_1 和 φ_2 是两个任意函数，c_1 和 c_2 是两个任意常数，如果算符 $\hat{F}$ 满足下列等式

$$\hat{F}(c_1\varphi_1+c_2\varphi_2)=c_1\hat{F}\varphi_1+c_2\hat{F}\varphi_2 \qquad (3.10)$$

则 $\hat{F}$ 称为线性算符，例如 $x,\dfrac{\mathrm{d}}{\mathrm{d}x},\dfrac{\partial^2}{\partial x\partial y}$ 等为线性算符，而 $\sqrt{}$ 为非线性算符，因为 $\sqrt{c_1\varphi_1+c_2\varphi_2}\neq c_1\sqrt{\varphi_1}+c_2\sqrt{\varphi_2}$。

（3）力学量算符是厄密算符

根据前面所讲的算符作为量子力学的基本假设，本征值的物理意义是：如果在本征态中对力学量进行测量时，则只能测到唯一的数值，因而是一个实验上能够测到的数值，这就要求必须是实数。因此，力学量的算符一定是厄密算符，满足以下数学运算关系。

对于任意函数 ψ 和 φ，算符 $\hat{F}$ 若满足等式

$$\int \psi^* \hat{F} \varphi \mathrm{d}\tau = \int (\hat{F}\psi)^* \varphi \mathrm{d}\tau \tag{3.11}$$

则称 $\hat{F}$ 为厄密算符，表示为 $\hat{F} = \hat{F}^T$。

表 3.1 中列出了量子力学中常见的几种力学量算符。

表 3.1 物理量及对应算符的数学运算符

物理量	算符及数学运算符
坐标	$\boldsymbol{r} \rightarrow \hat{r} = r$ $\begin{cases} x & \hat{x} = x \\ y \rightarrow \hat{y} = y \\ z & \hat{z} = z \end{cases}$
动量	$\boldsymbol{P} \rightarrow \hat{P} = -i\hbar \nabla$ $\begin{cases} p_x \\ p_y \\ p_z \end{cases} \rightarrow \begin{cases} p_x = -i\hbar \dfrac{\partial}{\partial x} \\ p_y = -i\hbar \dfrac{\partial}{\partial y} \\ p_z = -i\hbar \dfrac{\partial}{\partial z} \end{cases}$
势能	$U(r) \rightarrow \hat{U}(r) = U(r)$
动能	$T = \dfrac{p^2}{2u} \rightarrow \hat{T} = \dfrac{\hat{p}^2}{2u} = -\dfrac{\hbar^2}{2u}\nabla^2$
总能	$E = \dfrac{p^2}{2u} + U(\boldsymbol{r}) \leftarrow \hat{H} = \dfrac{\hat{p}^2}{2u} + U(\boldsymbol{r}) = -\dfrac{\hbar^2}{2\mu}\nabla^2 + U(\boldsymbol{r})$
角动量	$\boldsymbol{L} = \boldsymbol{r} \times \boldsymbol{P} \rightarrow \hat{L} = \hat{r} \times \hat{P} = -i\hbar r \times \nabla$ $\begin{cases} L_x = yp_z - zp_y \rightarrow \hat{L}_x = y\hat{p}_z - z\hat{p}_y = -i\hbar\left(y\dfrac{\partial}{\partial z} - z\dfrac{\partial}{\partial y} \right) \\ L_y = zp_x - xp_z \rightarrow \hat{L}_y = z\hat{p}_x - x\hat{p}_z = -i\hbar\left(z\dfrac{\partial}{\partial x} - x\dfrac{\partial}{\partial z} \right) \\ L_z = xp_y - yp_x \rightarrow \hat{L}_z = x\hat{p}_y - y\hat{p}_x = -i\hbar\left(x\dfrac{\partial}{\partial y} - y\dfrac{\partial}{\partial x} \right) \end{cases}$

（4）算符的对易关系

由于两个算符之间的乘积一般不具有交换性，一般用 $[\hat{A}, \hat{B}]$ 表示 $\hat{A}$ 和 $\hat{B}$ 算符的对应关系，其定义为

$$[\hat{A}, \hat{B}] = \hat{A}\hat{B} - \hat{B}\hat{A} \tag{3.12}$$

由算符的对易关系定义有以下对易关系

a. 坐标算符的三个分量之间是相互对易的，即

$$[\hat{x}, \hat{y}] = [\hat{y}, \hat{z}] = [\hat{z}, \hat{x}] = 0 \tag{3.13}$$

因而 x、y、z 可以同时有确定值，也就是说，它们有共同的本征函数。

b. 动量分量算符之间是相互对易的，即

$$[\hat{p}_x, \hat{p}_y] = [\hat{p}_y, \hat{p}_z] = [\hat{p}_z, \hat{p}_x] = 0 \tag{3.14}$$

证：设任意波函数 ψ，有

$$\hat{p}_x \hat{p}_y \psi = \left(-i\hbar \frac{\partial}{\partial x}\right)\left(-i\hbar \frac{\partial}{\partial y}\right)\psi = -i\hbar^2 \frac{\partial^2 \psi}{\partial x \partial y}$$

$$\hat{p}_y \hat{p}_x \psi = -i\hbar^2 \frac{\partial^2 \psi}{\partial y \partial x}$$

对任意的 ψ 上两式都成立，相减后得

$$\hat{p}_x \hat{p}_y \psi - \hat{p}_y \hat{p}_x = 0$$

同理可证明其他二式。

c. 动量与坐标之间的对易关系：

$$[\hat{x},\hat{p}_x]=[\hat{y},\hat{p}_y]=[\hat{z},\hat{p}_z]=i\hbar \tag{3.15}$$

$$[\hat{x},\hat{p}_y]=[\hat{x},\hat{p}_z]=[\hat{y},\hat{p}_z]=[\hat{y},\hat{p}_x]=[\hat{z},\hat{p}_x]=[\hat{z},\hat{p}_y]=0 \tag{3.16}$$

$$[f,\hat{p}_x]=i\hbar \frac{\partial f}{\partial x} \quad [f,\hat{p}_y]=i\hbar \frac{\partial f}{\partial y} \quad [f,\hat{p}_z]=i\hbar \frac{\partial f}{\partial z} \tag{3.17}$$

式（3.17）中，f 是 x、y、z 的函数。

d. 角动量算符的对易关系式：

与动量算符不同，角动量算符自身之间不对易，其对易关系为

$$[\hat{L}_x,\hat{L}_y]=i\hbar\hat{L}_z \quad [\hat{L}_y,\hat{L}_z]=i\hbar\hat{L}_x \quad [\hat{L}_z,\hat{L}_x]=i\hbar\hat{L}_y \tag{3.18}$$

但是，角动量算符与角动量平方算符对易

$$[\hat{L}_x,\hat{L}^2]=[\hat{L}_y,\hat{L}^2]=[\hat{L}_z,\hat{L}^2]=0 \tag{3.19}$$

其中，$\hat{L}^2=\hat{L}_x^2+\hat{L}_y^2+\hat{L}_z^2$。

另外，角动量算符与坐标、动量算符的对易关系如下

$$[\hat{x},\hat{L}_x]=[\hat{y},\hat{L}_y]=[\hat{z},\hat{L}_z]=0 \tag{3.20}$$

$$[\hat{x},\hat{L}_y]=[\hat{L}_x,\hat{y}]=i\hbar\hat{z} \quad [\hat{y},\hat{L}_z]=[\hat{L}_y,\hat{z}]=i\hbar\hat{x} \quad [\hat{z},\hat{L}_x]=[\hat{L}_z,\hat{x}]=i\hbar\hat{y} \tag{3.21}$$

$$[\hat{p}_x,\hat{L}_x]=[\hat{p}_y,\hat{L}_y]=[\hat{p}_z,\hat{L}_z]=0 \tag{3.22}$$

$$[\hat{p}_x,\hat{L}_y]=[\hat{L}_x,\hat{p}_y]=i\hbar\hat{p}_z \quad [\hat{p}_y,\hat{L}_z]=[\hat{L}_y,\hat{p}_z]=i\hbar\hat{p}_x \quad [\hat{p}_z,\hat{L}_x]=[\hat{L}_z,\hat{p}_x]=i\hbar\hat{p}_y \tag{3.23}$$

弄清量子力学常见力学量算符之间的对易关系，对讨论算符的本征态、本征值有帮助，并有助于求解原子体系中力学量（如角动量）的本征方程。接下来讨论力学量算符本征态、本征值的基本性质。

3.2 力学量算符的本征值、本征函数

由于力学量的算符一定是厄密算符，那么力学量的本征值、本征态具有一些特殊的性质，如本征函数的正交性、完备性等。

3.2.1 厄密算符的性质

（1）厄密算符的本征值是实数

证：设 $\hat{F}$ 是厄密算符，以 λ 表示它的本征值，ψ 表示所属的本征函数，则

$$\hat{F}\psi = \lambda\psi$$

根据式（3.11），$\hat{F}$ 是厄密算符，满足：$\int \psi^* \hat{F}\varphi \, \mathrm{d}r = \int (\hat{F}\psi)^* \varphi \, \mathrm{d}r$。

令上式中的两个函数 ψ 和 φ 都等于 $\hat{F}$ 的本征函数，即取 $\varphi = \psi$，于是有

$$\lambda \int \psi^* \psi \, \mathrm{d}r = \lambda^* \int \psi^* \psi \, \mathrm{d}r$$

由此得到：$\lambda = \lambda^*$，即 λ 是实数。

（2）厄密算符本征函数具有正交归一性

如果两函数 ψ_1 和 ψ_2 满足下列等式

$$\int \psi_1^* \psi_2 \, \mathrm{d}\tau = 0 \tag{3.24}$$

则称 ψ_1 和 ψ_2 两函数相互正交。例如，属于动量算符不同本征值的两个本征函数 $\psi_{p'}$ 和 ψ_p（$p' \neq p$ 时）相互正交，即 $\int \psi_{p'}^*(r)\psi_p(r)\mathrm{d}\tau = \delta(p'-p) = 0$

证：在非简并的情况下，如厄密算符 $\hat{F}$ 的本征函数是 $\varphi_1, \varphi_2, \cdots, \varphi_n$，它们所属的本征值 $\lambda_1, \lambda_2, \cdots, \lambda_n$ 互不相等，当 $k \neq l$ 时，若有 $\int \varphi_k^* \varphi_l \mathrm{d}\tau = 0$，则两个本征函数正交。

设本征值方程

$$\hat{F}\varphi_k = \lambda_k \varphi_k \tag{3.25}$$

$$\hat{F}\varphi_l = \lambda_l \varphi_l \tag{3.26}$$

且当 $k \neq l$ 时，$\lambda_k \neq \lambda_l$。

由于 $\hat{F}$ 为厄密算符，所以根据定义有

$$\int \varphi_k^* \hat{F}\varphi_l \mathrm{d}\tau = \int (\hat{F}\varphi_k)^* \varphi_l \mathrm{d}\tau$$

利用式（3.25）、式（3.26），上式可写成

$$\lambda_l \int \varphi_k^* \varphi_l \mathrm{d}\tau = \lambda_k^* \int \varphi_k^* \varphi_l \mathrm{d}\tau$$

由于厄密算符的本征值都是实数，即 $\lambda_k^* = \lambda_k$，故有

$$\lambda_l \int \varphi_k^* \varphi_l \mathrm{d}\tau = \lambda_k \int \varphi_k \varphi_l \mathrm{d}\tau$$

或

$$(\lambda_k - \lambda_l) \int \varphi_k^* \varphi_l \mathrm{d}\tau = 0$$

由 $\lambda_k - \lambda_l \neq 0$，则

$$(\lambda_k - \lambda_l) \int \varphi_k{}^* \varphi_l \mathrm{d}\tau = 0 \tag{3.27}$$

如 $\hat{F}$ 的本征值 λ_k 为一组离散值，假设本征函数 φ_k 已归一化，即

$$\int \varphi_k{}^* \varphi_k \mathrm{d}\tau = 1 \tag{3.28}$$

这样式（3.27）和式（3.28）可合并写为

$$\int \varphi_k^* \varphi_l \mathrm{d}\tau = \delta_{kl} \tag{3.29}$$

式中，符号 δ_{kl} 表示

$$\delta_{kl} = \begin{cases} 0 & k \neq l \\ & 当 \\ 1 & k = l \end{cases} \tag{3.30}$$

如果 $\hat{F}$ 的本征值 λ 组成连续谱，则本征函数 ϕ_λ 可归一化为 δ 函数，有

$$\int \varphi_\lambda^* \varphi_{\lambda'} \mathrm{d}\tau = \delta(\lambda - \lambda') \tag{3.31}$$

（3）厄密算符本征函数具有完全性

如果 $\hat{F}$ 是厄密算符，它的正交归一本征函数 $\varphi_1(\boldsymbol{r})$，$\varphi_2(\boldsymbol{r})$，$\cdots$，$\varphi_n(\boldsymbol{r})$ 对应的本征值是 $\lambda_1, \lambda_2, \cdots, \lambda_n$，则任一函数 $\psi(\boldsymbol{r})$ 可用它们（全部）的线性叠加来表示，即

$$\psi(\boldsymbol{r}) = \sum_n c_n \varphi_n(\boldsymbol{r}) \tag{3.32}$$

式中 c_n 与 $\boldsymbol{r}$ 无关，本征函数 $\varphi_n(\boldsymbol{r})$ 的这种性质称为完全性或者说 $\varphi_n(\boldsymbol{r})$ 组成完全系。

如果 $\hat{F}$ 的本征值组成连续谱，则式（3.32）可改成积分形式

$$\psi(\boldsymbol{r}) = \int c_\lambda \varphi_\lambda(\boldsymbol{r}) \mathrm{d}\lambda \tag{3.33}$$

叠加系数 c_λ 可证明仍为

$$c_\lambda = \int \varphi_\lambda^*(\boldsymbol{r}) \psi(\boldsymbol{r}) \mathrm{d}\tau \tag{3.34}$$

如果 $\hat{F}$ 的本征值既有分立谱，又有连续谱，则它的全体征函数组成完全系，即

$$\psi(\boldsymbol{r}) = \sum_n c_n \varphi_n(\boldsymbol{r}) + \int c_\lambda \varphi_\lambda(\boldsymbol{r}) \mathrm{d}\lambda \tag{3.35}$$

3.2.2 动量算符和角动量算符的本征态与本征值

材料体系是由具体的原子组成，量子力学层次了解材料的基本物性，首先可以从原子出发，了解原子中电子的行为。而求解原子体系的薛定谔方程时，其与能量对应的力学量包含动量、角动量等算符，因此接下来讨论动量算符和角动量算符的本征态与本征值的基本特性。

（1）动量算符

由表 3.1 知，动量算符是

$$\hat{P} = -i\hbar \, \nabla$$

而动量的三个投影算符是

$$\begin{cases} \hat{p}_x = -i\hbar \dfrac{\partial}{\partial x} \\[2mm] \hat{p}_y = -i\hbar \dfrac{\partial}{\partial y} \\[2mm] \hat{p}_z = -i\hbar \dfrac{\partial}{\partial z} \end{cases}$$

因此，动量算符的本征值方程为

$$-i\hbar \, \nabla \psi_p(\boldsymbol{r}) = p\psi_p(\boldsymbol{r}) \tag{3.36}$$

式中，p 是动量算符的本征值，$\psi_p(\boldsymbol{r})$ 是属于这个本征值的本征函数。式（3.36）的三个分量的本征值方程为

$$\left.\begin{array}{l} -i\hbar \dfrac{\partial}{\partial x} \psi_p(\boldsymbol{r}) = p_x \psi_p(\boldsymbol{r}) \\[2mm] -i\hbar \dfrac{\partial}{\partial y} \psi_p(\boldsymbol{r}) = p_y \psi_p(\boldsymbol{r}) \\[2mm] -i\hbar \dfrac{\partial}{\partial z} \psi_p(\boldsymbol{r}) = p_z \psi_p(\boldsymbol{r}) \end{array}\right\} \tag{3.37}$$

它们的解是

$$\psi_p(r) = C\exp\left(\frac{i}{\hbar} \boldsymbol{p} \cdot \boldsymbol{r}\right) \tag{3.38}$$

取归一化常数 $C = (2\pi\hbar)^{-\frac{3}{2}}$，可使得动量本征函数 ψ_i 归一化为 δ 函数。即取

$$\psi_p(r) = \frac{1}{(2\pi\hbar)^{\frac{3}{2}}} \exp\left(\frac{i}{\hbar} \boldsymbol{p} \cdot \boldsymbol{r}\right) \tag{3.39}$$

得出

$$\int \psi_p^{\,*}(\boldsymbol{r}) \psi_p(\boldsymbol{r}) \mathrm{d}\tau = \delta(\boldsymbol{p} - \boldsymbol{p}') \tag{3.40}$$

（2）角动量算符

同样，由表 3.1 知，角动量算符为

$$\hat{L} = \hat{r} \times \hat{\boldsymbol{p}} = -i\hbar \hat{r} \times \nabla$$

其分量式为

$$\left.\begin{array}{c} \hat{L}_x = -i\hbar\left(y\dfrac{\partial}{\partial z} - z\dfrac{\partial}{\partial y}\right) \\[4mm] \hat{L}_y = -i\hbar\left(z\dfrac{\partial}{\partial x} - x\dfrac{\partial}{\partial z}\right) \\[4mm] \hat{L}_z = -i\hbar\left(x\dfrac{\partial}{\partial y} - y\dfrac{\partial}{\partial x}\right) \end{array}\right\}$$

角动量平方算符

$$\hat{L}^2 = \hat{L}_x^{\,2} + \hat{L}_y^{\,2} + \hat{L}_z^{\,2}$$

$$= -\hbar^2\left[\left(y\frac{\partial}{\partial z} - z\frac{\partial}{\partial y}\right)^2 + \left(z\frac{\partial}{\partial x} - x\frac{\partial}{\partial z}\right)^2 + \left(x\frac{\partial}{\partial y} - y\frac{\partial}{\partial x}\right)^2\right]$$

$$\hat{L}^2 = -\hbar^2\left[\frac{1}{\sin\theta}\times\frac{\partial}{\partial\theta}\left(\sin\theta\frac{\partial}{\partial\theta}\right) + \frac{1}{\sin^2\theta}\times\frac{\partial^2}{\partial\phi^2}\right] \qquad (3.41)$$

$\hat{L}^2$ 的本征值方程为

$$\hat{L}^2 Y(\theta,\phi) = L^2 Y(\theta,\phi) \qquad (3.42)$$

把球极坐标中 $\hat{L}^2$ 的表达式（3.41）代入式（3.42）得

$$\left[\frac{1}{\sin\theta}\times\frac{\partial}{\partial\theta}\left(\sin\theta\frac{\partial}{\partial\theta}\right) + \frac{1}{\sin^2\theta}\times\frac{\partial^2}{\partial\phi^2}\right]Y(\theta,\phi) = -\lambda Y(\theta,\phi) \qquad (3.43)$$

式中 $\lambda = \dfrac{L^2}{\hbar^2}$，$Y(\theta,\phi)$ 是算符 $\hat{L}^2$ 的属于本征值 $\lambda\hbar^2$ 的本征函数。要使波函数 $Y(\theta,\phi)$ 在 θ 变化的整个区域（0，$-\pi$）内都是有限的，必须有

$$\lambda = l(l+1) \qquad (l=0,1,2,\cdots) \qquad (3.44)$$

因此 $\hat{L}^2$ 的本征值

$$L^2 = \lambda\hbar^2 = l(l+1)\hbar^2 \qquad (3.45)$$

相应的本征函数

$$Y(\theta,\phi) = (-1)^m N_{lm} P_l^{|m|}(\cos\theta)e^{im\phi} \qquad (m=0,\pm1,\pm2,\cdots,\pm l) \qquad (3.46)$$

本征值方程

$$\hat{L}^2 Y_{lm}(\theta,\phi) = l(l+1)\hbar^2 Y_{lm}(\theta,\phi) \qquad (3.47)$$

角动量 z 分量 $\hat{L}_z$ 的本征值方程为

$$L_z \Phi_m(\varphi) = L_z \Phi_m(\varphi) \qquad (3.48)$$

容易求得 $\hat{L}_z$ 的本征函数和本征值分别为

$$\Phi_m = \frac{1}{\sqrt{2\pi}}e^{im\phi} \quad (m=0,\pm1,\pm2,\cdots,\pm l) \qquad (3.49)$$

$$L_z = m\hbar \qquad (3.50)$$

因为 $Y_{lm}(\theta,\phi) = \theta_{lm}(\theta)\Phi_m(\phi)$，所以 $Y(\theta,\phi)$ 也是 $\hat{L}_z$ 的本征函数，满足本征值方程

$\hat{L}_z Y_{lm}(\theta, \phi) = L_z Y_{lm}(\theta, \phi)$。

① $\hat{L}^2$ 和 $\hat{L}_z$ 的本征值都是量子化的（分立值）。$\hat{L}^2$ 的取值由角量子数 l 唯一决定，即 $L^2 = l(l+1)\hbar^2$（$l = 0, 1, 2, \cdots$），$\hat{L}_z$ 的取值由磁量子数 m 唯一决定，即 $L_z = m\hbar$（$m = 0$, $\pm 1, \pm 2, \cdots, \pm l$），由于 $m\hbar$ 是角动量分量的本征值，所以 $|m|\hbar \leqslant \sqrt{l(l+1)}\hbar$（$\hat{L}^2$ 的本征值的开方），但 $|m|$ 是整数，因此 $|m| \leqslant l$。

② $\hat{L}^2$ 和 $\hat{L}_z$ 有共同的本征函数 $Y_{lm}(\theta, \phi)$。我们知道，在一个力学量的本征态下测量该力学量，其结果必然是相应的本征值，既然 $Y_{lm}(\theta, \phi)$ 是 $\hat{L}^2$ 和 $\hat{L}_z$ 的共同本征态，所以在 $Y_{lm}(\theta, \phi)$ 态中，$\hat{L}^2$ 和 $\hat{L}_z$ 同时有确定的测量值，分别为 $l(l+1)\hbar^2$ 和 $m\hbar$。

3.3 力学量的测量

在经典物理学中，对一个系统进行测量是可能的，而不会对它造成很大的干扰。然而，在量子力学中，测量过程会显著地干扰系统。在对经典系统进行测量时，这种扰动确实存在，但它很小，可以忽略不计。然而，在原子和亚原子系统中，测量行为会引起不可忽略或显著的扰动。某些量子力学体系与外界发生某些作用后波函数发生突变，变为其中一个本征态或有限个具有相同本征值的本征态的线性组合的现象。波函数坍缩可以用来解释为何在单次测量中被测定的物理量的值是确定的，尽管多次测量中每次测量值可能都不同。当一个物理系统不被测量时，它的波函数根据薛定谔方程不断演化。另一方面，根据坍塌假设，如果在系统上进行（投影）测量，原始波函数将由与测量结果相对应的波函数瞬时和不连续地更新。如何解释波函数的崩溃一直是争论的热点。

在量子力学哥本哈根学派的诠释中，波函数用来完整描述量子系统的复杂分布，是量子理论的核心。玻恩规则认为量子事件发生的概率与其波函数的平方振幅有关。对微观世界的"观察"会导致物质粒子的"叠加态"发生改变，有可能从一种"叠加态"变回组成叠加态的"本征态"，即波函数坍缩。当一个量子物理系统不被测量时，它的波函数根据薛定谔方程不断演化。量子力学体系与外界发生某些作用后波函数发生突变，变为其中一个本征态或有限个具有相同本征值的本征态的线性组合的现象。波函数坍缩可以用来解释为何在单次测量中被测定的物理量的值是确定的，但是对多个等同的量子体系进行多次测量中每次测量值可能都不同。正如"薛定谔的猫"实验，量子力学测量不仅仅是一个物理问题，也是一个哲学问题。

"量子物体只有在被测量时才能获得确定的性质"这一说法可能是最基本也是最有问题的。在几乎所有关于量子力学的讨论中，我们发现诸如"观察者"和"测量"等词起着核心作用。这不仅仅是因为需要观察来验证或确认所有科学理论都适用的理论。虽然生物学也是一门经验性科学，因此也是"基于观察"，但人们永远不会听到生物学家像量子物理学家那样谈论"观察"。例如，如果生物学家谈论恐龙，他们谈论的是生活在过去的动物，而不仅仅是恐龙的骨骼，尽管骨骼是我们唯一直接观察到的东西。生物学声称要研究生物的特性，即使它们没有被观察到，但量子力学的通常表述是，系统只有在被观察到时才具有确定的特性。

3.3.1 本征态中的力学量测量

力学量算符 F 的本征值为 F_n，本征态为 φ_n，本征方程为 $\hat{F}\varphi_n = F_n\varphi_n$，体系的任意状态 $\psi = c_1\varphi_1 + c_2\varphi_2 + \cdots + c_n\varphi_n = \sum\limits_n c_n\varphi_n$ 下，力学量的期望值为 $\overline{F} = \int \psi^*(r)\hat{F}\psi(r)\mathrm{d}\tau$。力学量 F 的平方平均偏差为

$$\overline{\Delta F^2} = \overline{(\hat{F} - \overline{F})^2} = \int \psi^*(\hat{F} - \overline{F})^2 \psi \mathrm{d}\tau \tag{3.51}$$

利用 $\psi = c_1\varphi_1 + c_2\varphi_2 + \cdots + c_n\varphi_n = \sum\limits_n c_n\varphi_n$ 以及本征方程，有

$$
\begin{aligned}
\overline{\Delta F^2} &= \overline{(\hat{F} - \overline{F})^2} \\
&= \sum c_n \int \psi^* (F_n - \overline{F})^2 \varphi_n \mathrm{d}\tau \\
&= \sum c_m^* c_n \int \varphi_m^* (F_n - \overline{F})^2 \varphi_n \mathrm{d}\tau \\
&= \sum |c_n|^2 (F_n - \overline{F})^2
\end{aligned}
\tag{3.52}
$$

其中，$F_n - \overline{F}$ 为任意本征值与平均值之差，$|c_n|^2$ 为状态 ψ 中，F_n 出现的概率，也可以认为是 $(F_n - \overline{F})^2$ 出现的概率。式（3.52）可以化为

$$
\begin{aligned}
\overline{\Delta F^2} &= \sum |c_n|^2 (F_n - \overline{F})^2 \\
&= \sum |c_n|^2 (F_n^2 - 2F_n\overline{F} + \overline{F}^2) \\
&= \overline{F^2} - \overline{F}^2
\end{aligned}
\tag{3.53}
$$

表示均方标准偏差。因此，如果体系处在 $\hat{F}$ 的本征态 φ_n 中，测量力学量 F 所得的数值，就是 $\hat{F}$ 的本征值，均方差等于 0，力学量具有确定的测量值，即对应的本征值。如果体系所处的状态 $\psi = \sum\limits_n c_n\varphi_n$ 不是 $\hat{F}$ 的本征态，可以测到力学量 F 的各种可能值，这些可能值都是在 $\hat{F}$ 的本征值谱之中，而且测得数值为 c_n 的概率是 $|c_n|^2$。对于非本征态，由于 $|c_n|^2$ 与 $(F_n - \overline{F})^2$ 均不等于零，那么均方差大于零，此时力学量没有确定的测量值。

3.3.2 任意态中力学量的测量

现在让我们来讨论量子力学中测量的一般概念。测量行为通常会改变系统的状态。理论上，我们可以用一个算符来表示测量装置，这样，在进行测量之后，系统将处于算符的一个本征态。对于一个可观测力学量 A，未测量之前可处于任意状态 ψ 之中，ψ 是算符 A 对应的本征函数 φ_n，也可能是本征态 φ_n 的线性叠加。

对于处于非本征态的情况，力学量多次测量，可能使算符处于不同的本征态，力学量也是多次测量的平均值来确定。

设算符 $\hat{F}$ 的本征函数 $\varphi_1, \varphi_2, \cdots, \varphi_n$ 组成正交归一完全系，它所属的本征值 $\lambda_1, \lambda_2, \cdots, \lambda_n$ 互不相等。本征值方程为

$$
\left.\begin{aligned}
\hat{F}\varphi_1 &= \lambda_1 \varphi_1 \\
\hat{F}\varphi_2 &= \lambda_2 \varphi_2 \\
&\cdots\cdots \\
\hat{F}\varphi_n &= \lambda_n \varphi_n
\end{aligned}\right\} \tag{3.54}
$$

根据本征函数的完全性，ψ 可看作是各本征态的线性叠加

$$
\psi = c_1\varphi_1 + c_2\varphi_2 + \cdots + c_n\varphi_n = \sum_n c_n\varphi_n \tag{3.55}
$$

根据态叠加原理，ψ 也是体系的可能状态，但它显然不是 $\hat{F}$ 的本征态，因为

$$
\begin{aligned}
\hat{F}\psi &= \hat{F}(c_1\varphi_1 + c_2\varphi_2 + \cdots + c_n\varphi_n) \\
&= c_1\lambda_1\varphi_1 + c_2\lambda_2\varphi_2 + \cdots + c_n\lambda_n\varphi_m
\end{aligned}
$$

所以，我们得不到关系式 $\hat{F}\psi = \lambda\psi$，即在 ψ 态中，将得不到确定的数值。由于态 ψ 可看成是 $\hat{F}$ 各个本征态 $\varphi_1, \varphi_2, \cdots, \varphi_n$ 的叠加，因此在测量的某一瞬刻，体系实际上是处于各本征态的某一个，故可能测量到数值将是本征值谱 $\lambda_1, \lambda_2, \cdots, \lambda_n$ 中的某一个，所以我们称各次测量到的数值为可能值。

设测得 $\lambda_1, \lambda_2, \cdots, \lambda_n$ 出现的相对次数即相对概率分别为 $w_1, w_2, \cdots, w_n$，这些概率正好分别是 ψ 的展开式（3.55）中各项系数模的平方，即

$$
\left.\begin{aligned}
w_1 &= |c_1|^2 \\
w_2 &= |c_2|^2 \\
&\cdots\cdots \\
w_n &= |c_n|^2
\end{aligned}\right\} \tag{3.56}
$$

设 ψ 已归一化，即

$$
1 = \int \psi^*(\boldsymbol{r})\psi(\boldsymbol{r})\mathrm{d}\tau \tag{3.57}
$$

注意到 $\varphi_n(r)$ 的正交归一性，就得到

$$
\begin{aligned}
1 &= \int \psi^*(\boldsymbol{r})\psi(\boldsymbol{r})\mathrm{d}\tau \\
&= \sum_{mn} c_m c_n \int \varphi_m^*(\boldsymbol{r})\varphi_n(\boldsymbol{r}) \\
&= \sum_{mn} c_m c_n \delta_{mn} = \sum_n |c_n|^2
\end{aligned} \tag{3.58}
$$

我们看到 $|c_n|^2$ 具有概率的意义，它表明 $\psi(r)$ 态中测量力学量 F 得到结果是 $\hat{F}$ 的本征值 λ_n 的概率，故 c_n 常称为概率振幅。可以证明，当 $\hat{F}$ 的本征值组成连续谱时，也有类似的结果，即

$$
\psi(\boldsymbol{r}) = \int c_\lambda \varphi_\lambda(\boldsymbol{r})\mathrm{d}\lambda \tag{3.59}
$$

而 $w(\lambda)\mathrm{d}\lambda = |c_\lambda|^2\mathrm{d}\lambda$ 则是在 $\psi(r)$ 态中，测得体系的力学量 F 的数值为 $\lambda \to \lambda + \mathrm{d}\lambda$ 的概率，其中 c_λ 由式（3.59）即 $c_\lambda = \int \varphi_\lambda^*(\boldsymbol{r})\psi(\boldsymbol{r})\mathrm{d}\tau$ 算出。

3.3.3 力学量的期望值——平均值

当体系所处状态不是 $\hat{F}$ 的本征态时，测量力学量得到的可能值是以一定的概率出现，但是多次测量的平均值是确定的，按照由概率求平均值的法则，可以求得力学量 F 在 ψ 态中的平均值是

$$\overline{F} = \lambda_1|c_1|^2 + \lambda_2|c_2|^2 + \cdots + \lambda_n|c_n|^2$$

$$= \sum_n |c_1|^2 \lambda_n \tag{3.60}$$

上式可改写为

$$\overline{F} = \int \psi^*(\boldsymbol{r})\hat{F}\psi(\boldsymbol{r})\mathrm{d}\tau \tag{3.61}$$

这两个式子相等，可以用 $\varphi_n(\boldsymbol{r})$ 的正交归一性式（3.57）来证明，即

$$\int \psi(\boldsymbol{r})\hat{F}\psi(\boldsymbol{r})\mathrm{d}\tau$$

$$= \sum_{mn} c_m^* c_n \int \varphi_m^*(\boldsymbol{r})\hat{F}\varphi_n(\boldsymbol{r})\mathrm{d}\tau$$

$$= \sum_{mn} c_m^* c_n \lambda_n \int \varphi_m^*(\boldsymbol{r})\varphi_n(\boldsymbol{r})\mathrm{d}\tau$$

$$= \sum_{mn} c_m^* c_n \lambda_n \delta_{mn}$$

$$= \sum_n \lambda_n |c_n|^2 \tag{3.62}$$

对于没有归一化的波函数，乘进归一化因子后，式（3.61）改写为

$$\overline{F} = \frac{\displaystyle\int \psi^*(\boldsymbol{r})\hat{F}\psi(\boldsymbol{r})\mathrm{d}\tau}{\displaystyle\int \psi^*(\boldsymbol{r})\psi(\boldsymbol{r})\mathrm{d}\tau} \tag{3.63}$$

3.3.4 不同力学量同时有确定的值的条件

定理：若算符 $\hat{F}$ 和 $\hat{G}$ 有一组共同的本征函数 φ_n，而且 φ_n 组成完全系，则算符 $\hat{F}$ 和 $\hat{G}$ 对易。

证：因为

$$\hat{F}\varphi_n = \lambda_n \varphi_n$$
$$\hat{G}\varphi_n = \mu_n \varphi_n \qquad (n=1,2,\cdots)$$

λ_n、μ_n 依次是 $\hat{F}$、$\hat{G}$ 的本征值，所以

$$(\hat{F}\hat{G}-\hat{F}\hat{G})\varphi_n=\lambda_n\mu_n\varphi_n-\mu_n\lambda_{n=0}\varphi_n$$

由于 φ_n 组成完全系，则任一波函数 ψ 可以按 φ_n 展开成

$$\psi=\sum_n c_n\varphi_n$$

于是有

$$(\hat{F}\hat{G}-\hat{F}\hat{G})\psi=\sum_n c_n(\hat{F}\hat{G}-\hat{F}\hat{G})\varphi_n=0$$

既然 ψ 是任意的，所以

$$\hat{F}\hat{G}-\hat{F}\hat{G}=0$$

所以 $\hat{F}$ 和 $\hat{G}$ 是可对易的。

这个定理的逆定理也成立：如果 $\hat{F}$ 和 $\hat{G}$ 对易，则这两个算符有组成完全系的共同本征函数。由前面知道：坐标算符的三个分量之间是相互对易的，因而 x，y，z 可以同时有确定值，也就是说，它们有共同的本征函数。动量分量算符之间是相互对易的，因此 p_x、p_y、p_z 可同时有确定值，或者说 $\hat{p}_x$、$\hat{p}_y$、$\hat{p}_z$ 有共同的本征函数。动量分量算符和它对应的坐标算符不对易，因而动量分量和它对应的坐标不能同时有确定值。$\hat{L}^2$ 和 $\hat{L}_x$、$\hat{L}_y$、$\hat{L}_z$ 都是可对易的。因而 $\hat{L}^2$ 和 $\hat{L}_x$、$\hat{L}_y$、$\hat{L}_z$ 中每一个对易，故 $\hat{L}^2$ 分别和角动量每一个分量的算符有共同的本征函数。例如氢原子中电子的角动量平方算符 $\hat{L}^2$ 与 $\hat{L}_z$ 对易，它们有共同的本征函数 $Y_{lm}(\theta,\phi)$，在这个态下同时测量 $\hat{L}^2$ 和 L_z，必然得到相应的本征值。

3.4　测量值的不确定性——测不准关系

两个力学量 A，B 为厄密算符，其对易关系为 $[\hat{A},\hat{B}]=\hat{A}\hat{B}-\hat{B}\hat{A}=i\hat{C}$，定义 $\Delta\hat{A}=\hat{A}-\bar{A}$，$\Delta\hat{B}=\hat{B}-\bar{B}$，也为厄密算符。可以证明

$$\overline{(\Delta A)^2}\cdot\overline{(\Delta B)^2}\geqslant\frac{1}{4}\overline{[\hat{A},\hat{B}]}^2 \tag{3.64}$$

记为：

$$\Delta A\Delta B\geqslant\frac{1}{2}\left|\overline{[\hat{A},\hat{B}]}\right|=\frac{1}{2}\bar{C} \tag{3.65}$$

这就是 A，B 力学量在任意量子态下测量时必须满足的关系式，即测不准关系。若两个力学量 A 与 B 不对易，A 与 B 不能同时有确定的测量值，也就是二者没有共同的本征态。若 A 与 B 对易，即 $C=0$，则可以有 $\Delta A=0$ 与 $\Delta B=0$ 同时满足的情况，也就是 A 与 B 可以同时处于二者的共同本征态。由式（3.16）所定义的动量与坐标的对易关系可知

$$\Delta x\Delta p_x\geqslant\frac{\hbar}{2},\quad \Delta y\Delta p_y\geqslant\frac{\hbar}{2},\quad \Delta z\Delta p_z\geqslant\frac{\hbar}{2} \tag{3.66}$$

表明微观粒子的位置与动量不可能同时精确测定，这也是微观粒子具有波粒二象性的一种体现。不确定关系也是用来区分经典力学与量子力学问题的情况。假设粒子是一个局限于空间某个区域的电子。如果我们进行一次测量来确定电子的位置，然后在大量含对一个电子的相同系统中重复测量，我们可能会得到具有高斯分布的电子位置。若 $\Delta x = 1\text{nm}$，根据式 (3.66)，此时电子的动量的测量精度为 $\Delta p = \dfrac{h}{2\Delta x} = 5.27 \times 10^{-26} \text{kg} \cdot \text{m} \cdot \text{s}^{-1}$。如果将动量不确定性转换为速度的不确定则有 $\Delta v = \dfrac{\Delta p}{m_0} = 5.7 \times 10^{4} \text{m} \cdot \text{s}^{-1}$。对于经典粒子，$1.7 \times 10^{-14} \text{s}$ 的时间内将导致 1nm 的位移。

3.5 力学量随时间的变化与守恒定律

由前面知道，量子力学中力学量一般没有确定的观测值。因此量子力学中的力学量随时间演化时，某一时刻只有确定的概率与平均值。在本节将讨论量子态以及力学量是如何随时间演化的，以及不同力学量演化规律的差异——守恒定律。

3.5.1 力学量随时间的变化

力学量 A 的平均值为

$$\langle \hat{A} \rangle = \int \Psi^*(t) \hat{A} \Psi(t) \mathrm{d}r \langle \Psi(t) | \hat{A} | \Psi(t) \rangle \text{（狄拉克符号表示，见 3.6.2 节）} \quad (3.67)$$

利用薛定谔方程，力学量平均值对时间的微分可以写为

$$\frac{\mathrm{d}}{\mathrm{d}t} \langle \hat{A} \rangle = \frac{1}{i\hbar} \langle \Psi(t) | \hat{A}\hat{H} - \hat{H}\hat{A} | \Psi(t) \rangle + \langle \Psi(t) | \frac{\partial A}{\partial t} | \Psi(t) \rangle \quad (3.68)$$

或者

$$\frac{\mathrm{d}}{\mathrm{d}t} \langle \hat{A} \rangle = \frac{1}{i\hbar} \langle [\hat{A}, \hat{H}] \rangle + \langle \frac{\partial \hat{A}}{\partial t} \rangle \quad (3.69)$$

如果力学量不显含时间，则有

$$\frac{\mathrm{d}}{\mathrm{d}t} \langle \hat{A} \rangle = \frac{1}{i\hbar} \langle [\hat{A}, \hat{H}] \rangle \quad (3.70)$$

式 (3.70) 即 Ehrenfest 关系。

如果 A 与 H 对易，则

$$\frac{\mathrm{d} \langle \hat{A} \rangle}{\mathrm{d}t} = 0 \quad (3.71)$$

此时，力学量在任意状态下的平均值都不随时间改变。

3.5.2 守恒定律

在量子力学中，如果力学量 A 不显含 t 且与体系的哈密顿量 H 对易，则称 A 为体系的守

恒量。体系的守恒量在本征态与非本征态中，力学量的测量概率分布以及平均值都不随时间改变。如体系的哈密顿量 H 不显含 t，$[H, H] = 0$。所以 H 为守恒量，即体系的能量守恒。在量子力学中，守恒量有很多。对于自由粒子，动量与哈密顿算符对易，因而动量守恒。在中心力场 $V(r)$ 中，L_2、L_x、L_y、L_z 均与 H 对易，因而角动量守恒。

体系的守恒量具有以下性质。

① 守恒量在任何状态下的平均值都不随时间变化。

② 任何状态下测量守恒量，其测量值的概率分布不随时间变化。对于处于一般状态 ψ 的力学量 A，由于与 H 对易，二者有共同的本征态 φ_n，将 ψ 按照本征态展开有

$$\psi(r, t) = \sum_n c_n(t) \varphi_n(r) \tag{3.72}$$

$$c_n(t) = \langle \phi_n(r) | \psi(r, t) \rangle \tag{3.73}$$

$$\frac{\mathrm{d}}{\mathrm{d}t} c_n(t) = \langle \varphi_n(r) | \frac{\partial \psi(r, t)}{\partial t} \rangle = \frac{1}{i\hbar} \langle \varphi_n(r) | \hat{H} \psi(r, t) \rangle \tag{3.74}$$

由 H 是厄密算符，则有

$$\frac{\mathrm{d}}{\mathrm{d}t} c_n(t) = \frac{1}{i\hbar} \langle \hat{H} \varphi_n(r) | \psi(r, t) \rangle = \frac{E_n}{i\hbar} c_n(t) \tag{3.75}$$

式（3.75）的解为

$$c_n(t) = c_n(0) e^{-iE_n t/h} \tag{3.76}$$

那么

$$| c_n(t) |^2 = | c_n(0) |^2 \tag{3.77}$$

因此在任何一个状态中测量守恒量 A，其可能的概率分布与时间无关。那么，如 $t = 0$ 时，力学量 A 有确定的值，在 t 为任意时刻都有确定的值（处于本征态）。如 $t = 0$ 不处于本征态，A 没有确定的值，在 t 为任意时刻也不会有确定的值，但 A 的概率分布保持不变。

③ 若体系有两个或者两个以上的守恒量，且互相不对易，则体系处于能量简并态。

设两个守恒量 A 与 B，且 $[\hat{A}, \hat{B}] \neq 0$。由于 A，B 为守恒量，与体系哈密顿量 H 具有共同本征态。设 A 与 H 的共同本征态为 ψ，那么有

$$\hat{H}\psi = E\psi, \quad \hat{A}\psi = a\psi \tag{3.78}$$

由于 B 与 H 对易，则

$$\hat{H}\hat{B}\psi = \hat{B}\hat{H}\psi = E\hat{B}\psi \tag{3.79}$$

式（3.79）表明 $\hat{B}\psi$ 也是 H 的本征态，且本征值也是 E。由于 A 与 B 不对易，则

$$\hat{A}\hat{B}\psi \neq \hat{B}\hat{A}\psi = a\hat{B}\psi \tag{3.80}$$

那么 $\hat{B}\psi$ 不是 A 的本征态，即 $\hat{B}\psi$ 与 ψ 是两个不同的态。但这两个态都是 H 的本征态，且能量相同，即二者为简并态。

3.6 量子力学的矩阵表示

本章前面阐述了力学量的数学表达形式，即算符。薛定谔方程是量子力学理论的基石之一，它具有线性方程的结构。从形式上看，量子力学是用线性算子处理属于抽象希尔伯特空间的波函数。希尔伯特空间的数学性质和结构对于正确理解量子力学的形式论是必不可少的。数学上来看，量子力学有量子不同表述形式：薛定谔的波动力学和海森堡的矩阵力学。薛定谔的波动力学和海森堡的矩阵力学分别代表了连续和离散基系统中量子力学的一般形式。本节将给出线性矢量空间的基本概念，以及如何在希尔伯特空间表述量子态与算符，从而利用线性代数方法求解本征值与本征态。

3.6.1 N 维复线性空间

在三维实线性空间中，选择三个相互正交的单位矢 e_1、e_2、e_3，则任一矢量 A 可以表示为它们的线性叠加，即

$$A = A_1 e_1 + A_2 e_2 + A_3 e_3 = \sum_{i=1}^{3} A_i e_i \tag{3.81}$$

式中，e_1、e_2、e_3 称为基矢（简称基），这些基矢具有正交归一性质，即

$$\left.\begin{array}{l} e_1 \cdot e_2 = e_2 \cdot e_3 = e_3 \cdot e_1 = 0 \\ e_1 \cdot e_1 = e_2 \cdot e_2 = e_3 \cdot e_3 = 1 \end{array}\right\} \tag{3.82}$$

式（3.81）中的 A_1、A_2、A_3 称为矢量 A 在基矢 e_1、e_2、e_3 上的分量，当 A 唯一确定后，A_1、A_2、A_3 随所选用基矢的不同而不同。

利用基矢的性质，可以得出

$$\left.\begin{array}{l} A_1 = e_1 \cdot A = (e_1, A) \\ A_2 = e_2 \cdot A = (e_2, A) \\ A_3 = e_3 \cdot A = (e_3, A) \end{array}\right\} \tag{3.83}$$

符号 (a, b) 表示 a 和 b 的内积，即点乘 $a \cdot b$。

若取另一基矢 e_1'、e_2'、e_3'，则矢量 A 的分量为

$$\left.\begin{array}{l} A_1' = (e_1', A) \\ A_2' = (e_2', A) \\ A_3' = (e_3', A) \end{array}\right\} \tag{3.84}$$

A 的模（长度，绝对值）定义为

$$|A| = (A_1^2 + A_2^2 + A_3^2)^{\frac{1}{2}} = |A| = (A_1'^2 + A_2'^2 + A_3'^2)^{\frac{1}{2}} \tag{3.85}$$

长度和基矢的选取无关。

两矢量 A 和 B 的内积

$$(\boldsymbol{A}, \boldsymbol{B}) = A_1 B_1 + A_2 B_2 + A_3 B_3 = A'_1 B'_1 + A'_2 B'_2 + A'_3 B'_3 \tag{3.86}$$

如果规定对矢量采用矩阵的表示法，用式（3.81）中的叠加系数 A_1、A_2、A_3 所组成的列矢量来表示 $\boldsymbol{A}$

$$\boldsymbol{A} = \begin{pmatrix} A_1 \\ A_2 \\ A_3 \end{pmatrix} \tag{3.87}$$

则 A 和 B 的内积可以用 $\boldsymbol{A}$ 的转置矩阵 $\boldsymbol{A}$ 与 $\boldsymbol{B}$ 的矩阵相乘而得到，即

$$\widetilde{\boldsymbol{A}} \cdot \boldsymbol{B} = (A_1 A_2 A_3) \begin{pmatrix} B_1 \\ B_2 \\ B_3 \end{pmatrix} = A_1 B_1 + A_2 B_2 + A_3 B_3 \tag{3.88}$$

用列矩阵的符号，基矢的形式为

$$\boldsymbol{e}_1 = \begin{pmatrix} 1 \\ 0 \\ 0 \end{pmatrix}, \quad \boldsymbol{e}_2 = \begin{pmatrix} 0 \\ 1 \\ 0 \end{pmatrix}, \quad \boldsymbol{e}_3 = \begin{pmatrix} 0 \\ 0 \\ 1 \end{pmatrix} \tag{3.89}$$

推广到 N 维的实线性空间，任一矢量 $\boldsymbol{A}$ 可用 N 个正交归一的基矢来表示

$$\boldsymbol{A} = \sum_{i=1}^{N} A_i \boldsymbol{e}_i \tag{3.90}$$

基矢的正交归一化关系是

$$(\boldsymbol{e}_i, \boldsymbol{e}_j) = \boldsymbol{\delta}_{ij} \quad (i, j = 1, 2, \cdots, N) \tag{3.91}$$

$\boldsymbol{A}$ 的矩阵是

$$\boldsymbol{A} = \begin{pmatrix} A_1 \\ A_2 \\ \vdots \\ A_N \end{pmatrix} \tag{3.92}$$

相应的基矢的矩阵是

$$\boldsymbol{e}_1 = \begin{pmatrix} 1 \\ 0 \\ 0 \\ \vdots \end{pmatrix}, \quad \boldsymbol{e}_2 = \begin{pmatrix} 0 \\ 1 \\ 0 \\ \vdots \end{pmatrix}, \quad \boldsymbol{e}_N = \begin{pmatrix} 0 \\ 0 \\ \vdots \\ 1 \end{pmatrix} \tag{3.93}$$

内积

$$\boldsymbol{A} \cdot \boldsymbol{B} = \sum_{i=1}^{N} A_i B_i = (A_1 A_2 \cdots A_N) \begin{pmatrix} B_1 \\ B_2 \\ \vdots \\ B_N \end{pmatrix} \tag{3.94}$$

若 A_i 及 B_i 为复数，则此空间称为复线性空间，此时内积应为

$$A^+ \cdot B = \sum_{i=1}^{N} A_i^* B_i = (A_1^* \ A_2^* \cdots A_N^*) \begin{pmatrix} B_1 \\ B_2 \\ \vdots \\ B_N \end{pmatrix} \tag{3.95}$$

因此，量子力学中，在希尔伯特线性空间描述态与物理量，需要首先在线性空间中选定一组正交归一的基矢。由前面知道：厄密算符的本征态具有正交归一等特征，因此在矩阵力学求解薛定谔方程时，通常选取某一物理量的本征态为希尔伯特空间的基矢。任意态矢量在这些基组中展开，其展开系数就是态矢量的分量。

3.6.2 状态的狄拉克符号表示

系统的物理状态在量子力学中用希尔伯特空间的元素来表示，这些元素称为状态向量。我们可以通过函数展开的方法来表示不同基的状态向量。这类似于通过不同坐标系中的分量来指定普通（欧几里得）向量。例如，我们可以用笛卡尔坐标系、球坐标系或柱坐标系中的分量来等价地表示向量。当然，向量的意义独立于用来表示其组成部分的坐标系。类似地，微观系统的状态具有独立于其展开基矢的意义。为了将状态向量从坐标意义中解放出来，狄拉克引入了量子力学中一个非常有价值的符号，它使人们能够轻松而清晰地操纵量子力学的表述形式。采用狄拉克符号，复线性空间的矢量可用一个刃矢（ket，又称右矢）$|\ \rangle$ 表示，若要标记某特殊矢量，可于其内标上某种记号，在分立正交归一基矢中，任意矢量 A 可表示为

$$A = |A\rangle = \begin{pmatrix} A_1 \\ A_2 \\ \vdots \end{pmatrix} \tag{3.96}$$

$|A\rangle$ 的共轭矢量为

$$|A\rangle^* = \langle A| = (A_1^* \ A_2^* \cdots) \tag{3.97}$$

$\langle\ |$ 称为刁矢（bra，又称左矢）。刃矢与刁矢互为共轭矢量。

基矢表示为

$$e_i = |e_i\rangle \tag{3.98}$$

其正交归一性表示为

$$(e_i, e_j) = \langle e_i | e_j \rangle = \delta_{ij} \tag{3.99}$$

任意两矢量 A，B 的内积为

$$(A, B) = \langle A | B \rangle = \langle B | A \rangle^* \tag{3.100}$$

在分立正交的归一基矢中，内积 $\langle B | A \rangle$ 可表示为

$$(A, B) = \langle A \mid B \rangle = (A_1^* \ A_2^* \ \cdots) \begin{pmatrix} B_2 \\ B_2 \\ \vdots \end{pmatrix}$$

$$= \sum_i A_i^* B_i \tag{3.101}$$

设 $f(r)$ 及 $g(r)$ 为实变量 r 的连续函数（一般为复函数，可把它们看成复线性空间的矢量）$\mid f \rangle$ 及 $\mid g \rangle$，并把这两个函数的内积定义为

$$\langle f \mid g \rangle = \int f(r) g(r) \mathrm{d}\tau \tag{3.102}$$

若 $\langle f \mid g \rangle = 0$，称 $\mid f \rangle$ 与 $\mid g \rangle$ 正交。

若 $\langle f \mid f \rangle = 1$，称 $\mid f \rangle$ 是归一化矢量。

内积 $\langle f \mid g \rangle$ 可用正交归一化函数组 $\{ \phi_i \}$ 展开为

$$\langle f \mid g \rangle = \sum_i \langle f \mid \phi_i \rangle \langle \phi_i \mid g \rangle \tag{3.103}$$

而

$$\sum_i \mid \phi_i \rangle \langle \phi_i \mid \equiv 1 \quad （单位算符） \tag{3.104}$$

3.6.3　态和力学量的矩阵表示

（1）表象

由前面可知，任一函数 $\psi(r)$ 可用厄密算符 $\hat{F}$ 的本征函数 $\varphi_1(r), \varphi_2(r), \cdots, \varphi_n(r)$（全部）的线性叠加来表示，那么，如果选取的算符不同，对应的本征函数系也不同，任一函数 $\psi(r)$ 的表示形式也就不同。我们把这些不同的表示形式中的每一个叫作一个表象。当要解决某特定问题时，便选取一个特定的表象，相当于选取一个特定的坐标系。量子力学中采用不同的表象在理论上是完全等价的，而在实际工作中选取什么表象取决于所讨论的问题，表象选得适当可以使问题简化。

（2）态矢量的矩阵表示

在量子力学中，任何一个量子态 ψ，可以看作是无限维复线性空间的一个矢量 $\mid \psi \rangle$，这个矢量称为态矢量。这种空间在数学中称为希耳伯特（Hilbert）空间。选取力学量 $\hat{A}$ 表象，A_n 及 ψ_n 为本征值及本征态，即

$$\hat{A}\psi_n = A_n \psi_n \quad (n = 1, 2, \cdots) \tag{3.105}$$

这一组本征态记为 $\mid \psi_n \rangle$ 或简记为 $\mid n \rangle$，可作为态空间的一组正交归一的基矢。根据本征函数的正交归一性，对本征值是分立的有

$$\int \psi_j^* \psi_k \mathrm{d}\tau = \delta_{jk} \to \langle \psi_j \mid \psi_k \rangle = \delta_{ij} \quad \text{或} \quad \langle j \mid k \rangle = \delta_{jk} \tag{3.106}$$

对连续谱的正交归一性，可表成 δ 函数的形式，即

$$\int \psi_{\lambda'} \psi_{\lambda} \, d\tau = \delta(\lambda' - \lambda) \rightarrow \langle \psi_{\lambda'} \mid \psi_{\lambda} \rangle = \delta(\lambda' - \lambda)$$

或
$$\langle \lambda' \mid \lambda \rangle = \delta(\lambda' - \lambda) \tag{3.107}$$

任一态矢量 $\boldsymbol{\psi}$ 可用基矢展开

$$\boldsymbol{\psi} = \sum_n c_n \psi_n \rightarrow \mid \psi \rangle = \sum_n c_n \mid \psi_n \rangle \tag{3.108}$$

其中

$$c_n = \int \psi_n^* \psi \, d\tau \rightarrow c_n = \langle \psi_n \mid \psi \rangle \tag{3.109}$$

$c_1, c_2, \cdots$ 这一组数是矢量 $\mid \psi \rangle$ 与各基矢 $\mid \psi_n \rangle$ 的内积,即 $\mid \psi \rangle$ 在各基矢 $\mid \psi_n \rangle$ 上的分量,因而也可以用 $c_1, c_2, \cdots$ 这一组数来表示状态 $\boldsymbol{\psi}$,仿照矢量的矩阵表示法,$\mid \psi \rangle$ 也可以分量(系数)的矩阵表示:

$$\mid \psi \rangle = \begin{pmatrix} c_1 \\ c_1 \\ \vdots \end{pmatrix} \tag{3.110}$$

本征态 ψ_n 显然可以表示成基矢,写成矩阵形式

$$\mid \psi \rangle = \begin{pmatrix} 1 \\ 0 \\ \vdots \end{pmatrix}, \quad \mid \psi_2 \rangle = \begin{pmatrix} 0 \\ 1 \\ \vdots \end{pmatrix} \cdots \tag{3.111}$$

波函数 ψ 的归一化现在可以表示为

$$\int \boldsymbol{\psi}^* \boldsymbol{\psi} \, d\tau = 1 \rightarrow \langle \psi \mid \psi \rangle = (c_1^* \ c_2^* \ \cdots) \begin{pmatrix} c_1 \\ c_2 \\ \vdots \end{pmatrix} = \sum_i c_n^* c_n = 1 \tag{3.112}$$

式(3.110)是选择力学量完全集 $\hat{A}$ 的本征态作为态空间基矢以后,$\mid \psi \rangle$ 的具体列矢量的表示,称为态矢量 $\mid \psi \rangle$ 的 A 表象。

(3)力学量算符的矩阵表示

下面讨论在 Q 表象中,力学量 F 如何表示。

设量子态 $\mid \psi \rangle$ 经算符 $\hat{F}$ 运算后,变成另一个态 $\mid \phi \rangle$

$$\mid \phi \rangle = \hat{F} \mid \psi \rangle \tag{3.113}$$

将上式 $\mid \phi \rangle$ 及 $\mid \psi \rangle$ 在 Q 表象分立正交归一组成完全系的基矢 $\mid \psi_1 \rangle, \mid \psi_2 \rangle \cdots$ 中展开

$$\mid \psi \rangle = \sum_k a_k \mid \psi_k \rangle$$

$$\mid \phi \rangle = \sum_k b_k \mid \psi_k \rangle$$

则式(3.113)可写为:

$$|\phi\rangle = \sum_k b_k |\psi_k\rangle = \sum_k \hat{F} a_k |\psi_k\rangle$$

此式左乘 $|\psi_j\rangle$，并应用正交归一条件 $\langle\psi_j|\psi_k\rangle = \delta_{jk}$，得

$$\langle\psi|\phi\rangle = b_j = \sum_k a_k \langle\psi_j|\hat{F}|\psi_k\rangle = \sum_k F_{jk} a_k \tag{3.114}$$

其中

$$F_{jk} = \langle\psi_j|\hat{F}|\psi_k\rangle = \int \psi_j {}^* \hat{F}\psi_k \, \mathrm{d}\tau \tag{3.115}$$

称为算符 $\hat{F}$ 在基矢 $|\psi_j\rangle$ 及 $|\psi_k\rangle$ 构成的 Q 表象中的矩阵元。式（3.114）可写成矩阵形式：

$$\begin{pmatrix} b_1 \\ b_2 \\ \vdots \end{pmatrix} = \begin{pmatrix} F_{11} & F_{12} & \cdots \\ F_{21} & F_{22} & \cdots \\ \cdots & \cdots & \cdots \end{pmatrix} \begin{pmatrix} a_1 \\ a_2 \\ \vdots \end{pmatrix} \tag{3.116}$$

此式可简记为

$$\Phi = F\Psi \tag{3.117}$$

如果 $\hat{F}$ 为厄密算符，则 $\hat{F} = \hat{F}^+$，由式（3.115）得

$$F_{jk}^* = \int \psi_j (\hat{F}\psi_k)^* \, \mathrm{d}\tau = \int \psi_k^* \hat{F}\psi_j \, \mathrm{d}\tau = F_{kj} \tag{3.118}$$

用 F^+ 表示矩阵 F 的共轭矩阵，按照共轭矩阵的定义

$$F_{kj}^+ = F_{jk}^*$$

所以式（3.118）可写为

$$F_{kj} = F_{kj}^+ \quad 或 \quad F = F^+ \tag{3.119}$$

（4）平均值公式

任何算符 $\hat{F}$ 在态 $\psi = \sum_k a_k \psi_k$ 中的平均值

$$\begin{aligned} \bar{F} &= \int \psi^* \hat{F}\psi \, \mathrm{d}\tau = \langle\psi|\hat{F}|\psi\rangle \\ &= \sum_{jk} a_j^* \langle\psi_j|\hat{F}|\psi_k\rangle a_k \\ &= \sum_{jk} a_j^* F_{jk} a_k \\ &= (a_1^* \ a_2^* \cdots) \begin{pmatrix} F_{11} & F_{12} & \cdots \\ F_{21} & F_{22} & \cdots \\ \cdots & \cdots & \cdots \end{pmatrix} \begin{pmatrix} a_1 \\ a_2 \\ \vdots \end{pmatrix} \end{aligned} \tag{3.120}$$

或简写为

$$\bar{F} = \Psi^+ F\Psi \tag{3.121}$$

（5）薛定谔方程

$$i\hbar \frac{\partial}{\partial t} | \psi \rangle = \hat{H} | \psi \rangle \qquad (3.122)$$

将 $| \psi \rangle = \sum_k a_k | \psi_k \rangle$ 代入上式，左乘 $\langle \psi_j |$ 得

$$i\hbar \frac{\partial}{\partial t} \begin{pmatrix} a_1 \\ a_2 \\ \vdots \end{pmatrix} = \begin{pmatrix} H_{11} & H_{12} & \cdots \\ H_{21} & H_{22} & \cdots \\ \cdots & \cdots & \cdots \end{pmatrix} \begin{pmatrix} a_1 \\ a_2 \\ \vdots \end{pmatrix} \qquad (3.123)$$

或简写为

$$i\hbar \frac{\partial}{\partial t} \boldsymbol{\psi} = H \boldsymbol{\psi} \qquad (3.124)$$

（6）本征值方程

算符 $\hat{F}$ 的本征值方程为

$$\hat{F} | \psi \rangle = \lambda | \psi \rangle \qquad (3.125)$$

写成矩阵形式

$$\begin{pmatrix} F_{11} & F_{12} & \cdots \\ F_{21} & F_{22} & \cdots \\ \cdots & \cdots & \cdots \end{pmatrix} \begin{pmatrix} a_1 \\ a_2 \\ \vdots \end{pmatrix} = \lambda \begin{pmatrix} a_1 \\ a_2 \\ \vdots \end{pmatrix} \qquad (3.126)$$

将等号右边移至左边，得

$$\begin{pmatrix} F_{11}-\lambda & F_{12}\cdots & F_{1n}\cdots \\ F_{21} & F_{22}-\lambda\cdots & F_{2n}\cdots \\ \cdots & \cdots & \cdots \\ F_{n1} & F_{n2}\cdots & F_{nn}-\lambda\cdots \\ \cdots & \cdots & \cdots \end{pmatrix} \begin{pmatrix} a_1 \\ a_2 \\ \vdots \\ a_n \\ \vdots \end{pmatrix} = 0 \qquad (3.127)$$

上式是一个线性齐次程组

$$\sum_n (F_{mn} - \lambda \delta_{mn}) a_n = 0 \qquad m = 1, 2, \cdots$$

这个方程组有非零解的条件是系数行列式等于零，即

$$\begin{vmatrix} F_{11}-\lambda & F_{12}\cdots & F_{1n}\cdots \\ F_{21}-\lambda & F_{22}-\lambda\cdots & F_{2n}\cdots \\ \cdots & \cdots & \cdots \\ F_{n1} & F_{n2}\cdots & F_{nn}-\lambda\cdots \\ \cdots & \cdots & \cdots \end{vmatrix} = 0 \qquad (3.128)$$

由此解得一组本征值 λ_i，分别代入式（3.127）便可求得与 λ_i 相应的本征矢。

3.6.4　表象变换

在欧几里得空间中，向量 A 可以由其在不同坐标系或不同线性矢量空间（希尔伯特线性空间）中的分量表示。从一种到另一种基矢的转换称为基矢的变化。给定基矢中 A 的分量可以通过矩阵变换来表示为另一个基矢中 A 的分量。

类似地，量子力学的态矢和算符也可以用不同的基组表示。这里，将介绍如何从一个基组转换到另一个基组。也就是说，知道基组 $\{|\phi_n\rangle\}$ 中算符的分量（即对应的矩阵表示），如何确定其在不同基组 $\{|\varphi_n\rangle\}$ 中的相应分量？假设 $\{|\phi_n\rangle\}$ 与 $\{|\varphi_n\rangle\}$ 是两个力学量对应的本征态基组，那么有

$$|\phi_n\rangle = \left(\sum_m |\varphi_m\rangle\langle\varphi_m|\right)|\phi_n\rangle = \sum_m U_{mn}|\varphi_m\rangle \tag{3.129}$$

$$U_{mn} = \langle\varphi_m|\phi_n\rangle \tag{3.130}$$

其中利用：$\sum_i |\phi_i\rangle\langle\phi_i| \equiv 1$（单位算符）。

矩阵 U 提供了两个基组之间的变换关系，即表象变换。可以证明矩阵 U 是幺正矩阵（自证），即 $\hat{U}\hat{U}^+ = \hat{I}$，$\hat{U}^+$ 为 U 的共轭矩阵，且 $\hat{U}^+ = \hat{U}^-$。所以，表象变换是幺正变换。

如何利用变换矩阵计算力学量矩阵元在两种不同表象中的变换关系？在基组 $\{|\varphi_n\rangle\}$（新基组）对应的表象中，算符 A 对应的矩阵元为

$$A'_{mn} = \langle\varphi_m|\hat{A}|\varphi_n\rangle \tag{3.131}$$

而在基组 $\{|\phi_n\rangle\}$（旧基组）对应的表象中，其矩阵元为

$$A_{jl} = \langle\phi_j|\hat{A}|\phi_l\rangle \tag{3.132}$$

二者之间的关系为

$$A'_{mn} = \langle\varphi_m|\left(\sum_j |\phi_j\rangle\langle\phi_j|\right)\hat{A}\left(\sum_l |\phi_l\rangle\langle\phi_l|\right)|\varphi_n\rangle = \sum_{jl} U_{mj} A_{jl} U^*_{nl} \tag{3.133}$$

可以写作：$\hat{A}_{new} = \hat{U}\hat{A}_{old}\hat{U}^+$ 或 $\hat{A}_{old} = \hat{U}^+\hat{A}_{new}\hat{U}$。

我们可以直接理解这个表达。$\hat{U}$ 是将我们从旧坐标带到新坐标系的运算符。因此，如果我们在新的坐标系中，$\hat{U}^- = \hat{U}^+$ 是将我们带回旧系统的操作算符。因此，要在新坐标系中使用运算符 A，当我们只知道它在旧坐标系中的表示形式 $\hat{A}_{old}$ 时，我们首先使用 $\hat{U}^+$ 将我们带入旧坐标系，使用 $\hat{A}_{old}$ 操作，然后使用 $\hat{U}$ 将我们带回新坐标系。

我们上面讨论的用于改变基矢的幺正算符对力学量矩阵元的转换是幺正算子在量子力学中的一个重要应用。通常，希尔伯特空间中的线性算子可以改变向量在空间中的"方向"，并通过因子改变其长度。而幺正线性操作符可以旋转箭头，但保持其长度不变。这些算符并没有改变基组，它们实际上是在改变量子力学系统的状态，并改变向量在向量空间中的方向。幺正算符改变系统量子力学状态也可以通过其矩阵运算来描述。对于态矢量 $|\psi\rangle$ 在新的基矢量 $\{|\varphi_n\rangle\}$ 的投影分量为 $\langle\varphi_n|\psi\rangle$，而在老基矢量中的投影分量为 $\langle\phi_n|\psi\rangle$，且有如下关系

$$\langle\varphi_n|\psi\rangle = \langle\varphi_n|\hat{I}|\psi\rangle = \langle\varphi_n|\left(\sum_n |\phi_n\rangle\langle\phi_n|\right)|\psi\rangle = \sum_n U_{mn}\langle\phi_n|\psi\rangle \tag{3.134}$$

因而可以写为：$|\psi_{\text{new}}\rangle = \hat{U}|\psi_{\text{old}}\rangle$，$\langle\psi_{\text{new}}| = \langle\psi_{\text{old}}|\hat{U}^{+}$。

对于态矢与力学量有

$$|\psi_{\text{new}}\rangle = \hat{U}|\psi_{\text{old}}\rangle, \quad \langle\psi_{\text{new}}| = \langle\psi_{\text{old}}|\hat{U}^{+}, \quad \hat{A}_{\text{new}} = \hat{U}\hat{A}_{\text{old}}\hat{U}^{+} \tag{3.135}$$

$$|\psi_{\text{old}}\rangle = \hat{U}^{+}|\psi_{\text{new}}\rangle, \quad \langle\psi_{\text{old}}| = \langle\psi_{\text{new}}|\hat{U}, \quad \hat{A}_{\text{old}} = \hat{U}^{+}\hat{A}_{\text{new}}\hat{U} \tag{3.136}$$

可以证明，幺正变换不改变算符的本征值，也就是幺正线性操作符可以旋转箭头，但保持其长度不变。另外，如果 A'_{mn} 是对角矩阵，那么在新的基组所确定的表象是由 A 算符的本征态所构成的表象，A'_{mn} 的对角元就是 A 的本征值。在矩阵力学中，求算符 A 的本征值可以转化为找一个幺正确变换矩阵，把算符 A 从旧的表象变换到自身表象（新表象）是 A 的矩阵对角化。

【例3.1】 一刚性转子转动惯量为 I，它的能量的经典表示式是 $H = \dfrac{L^2}{2I}$，L 为角动量。求与此对应的量子体系在下列情况下的定态能量及波函数。

① 转子绕一固定轴转动；

② 转子绕一固定点转动。

解： ①

$$\hat{L}_z = -i\hbar\frac{\partial}{\partial\varphi}$$

$$\hat{L}_z^2 = -\hbar^2\frac{\partial^2}{\partial\varphi^2}$$

$$\hat{H} = \frac{\hat{L}_z^2}{2I} = -\frac{\hbar^2}{2I}\times\frac{\partial^2}{\partial\varphi^2}$$

能量的本征函数：$\hat{H}\psi(\varphi) = E\psi(\varphi)$

$$-\frac{\hbar^2}{2I}\times\frac{\partial^2}{\partial\varphi^2}\psi(\varphi) = E\psi(\varphi)$$

引入

$$\lambda^2 = \frac{2IE}{\hbar^2}$$

$$\frac{\partial^2}{\partial\varphi^2}\psi(\varphi) + \lambda^2\psi(\varphi) = 0 \qquad \psi(\varphi) = Ae^{i\lambda\varphi}$$

由波函数的单值性

$$\psi(2\pi + \varphi) = \psi(\varphi)$$

$$Ae^{i(2\pi+\varphi)\lambda} = Ae^{i\lambda\varphi} \qquad e^{i2\pi\lambda} = 1$$

$$2\pi\lambda = 2n\pi \qquad \lambda = n(n = 0, \pm1, \pm2, \cdots)$$

$$E = \frac{n^2\hbar^2}{2I} \qquad \psi = Ae^{in\varphi}$$

其中 $A = \dfrac{1}{\sqrt{2\pi}}$

② $\hat{H} = \dfrac{\hat{L}^2}{2I}$ 在球极坐标系中

$$\hat{L}^2 = -\hbar^2 \left(\frac{1}{\sin\theta} \times \frac{\partial}{\partial\theta} \left(\sin\theta \, \frac{\partial}{\partial\theta} \right) + \frac{1}{\sin^2\theta} \times \frac{\partial^2}{\partial\varphi^2} \right)$$

体系的能量算符本征方程

$$\hat{H}\psi(\theta,\varphi) = E\psi(\theta,\varphi)$$

$$-\frac{\hbar^2}{2I} \left[\frac{1}{\sin^2\theta} \times \frac{\partial}{\partial\theta} \left(\sin\theta \, \frac{\partial}{\partial\theta} \right) + \frac{1}{\sin^2\theta} \times \frac{\partial^2}{\partial\varphi^2} \right] \psi(\theta,\varphi) = E\psi(\theta,\varphi)$$

$$\left[\frac{1}{\sin^2\theta} \times \frac{\partial}{\partial\theta} \left(\sin\theta \, \frac{\partial}{\partial\theta} \right) + \frac{1}{\sin^2\theta} \times \frac{\partial^2}{\partial\varphi^2} \right] \psi(\theta,\varphi) = -\lambda\psi(\theta,\varphi)$$

其中 $\lambda = \dfrac{2IE}{\hbar^2}$，以上方程在 $0 \leqslant \theta \leqslant \pi$ 的区域内存在有限解的条件是 λ 必须取 $l(l+1)(l=0,1,2,\cdots)$ 即

$$\lambda = l(l+1) \quad (l=0,1,2,\cdots)$$

于是方程的形式又可写成

$$\left[\frac{1}{\sin^2\theta} \times \frac{\partial}{\partial\theta} \left(\sin\theta \, \frac{\partial}{\partial\theta} \right) + \frac{1}{\sin^2\theta} \times \frac{\partial^2}{\partial\varphi^2} \right] \psi(\theta,\phi) = -l(l+1)\psi(\theta,\varphi)$$

此方程是球面方程，其解为

$$\psi(\theta,\varphi) = Y_{lm}(\theta,\varphi) \qquad \begin{array}{l} l=0,1,2,\cdots \\ m=0,\pm1,\pm2,\cdots,\pm l \end{array}$$

由 $\lambda = l(l+1)$ 以及 $\lambda = \dfrac{2IE}{\hbar^2}$，可解得体系的能量本征值

$$E_l = \frac{l(l+1)\hbar^2}{2I} \qquad (l=0,1,2,\cdots)$$

【例 3.2】 设 $t=0$ 时，粒子的状态为 $\psi(x) = A\left(\sin^2 kx + \dfrac{1}{2}\cos kx \right)$，求此时粒子的平均动量和平均动能。

解：$\psi(x) = A\left(\sin^2 kx + \dfrac{1}{2}\cos kx \right)$

$$= \frac{A}{2}(1 + \cos kx - \cos 2kx)$$

$$= \frac{A}{2} \left[1 + \frac{1}{2}(e^{ikx} + e^{-ikx}) - \frac{1}{2}(e^{i2kx} + e^{-i2kx}) \right]$$

$$= \frac{A}{4} \left[2 + e^{ikx} + e^{-ikx} - e^{i2kx} - e^{-i2kx} \right]$$

可见，$\psi(x)$ 是由五个动量不同的平面波叠加而成，将此各个平面波与德布罗意波的一般式 $\psi_p(x)=\left(\dfrac{1}{2\pi\hbar}\right)^{1/2}e^{\frac{i}{\hbar}px}$ 比较，各平面波对应的动量依次为 $p_1=0$，$p_2=k\hbar$，$p_3=-k\hbar$，$p_4=2k\hbar$，$p_5=-2k\hbar$。

叠加系数依次分别为

$$C_1=(2\pi\hbar)^{1/2}\frac{A}{2},\ C_2=C_3=(2\pi\hbar)^{1/2}\frac{A}{4},\ C_4=C_5=-(2\pi\hbar)^{1/2}\frac{A}{4}。$$

由 $\sum_i |C_i|^2=1$，求得 $A=\dfrac{1}{\sqrt{\pi\hbar}}$

$$\bar{p}=\sum_{i=1}^{5}|C_i|^2 p_i=2\pi\hbar A^2\left(\frac{1}{4}\times 0+\frac{1}{16}k\hbar-\frac{1}{16}k\hbar+\frac{1}{16}\times 2k\hbar-\frac{1}{16}\times 2k\hbar\right)=0$$

$$\overline{p^2}=\sum_{i=1}^{5}|C_i|^2 p_i^2=2\pi\hbar A^2\left[\frac{1}{4}\times 0+\frac{k^2\hbar^2}{16}+\frac{(-k\hbar)^2}{16}+\frac{(2k\hbar)^2}{16}+\frac{(2k\hbar)^2}{16}\right]=\frac{5}{4}k^2\hbar^2$$

$$\bar{T}=\frac{1}{2\mu}\overline{p^2}=\frac{5}{8\mu}k^2\hbar^2$$

【例 3.3】 一维运动粒子的状态是 $\psi(x)=\begin{cases}Axe^{-\lambda x} & \text{当 } x\geqslant 0\\0 & \text{当 } x<0\end{cases}$，其中 $\lambda=0$，求：

① 粒子动量的概率分布函数；
② 粒子的平均动量。

解： 由 $\psi(x)$ 的归一化条件 $\displaystyle\int_{-\infty}^{\infty}|\psi(x)|^2\mathrm{d}x=1$，求得 $A=2\lambda^{3/2}$。

① 为求粒子动量的概率分布函数，将 $\psi(x)$ 按平面波 $\psi_p(x)=\dfrac{1}{(2\pi\hbar)^{1/2}}e^{\frac{i}{\hbar}(px)}$ 展开：

$$\psi(x)=\int_{-\infty}^{\infty}C(p)\psi_p(x)\mathrm{d}p$$

$$C(p)=\int_{-\infty}^{\infty}\psi_p^*(x)\psi(x)\mathrm{d}x=\frac{1}{(2\pi\hbar)^{1/2}}\int_{-\infty}^{\infty}\psi(x)e^{-\frac{i}{\hbar}px}\mathrm{d}x=\frac{A}{(2\pi\hbar)^{1/2}}\int_{0}^{\infty}xe^{-\left(\lambda+i\frac{p}{\hbar}\right)x}\mathrm{d}x$$

$$=\frac{-A}{(2\pi\hbar)^{1/2}}\times\frac{1}{\lambda+i\frac{p}{\hbar}}\left[xe^{-\left(\lambda+i\frac{p}{\hbar}\right)x}-\int e^{-\left(\lambda+i\frac{p}{\hbar}\right)x}\mathrm{d}x\right]_0^{\infty}$$

$$=\frac{-A}{(2\pi\hbar)^{1/2}}\times\frac{1}{\left(\lambda+i\frac{p}{\hbar}\right)^2}e^{-\left(\lambda+i\frac{p}{\hbar}\right)x}\Big|_0^{\infty}$$

$$=\frac{A}{(2\pi\hbar)^{1/2}}\times\frac{1}{\left(\lambda+i\frac{p}{\hbar}\right)^2}$$

粒子动量概率分布函数

$$\omega(p) = |C(p)|^2 = \frac{A^2}{2\pi\hbar} \times \frac{1}{\left(\lambda^2 + \dfrac{p^2}{\hbar^2}\right)^2}$$

$$= \frac{2\lambda^3\hbar^3}{\pi(\lambda^2\hbar^2 + p^2)^2}$$

② 粒子的平均动量

$$\bar{P} = \int_{-\infty}^{\infty} C^*(p)pC(P)\mathrm{d}p = \int_{-\infty}^{\infty} p\omega(p)\mathrm{d}p$$

$$= \int_{-\infty}^{\infty} \frac{2\lambda^3\hbar^3 p}{\pi(\lambda^2\hbar^2 + p^2)^2}\mathrm{d}p = -\frac{\lambda^3\hbar^3}{\pi(\lambda^2\hbar^2 + p^2)}\bigg|_{-\infty}^{\infty} = 0$$

【例 3.4】 设氢原子处于状态

$$\psi_{nlm}(r,\theta,\varphi) = \frac{1}{2}R_{21}(r)Y_{10}(\theta,\varphi) - \frac{\sqrt{3}}{2}R_{21}(r)Y_{1-1}(\theta,\varphi)$$

已知氢的能级见式（1.10），求氢原子能量、角动量平方及角动量 Z 分量的可能值，这些可能值出现的概率和这些力学量的平均值。

解： $n=2$，$l=1$，$m=0$，-1。

能量可能值
$$E_2 = \frac{-\mu e_s^4}{2\hbar^2 n^2}\bigg|_{n=2} = -\frac{\mu e_s^4}{8\hbar^2}$$

出现的概率
$$\left(\frac{1}{2}\right)^2 + \left(\frac{\sqrt{3}}{2}\right)^2 = 1$$

平均值
$$\bar{E} = E_2 = -\frac{\mu e_s^4}{8\hbar^2}$$

角动量平方可能值
$$L^2 = 2\hbar^2$$

出现的概率
$$\left(\frac{1}{2}\right)^2 + \left(\frac{\sqrt{3}}{2}\right)^2 = 1$$

平均值
$$\overline{L^2} = 2\hbar^2$$

角动量 Z 分量可能值
$$0 \text{ 和} -\hbar$$

出现的概率分别是
$$\left(\frac{1}{2}\right)^2 \text{ 和}\left(\frac{\sqrt{3}}{2}\right)^2$$

平均值
$$\bar{L}_z = 0 \times \frac{1}{4} - \frac{3}{4}\hbar = -\frac{3}{4}\hbar$$

拓展

海森堡矩阵力学与薛定谔波动力学的建立——"另辟蹊径"的创新思维

玻尔-索末菲的旧量子论是通过经典运动学理论处理电子轨道时加上人为引入量子化条件下得到一系列结论，在处理原子问题时总需要设想一些经典力学允许的轨道模型。基于旧量子论的研究工作虽然得到一些与实验符合的结果，但是，在描述复杂光谱和塞曼效应等方面遇到了一系列困难。海森堡和薛定谔正是在这种情况下另辟蹊径，创立了新的量子理论（海森堡矩阵力学与薛定谔波动力学），从根本上颠覆了电子轨道的旧图像和半经验处理方法。

针对原子谱线的特征关系，玻恩和海森堡在哥廷根从 1923 年秋天开始启动了"离散量子力学"计划。玻尔模型中许多观点，如电子的轨道、频率等，都不是可以直接观察的。海森堡以光谱线的频率、强度、偏极化以及能阶等可观察量为出发点，建立了适用于原子体系的新的力学。1925 年，海森堡完成了他的关于矩阵力学的第一篇论文——《关于运动学和动力学关系的量子论解释》。海森堡在创立矩阵力学的历史性工作中大胆地把一个经典变量，如位置 $x(t)$ 以一组变量 $X(n, n-\alpha)$ 的集合来代替。当时，海森堡在论文中并没有给这组变量取名字，它们实际上是矩阵元。而且，他将量子化条件改写为对角矩阵元的形式，并建立了力学量的矩阵运算规则。接着，基于海森堡的新思想，玻恩通过采用正则变换，基于哈密顿正则方程，建立了完整矩阵力学理论体系。

随着德布罗意的物质粒子的德布罗意波的提出，如何描述电子的波动性以及微观粒子满足怎样的波动方程是当时量子力学研究工作的一个重点内容。薛定谔针对几何光学是波动光学的极限这一情况，他思考经典力学中的哈密顿原理会不会是"波动力学"的极限情况？从而，能不能建立一个能与经典力学对应的物质波的波动方程，经典力学是这个波动方程的近似情况。1925 年薛定谔"另辟蹊径"，大胆引入能量、动量算符，从一般的波动方程出发，建立了描述微观粒子状态及其随时间演化的运动方程，即波函数的微分方程。通过求解薛定谔波动方程，确定粒子的波函数与能量，从而建立了微观粒子的量子力学描述。1926 年，薛定谔发表论文指出，波动方程与海森堡的矩阵力学方程是等同的。

二位物理学大师基于玻尔等人的旧量子论，大胆创新，巧妙地通过选择两种不同的数学表述，从两个不同侧面描述量子力学的物理图像，是科学研究中一种重要的"另辟蹊径"的创新思维。

推荐阅读资料

[1] 大卫·卡西第.海森堡传[M].戈革,译.北京:商务印书馆,2002.

[2] 薛定谔.关于波动力学的四次演讲[M].代山,译.北京:商务印书馆,1965.

[3] 曾谨言.量子力学（卷Ⅰ）[M].北京:科学出版社,2000.

思考题

1.原子中电子的能量与波函数与哪些量子数相关？

2.如何用矩阵表示量子态与力学量？并说明理由。

3.算符（力学量）在其自身表象中如何表示？其本征矢是什么？

4.狄拉克符号中，引入了右矢 $|\quad\rangle$，为什么又引入左矢 $\langle\quad|$，右矢和左矢能够相加吗？

5.如何构造量子力学中的哈密顿量？材料体系总能量算符由哪些部分组成？

习题

一、选择题

1.体系处于 $\psi = c_1 Y_{11} + c_2 Y_{10}$ 态中，则 ψ（　　　）。

A.是体系角动量平方算符、角动量 Z 分量算符的共同本征函数

B.是体系角动量平方算符的本征函数，不是角动量 Z 分量算符的本征函数

C.不是体系角动量平方算符的本征函数，是角动量 Z 分量算符的本征函数

D.既不是体系角动量平方算符的本征函数，也不是角动量 Z 分量算符的本征函数

2.如果力学量算符 $\hat{F}$ 和 $\hat{G}$ 满足对易关系 $[\hat{F}, \hat{G}] = 0$，则（　　　）。

A.$\hat{F}$ 和 $\hat{G}$ 一定存在共同本征函数，且在任何态中它们所代表的力学量可同时具有确定值

B.$\hat{F}$ 和 $\hat{G}$ 一定存在共同本征函数，且在它们的本征态中它们所代表的力学量可同时具有确定值

C.$\hat{F}$ 和 $\hat{G}$ 不一定存在共同本征函数，且在任何态中它们所代表的力学量不可能同时具有确定值

D.$\hat{F}$ 和 $\hat{G}$ 不一定存在共同本征函数，但总有那样态存在使得它们所代表的力学量可同时具有确定值

3.角动量 Z 分量的归一化本征函数为（　　　）。

A. $\dfrac{1}{\sqrt{2\pi\hbar}}\exp(im\varphi)$ 　　　　　　　B. $\dfrac{1}{\sqrt{2\pi}}\exp(i\boldsymbol{k}\cdot\boldsymbol{r})$

C. $\dfrac{1}{\sqrt{2\pi}}\exp(im\varphi)$ 　　　　　　　D. $\dfrac{1}{\sqrt{2\pi\hbar}}\exp(i\boldsymbol{k}\cdot\boldsymbol{r})$

4.波函数 $Y_{lm}(\theta,\varphi) = (-1)^m N_{lm} P_l^m(\cos\theta)\exp(im\varphi)$（　　　）。

A.是 $\hat{L}^2$ 的本征函数，不是 $\hat{L}_z$ 的本征函数

B.不是 $\hat{L}^2$ 的本征函数，是 $\hat{L}_z$ 的本征函数

C.是 $\hat{L}^2$、$\hat{L}_z$ 的共同本征函数

D.既不是 $\hat{L}^2$ 的本征函数，也不是 $\hat{L}_z$ 的本征函数

5.一粒子在一维无限深势阱中运动的状态为 $\psi(x) = \dfrac{\sqrt{2}}{2}\psi_1(x) - \dfrac{\sqrt{2}}{2}\psi_2(x)$，其中 $\psi_1(x)$、$\psi_2(x)$ 是其 n 个能量本征函数的前两个，则 $\psi(x)$ 在能量表象中的表示是（　　　）。

A. $\begin{pmatrix} \sqrt{2}/2 \\ \sqrt{2}/2 \\ 0 \\ \vdots \end{pmatrix}$　　B. $\begin{pmatrix} \sqrt{2}/2 \\ -\sqrt{2}/2 \\ 0 \\ \vdots \end{pmatrix}$　　C. $\begin{pmatrix} \sqrt{2}/2 \\ \sqrt{2}/2 \\ 0 \\ 0 \end{pmatrix}$　　D. $\begin{pmatrix} \sqrt{2}/2 \\ -\sqrt{2}/2 \\ 0 \\ 0 \end{pmatrix}$

6.力学量算符在自身表象中的矩阵表示是（　　）。

A. 以本征值为对角元素的对角方阵　　　　B 一个上三角方阵

C. 一个下三角方阵　　　　　　　　　　　D. 一个主对角线上的元素等于零的方阵

7.对易关系 $[\hat{x},\hat{p}_x]$ 等于（　　）。

A. $i\hbar$　　　　　　B. $-i\hbar$　　　　　　C. $\hbar$　　　　　　D. $-\hbar$

8.$Y_{lm}(\theta,\phi)=\Theta_{lm}(\theta)\Phi_m(\phi)$ 是描述粒子绕固定点或固定轴转动运动的波函数，下列说法正确的是（　　）。

A. l 是磁量子数，m 是角量子数，取值为 $l=0,1,2,3,\cdots$；$m=-l,-l+1,\cdots,l-1,l$。

B. l 是磁量子数，m 是角量子数，取值为 $l=1,2,3,\cdots$；$m=-l,-l+1,\cdots,l-1,l$。

C. l 是角量子数，m 是磁量子数，取值为 $l=0,1,2,3,\cdots$；$m=-l,-l+1,\cdots,l-1,l$。

D. l 是角量子数，m 是磁量子数，取值为 $l=1,2,3,\cdots$；$m=-l,-l+1,\cdots;l-1,l$。

二、问答及计算题

习题解答

1.量子力学中表示力学量的算符为什么必须是线性厄密的？

2.写出能量表象的薛定谔方程表达式。

3.证明算符 $i(\mathrm{d}/\mathrm{d}x)$ 和 $\mathrm{d}^2/\mathrm{d}x^2$ 为厄密算符。

4.系统的哈密顿算符是 $\hat{H}=-(\mathrm{d}^2/\mathrm{d}x^2)+x^2$。证明 $Nx\exp(-x^2/2)$ 是 $\hat{H}$ 的本征函数，并确定本征值。通过函数的归一化来计算 N。

5.利用对易关系 $[\hat{L}_z,\hat{p}_y]=-i\hbar\hat{p}_x$，$[\hat{L}_z,\hat{p}_x]=i\hbar\hat{p}_y$，证明在角动量平方算符 $\hat{L}^2$ 的本征态 $Y_{lm}(\theta,\varphi)$ 态中，$\hat{p}_x$ 和 $\hat{p}_y$ 的平均值等于零。

6.利用 $[\hat{L}_y,\hat{L}_z]=i\hbar\hat{L}_x$，$[\hat{L}_z,\hat{L}_x]=i\hbar\hat{L}_y$ 对易关系，在 $\hat{L}_z$ 的本征态下，证明 $\overline{L}_x=\overline{L}_y=0$。

7.估算（a）中子以 $5\times10^6\mathrm{m\cdot s^{-1}}$ 运动和（b）50kg 的人以 $2\mathrm{m\cdot s^{-1}}$ 运动时分别的位置不确定程度。

8.对于两个态矢量：$|\psi\rangle=\begin{pmatrix}5i\\2\\-i\end{pmatrix}$，$|\phi\rangle=\begin{pmatrix}3\\8i\\-9i\end{pmatrix}$。

（a）求 $|\psi\rangle^*$ 和 $\langle\psi|$。

（b）$|\psi\rangle$ 是否归一化？如果没有，则将其归一化。

（c）$|\psi\rangle$ 和 $|\phi\rangle$ 之间是否正交？

9.对于状态 $|\psi\rangle=\frac{1}{\sqrt{2}}|\phi_1\rangle+\frac{1}{\sqrt{5}}|\phi_2\rangle+\frac{1}{\sqrt{10}}|\phi_3\rangle$，由算符 $\hat{B}$ 的三个正交本征态 $|\phi_1\rangle$，$|\phi_2\rangle$ 和 $|\phi_3\rangle$ 线性叠加而成，且算符 $\hat{B}$ 的本征方程为 $\hat{B}|\phi_n\rangle=n^2|\phi_n\rangle$。求状态 $|\psi$ 中的算符 $\hat{B}$ 的平均值。

10. 求 $\hat{S}_y = \dfrac{\hbar}{2}\begin{pmatrix} 0 & -i \\ i & 0 \end{pmatrix}$ 的本征值和所属本征函数。

11. 设已知在 $\hat{L}^2$ 和 $\hat{L}_z$ 的共同表象中，算符 $\hat{L}_x$ 和 $\hat{L}_y$ 的矩阵分别为

$$\hat{L}_x = \frac{\hbar}{\sqrt{2}}\begin{pmatrix} 0 & 1 & 0 \\ 1 & 0 & 1 \\ 0 & 1 & 0 \end{pmatrix}, \quad \hat{L}_y = \frac{\sqrt{2}\,\hbar}{2}\begin{pmatrix} 0 & -i & 0 \\ i & 0 & -i \\ 0 & i & 0 \end{pmatrix}$$

求它们的本征值和归一化的本征函数。

第4章
自旋与全同粒子

第 4 章 PPT

 导读

磁铁为什么会吸引铁？

1925 年 G. E. 乌伦贝克和 S. A. 古兹密特受到泡利不相容原理的启发，为了解释斯特恩和格拉赫的实验结果，提出电子具有内禀运动——自旋，并且有与电子自旋相联系的自旋磁矩。由此还可以解释原子光谱的精细结构及反常塞曼效应。电子自旋是量子效应，不能根据经典理论来理解。

那么，微观粒子为什么会自旋呢？不自旋不行吗？

自旋，是微观粒子的一种"超能力"。对它的具体成因，目前并不是很清楚，但目前已知的很多物理属性都与自旋密切相关，比如能量、磁性。

进一步研究表明，不但电子存在自旋，中子、质子、光子等所有微观粒子都存在自旋，只不过取值范围不同。自旋和静质量、电荷等物理量一样，也是描述微观粒子固有属性的物理量。在电子自旋的学习中，首先要了解电子自旋的实验依据及自旋假设，重点掌握电子自旋的描述，同时能应用电子自旋的理论解释原子光谱和材料磁性现象。

4.1 电子自旋假设

电磁学告诉我们，环形运动的电流会产生磁场。假设一个电子做正圆轨道的运动，磁场会穿过电流环的中心并逐渐散开，然后迂回到无穷远再从反方向绕回来，并形成闭合的"磁力线"。实际上电磁铁就是这个原理做成的，只不过电磁铁上有很多股电流，因此磁场比较大。一般用磁矩 $\boldsymbol{\mu}$ 来表示磁铁的强弱。磁矩放在磁场里会具有一个能量，可以表示为

$$U = -\boldsymbol{B} \cdot \boldsymbol{\mu} = -B\mu\cos\theta \tag{4.1}$$

在旧量子论的时代，根据玻尔的理论，原子中的电子在特定的轨道上做正圆运动，后来索末菲把这个图像推广到椭圆轨道运动。电子的运动相当于环形电流，也具有磁矩，电子在

圆轨道上运动意味着电子也有角动量 $\boldsymbol{J}$，角动量 $\boldsymbol{J}$ 和磁矩 $\boldsymbol{\mu}$ 存在关系

$$\boldsymbol{\mu} = -g\frac{e}{2m}\boldsymbol{J} \tag{4.2}$$

角动量的取值在量子力学中是量子化的，$\boldsymbol{J}$ 在磁场方向上的取值共 $2j+1$ 种取值的可能性。换句话说，把一个小磁矩放到磁场里，它就会具有 $2j+1$ 种取值的能量的可能性，对应光谱线会分裂成奇数条。

原子在磁场中光谱线的分裂叫塞曼效应，最初发现的塞曼效应，谱线分裂成三条，这可以用以上图像解释，所以人们管这个叫正常塞曼效应。

有正常的就一定有反常的，在反常塞曼效应里谱线分裂成偶数条，这在当时是物理学家的一大困扰。因为电子的轨道运动只能具有整数的自旋，它无法解释谱线（或能量）的偶数分裂。如果非要解释的话，就得引入半个量子，比如 $j=1/2$，$2j=1$ 就是整数了。但这个 $1/2$ 是从哪里来的呢？泡利感到无能为力。

1925 年，这个问题被两位年轻的物理学家乌伦贝克和古兹密特解决了，他们设想电子是个带电小球，电子好像月球或地球一样自转起来，他们把 $1/2$ 的角动量量子数归于电子的自己围绕自己的运动，这就是所谓自旋（spin）。

这是一个简单并大胆的猜想，泡利听说了这个想法，就认为这根本不可能。当然乌伦贝克和古兹密特把电子想象为带电小球也是很有问题的，简单的计算表明带电小球赤道方向上的运动将超过光速，与狭义相对论冲突，此外这个模型在量子力学的框架下是可以严格计算的，但很遗憾对小球的自转而言，角动量也只能是整数，而不是 $1/2$。

这个模型理解起来还有一个困难，当电子在原子核周围运动的时候，电子唯一能感受到的是静电场，电子的自旋没有可以与之耦合的磁场。

爱因斯坦解决了这个问题，假设取电子静止的参照系，原子核（以及静电场）就转了起来，这样根据狭义相对论，电子会受到一个磁场的作用。英国物理学家托马斯对电子做了相对论计算，电子具有自旋 $1/2$ 就被当时的主要物理学家接受了，但是猜测走向真理的唯一途径就是验证，需要一个实验支持。

其实，早在 1922 年为了证实原子在磁场中取向量子化，德国物理学家奥托·斯特恩和瓦尔特·格拉赫开展了著名实验（图 4.1），并因此获得 1943 年诺贝尔物理学奖。

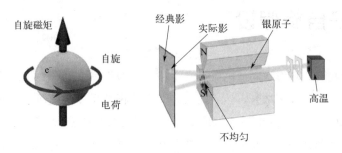

图 4.1　斯特恩-格拉赫自旋实验

实验过程：银原子在电炉内蒸发射出，通过狭缝 S_1、S_2 形成细束，经过一个抽成真空的不均匀的磁场区域（磁场垂直于射束方向），最后到达照相底片上。显像后的底片上出现了两

条黑斑，表示银原子经过不均匀磁场区域时分成了两束。根据实验中的炉温、磁极长度、横向不均匀磁场的梯度和原子束偏离中心的位移，可计算出原子磁矩在磁场方向上分量的大小。实验结果说明，原子在磁场中不能任意取向，证实了索末菲和德拜在1916年建立的原子的角动量在空间某特殊方向上取向量子化的理论。然而，根据原子的轨道理论，轨道角动量的取值只能是奇数。已有的理论无法解释实验现象。

海森堡（1901—1976）在研究反常塞曼效应时引入了半整数量子数，也就是说，存在1/2这样的"整数"。这样就能解释上述现象。

古兹密特提出电子自旋的假设，实验结果才得到了全面的解释。认为原子磁矩是电子的轨道磁矩和自旋磁矩的和（原子核磁矩很小，可忽略），在磁场方向上的分量 μ_z 只能取以下数值：

$$\mu_z = -mlg\mu_B, \quad m = J, J-1, \cdots, -J$$

式中，m 为磁量子数；J 为总角动量量子数；μ_B 为玻尔磁子；g 为朗德因子（见原子磁矩）。即原子磁矩在磁场中只能取 $2J+1$ 个分立数值。根据实验结果（两条黑斑），银原子的 J 只能取 1/2，即 $J = 1/2$，对应 $m = 1/2，-1/2$。考虑到银原子处于基态，轨道角量子数 $l = 0$，因此，自然得到自旋角量子数 $s = 1/2$。由此解释了实验中底片上出现两条黑斑是电子自旋所致。

由此，得到完整的电子自旋的假设：

① 每个电子具有自旋角动量 S，它在空间任意方向上的投影只能取两个数值

$$S_z = \pm \frac{\hbar}{2} \tag{4.3}$$

或写成

$$S_z = m_s\hbar \qquad \left(m_s = \pm \frac{1}{2}\right) \tag{4.4}$$

② 每个电子具有自旋磁矩 M_s，它和自旋角动量 S 的关系是

$$M_s = -\frac{e}{\mu}S \tag{4.5}$$

因而 M_s 在空间任意方向上的投影只能取两个数值

$$M_{S_z} = -\frac{e}{\mu}S_z = \mp \frac{e\hbar}{2\mu} = \mp M_B \tag{4.6}$$

自旋是一个没有经典理论对应的物理量，通常人们会把自旋理解为电子自身的转动，但这种物理图像不成立：①迄今为止的实验未发现电子有尺寸的下限，即电子是没有大小的；②如果把电子自旋设想为有限大小均匀分布的电荷球围绕自身转动，电荷球表面切线速度将超过光速，与相对论矛盾。

因此自旋的物理现象是纯粹的量子力学效应。斯特恩-格拉赫实验说明，原子磁矩取值和自旋磁矩取值无法同时确定，而在经典力学中可以同时确定，这正是量子力学区别于经典力学的本质特征，体现为海森堡不确定性关系。

斯特恩-格拉赫实验是原子物理学和量子力学的基础实验之一，它还提供了测量原子磁矩的一种方法，并为原子束和分子束实验技术奠定了基础。

自旋概念的提出：

量子论时期，人们一直希望解释反常塞曼效应、原子光谱的精细结构，但未成功。1924年，泡利意识到，电子运动还应该有能取两个值的第 4 个自由度。埃伦费斯特的学生乌伦贝克和古兹密特认为，这种电子的第 4 个自由度应该是电子自旋，这里的电子自旋表示自旋角动量和自旋磁矩。电子的自旋是电子内禀特性的描写。埃伦费斯特认为这个想法很重要，虽然也可能完全不对，但还是建议他们写成论文，并推荐到《自然》杂志。两位学生拿着论文请教老前辈洛伦兹。洛伦兹经过计算告诉他们，如果电子绕自身轴旋转，其表面速度将荒唐地达到光速的 10 倍！两位学生想撤回论文，但稿件已寄出。埃伦费斯特安慰学生说："年轻人干点蠢事不要紧。"没想到 1925 年论文发表后，德国物理学家海森堡表示赞同，认为此举可解决光谱结构的难题。爱因斯坦和玻尔也持同样观点。1922 年施特恩-格拉赫实验也支持自旋概念。自旋是一个没有经典对应的、纯量子力学的概念，考虑自旋后，困扰物理学家多年的反常塞曼效应和原子光谱的精细结构问题都得到了完满的解决。

4.2 电子的自旋算符和自旋函数

自旋角动量是电子的内禀属性，无经典对应，即不能像角动量一样写成位移 r 和动量 p 的函数，而是描述电子状态的又一个新的力学量。像其他力学量一样，自旋角动量也用一个算符表示。

4.2.1 自旋算符

$\hat{S}$ 与轨道角动量 $\hat{L}$ 满足同样的对易关系

$$\hat{S} \times \hat{S} = i\hbar \hat{S} \tag{4.7}$$

分量式为

$$\left. \begin{aligned} [\hat{S}_x, \hat{S}_y] &= i\hbar \hat{S}_z \\ [\hat{S}_y, \hat{S}_z] &= i\hbar \hat{S}_x \\ [\hat{S}_z, \hat{S}_x] &= i\hbar \hat{S}_y \end{aligned} \right\} \tag{4.8}$$

及

$$[\hat{S}_x, \hat{S}_y^2] = [\hat{S}_y, \hat{S}^2] = [\hat{S}_z, \hat{S}^2] = 0 \tag{4.9}$$

由于 $\hat{S}$ 在空间任意方向上的投影只能取两个数值 $\pm\frac{\hbar}{2}$，所以 $\hat{S}_x$、$\hat{S}_y$、$\hat{S}_z$ 三个算符的本征都是 $\pm\frac{\hbar}{2}$，即

$$S_x = S_y = S_z = \pm \frac{\hbar}{2} \tag{4.10}$$

仿照轨道角动量 z 方向分量算符 $\hat{L}_z$ 的本征值用磁量子数的式子 $L_z = m\hbar$，可以把 $\hat{S}_z$ 的本征值表示为

$$S_z = m_s \hbar = \pm \frac{\hbar}{2} \tag{4.11}$$

其中 $m_s = \pm \frac{1}{2}$ 为自旋磁量子数。

因为自旋角动量平方算符为 $\hat{\boldsymbol{S}}^2 = \hat{S}_x^2 + \hat{S}_y^2 + \hat{S}_z^2$，所以 $\hat{\boldsymbol{S}}^2$ 的本征值是

$$S^2 = S_x^2 + S_y^2 + S_z^2 = \frac{3}{4}\hbar^2 \tag{4.12}$$

仿照 $\hat{\boldsymbol{S}}^2$ 的本征值用角量子数表示的式子为 $L^2 = l(l+1)\hbar^2$，$\hat{\boldsymbol{S}}^2$ 的本征值也可写成

$$S^2 = s(s+1)\hbar^2 \tag{4.13}$$

比较式（4.12）与式（4.13），可得 $s = \frac{1}{2}$，我们称 s 为自旋量子数，它只能取一个数值，即 $s = \frac{1}{2}$。

4.2.2　自旋波函数

电子具有自旋，所以描写电子状态的波函数除包括描写其质心坐标 x、y、z 的自变量外，还需引入描写自旋变量 S_z，所以电子的波函数写为

$$\varPsi = \varPsi(x, y, z, S_z, t) \tag{4.14}$$

由于 S_z 只能取两个数值 $\pm \frac{\hbar}{2}$，所以上式实际上相当于两个波函数

$$\left.\begin{array}{l} \varPsi_1 = \varPsi_1\left(x, y, z, +\dfrac{\hbar}{2}, t\right) \\[2mm] \varPsi_2 = \varPsi_2\left(x, y, z, -\dfrac{\hbar}{2}, t\right) \end{array}\right\} \tag{4.15}$$

根据波函数的统计解释，$|\varPsi_1|^2$ 和 $|\varPsi_2|^2$ 表示 t 时刻的 x、y、z 点附近单位体积内找到电子自旋分别 $+\dfrac{\hbar}{2}$ 和 $-\dfrac{\hbar}{2}$ 的概率。因此考虑到电子自旋以后，电子波函数的归一化条件为

$$\sum_{S_z = \pm \frac{\hbar}{2}} \int |\varPsi|^2 \mathrm{d}\tau = \int |\varPsi_1|^2 \mathrm{d}\tau + \int |\varPsi_2|^2 \mathrm{d}\tau = 1 \tag{4.16}$$

当电子的自旋和轨道运动相互作用小到可以略去时，这时 $\varPsi_1$ 和 $\varPsi_2$ 对 x、y、z 依赖关系相同，我们可以把 $\varPsi$ 分离变量为

$$\varPsi(x, y, z, S_z, t) = \phi(x, y, z, t)\chi(S_z) \tag{4.17}$$

式中 $\chi(S_z)$ 是描述自旋状态的自旋函数，称为自旋波函数。它的自旋变量 S_z 只是取 $+\dfrac{\hbar}{2}$ 和 $-\dfrac{\hbar}{2}$ 的本征值，则本征值方程为

$$\left.\begin{aligned}\hat{S}_z\chi_{\frac{1}{2}}(S_z)&=\frac{1}{2}\hbar\chi_{\frac{1}{2}}(S_z)\\[2mm]\hat{S}_z\chi_{-\frac{1}{2}}(S_z)&=-\frac{1}{2}\hbar\chi_{-\frac{1}{2}}(S_z)\end{aligned}\right\}\tag{4.18}$$

$\hat{S}^2$ 和任何力学量的算符一样，它的本征函数应是正交归一的，即

$$\left.\begin{aligned}\sum_{S_z=\pm\frac{\hbar}{2}}\left|\chi_{\frac{1}{2}}(S_z)\right|^2&=1\\[1mm]\sum_{S_z=\pm\frac{\hbar}{2}}\left|\chi_{-\frac{1}{2}}(S_z)\right|^2&=1\\[1mm]\sum_{S_z=\pm\frac{\hbar}{2}}\chi_{\frac{1}{2}}^*(S_z)\chi_{-\frac{1}{2}}(S_z)&=0\end{aligned}\right\}\tag{4.19}$$

把电子的波函数式 (4.14) 用下列两行一列矩阵表示

$$\Psi=\begin{pmatrix}\Psi_1\\\Psi_2\end{pmatrix}\tag{4.20}$$

则

$$\left.\begin{aligned}\Psi_{\frac{1}{2}}&=\begin{pmatrix}\Psi_1\\0\end{pmatrix}\\[2mm]\Psi_{-\frac{1}{2}}&=\begin{pmatrix}0\\\Psi_2\end{pmatrix}\end{aligned}\right\}\tag{4.21}$$

分别表示电子处于 $S_z=\dfrac{\hbar}{2}$ 及 $S_z=-\dfrac{\hbar}{2}$ 的自旋态，而

$$\Psi^+=(\Psi_1^*\ \Psi_1^*)\tag{4.22}$$

Ψ^+ 是 Ψ 的共轭矩阵，于是波函数的归一化条件为

$$\int\Psi^+\Psi\mathrm{d}\tau=\int(\Psi_1^*\quad\Psi_1^*)\begin{pmatrix}\Psi_1\\\Psi_2\end{pmatrix}\mathrm{d}\tau=1\tag{4.23}$$

由式 (4.20)、式 (4.21)，可将自旋波函数用下列两行一列矩阵来表示

$$\left.\begin{aligned}\chi_{\frac{1}{2}}&=\begin{pmatrix}1\\0\end{pmatrix}\\[2mm]\chi_{-\frac{1}{2}}&=\begin{pmatrix}0\\1\end{pmatrix}\end{aligned}\right\}\tag{4.24}$$

其共轭矩阵为

$$\left.\begin{array}{l} \chi^+_{\frac{1}{2}} = (1 \quad 0) \\ \chi^+_{-\frac{1}{2}} = (0 \quad 1) \end{array}\right\} \qquad (4.25)$$

正交归一关系为

$$\left.\begin{array}{l} \chi^+_{\frac{1}{2}} \chi_{-\frac{1}{2}} = (1 \quad 0) \begin{pmatrix} 0 \\ 1 \end{pmatrix} = 0 \\ \chi^+_{\frac{1}{2}} \chi_{\frac{1}{2}} = (1 \quad 0) \begin{pmatrix} 1 \\ 0 \end{pmatrix} = 1 \end{array}\right\} \qquad (4.26)$$

当波函数用上述两行一列矩阵表示，则自旋算符应是两行两列矩阵，以便算符作用在波函数上仍得出两行一列的矩阵。

为了使公式的形式和运算过程简洁，引入泡利算符 $\hat{\pmb{\sigma}}$ 以代替 $\hat{\pmb{S}}$，它和 $\hat{\pmb{S}}$ 的关系为

$$\hat{\pmb{S}} = \frac{\hbar}{2} \hat{\pmb{\sigma}} \qquad (4.27a)$$

或

$$\left.\begin{array}{l} \hat{S}_x = \frac{\hbar}{2} \hat{\sigma}_x \\[2mm] \hat{S}_y = \frac{\hbar}{2} \hat{\sigma}_y \\[2mm] \hat{S}_z = \frac{\hbar}{2} \hat{\sigma}_z \end{array}\right\} \qquad (4.27b)$$

由式（4.27a）及式（4.27b）可知，$\hat{\pmb{\sigma}}$ 满足下列关系

$$\hat{\pmb{\sigma}} \times \hat{\pmb{\sigma}} = 2i\hat{\pmb{\sigma}} \qquad (4.28a)$$

或

$$\left.\begin{array}{l} [\hat{\sigma}_x, \hat{\sigma}_y] = 2i\hat{\sigma}_z \\ [\hat{\sigma}_y, \hat{\sigma}_z] = 2i\hat{\sigma}_x \\ [\hat{\sigma}_z, \hat{\sigma}_x] = 2i\hat{\sigma}_y \end{array}\right\} \qquad (4.28b)$$

由式（4.10）知 $\hat{S}_x$、$\hat{S}_y$、$\hat{S}_z$ 的本征值都是 $\pm\frac{\hbar}{2}$，故 $\hat{\sigma}_x$、$\hat{\sigma}_y$、$\hat{\sigma}_z$ 的本征值都是 ± 1，因而 $\hat{\sigma}_x$、$\hat{\sigma}_y$、$\hat{\sigma}_z$ 的取值只能为 1，即

$$\hat{\sigma}_x^2 = \hat{\sigma}_y^2 = \hat{\sigma}_z^2 = 1 \qquad (4.29)$$

由式（4.28b）及式（4.29）容易得到以下关系

$$\left.\begin{array}{l} \hat{\sigma}_x \hat{\sigma}_y = -\hat{\sigma}_y \hat{\sigma}_x = i\hat{\sigma}_z \\ \hat{\sigma}_y \hat{\sigma}_z = -\hat{\sigma}_z \hat{\sigma}_y = i\hat{\sigma}_x \\ \hat{\sigma}_z \hat{\sigma}_x = -\hat{\sigma}_x \hat{\sigma}_z = i\hat{\sigma}_y \end{array}\right\} \qquad (4.30)$$

泡利算符可表示为以下的矩阵形式

$$\hat{\sigma}_x = \begin{pmatrix} 0 & 1 \\ 1 & 0 \end{pmatrix}, \quad \hat{\sigma}_y = \begin{pmatrix} 0 & -i \\ i & 0 \end{pmatrix}, \quad \hat{\sigma}_z = \begin{pmatrix} 1 & 0 \\ 0 & -1 \end{pmatrix} \tag{4.31}$$

【例 4.1】 求 $\hat{S}_x = \dfrac{\hbar}{2}\begin{pmatrix} 0 & 1 \\ 1 & 0 \end{pmatrix}$ 及 $\hat{S}_y = \dfrac{\hbar}{2}\begin{pmatrix} 0 & -i \\ i & 0 \end{pmatrix}$ 的本征值和所属的本征函数。

解： 设 $\hat{S}_x$ 的本征值为 λ，本征函数 $\chi(s_x) = \begin{pmatrix} a \\ b \end{pmatrix}$，则本征方程

$$\frac{\hbar}{2}\begin{pmatrix} 0 & 1 \\ 1 & 0 \end{pmatrix}\begin{pmatrix} a \\ b \end{pmatrix} = \lambda \begin{pmatrix} a \\ b \end{pmatrix}$$

久期方程

$$\begin{vmatrix} -\lambda & \dfrac{\hbar}{2} \\ \dfrac{\hbar}{2} & -\lambda \end{vmatrix} = 0 \qquad \lambda^2 = \left(\frac{\hbar}{2}\right)^2 \qquad \lambda = \pm\frac{\hbar}{2}$$

当 $\lambda = \dfrac{\hbar}{2}$ 时

$$\frac{\hbar}{2}\begin{pmatrix} 0 & 1 \\ 1 & 0 \end{pmatrix}\begin{pmatrix} a \\ b \end{pmatrix} = \frac{\hbar}{2}\begin{pmatrix} a \\ b \end{pmatrix} \Rightarrow a = b$$

$$\chi_{\frac{1}{2}}(s_x) = a\begin{pmatrix} 1 \\ 1 \end{pmatrix}$$

由归一化条件 $\chi^{+}_{\frac{1}{2}}(s_x)\chi_{\frac{1}{2}}(s_x) = 2|a|^2 = 1 \qquad a = \dfrac{1}{\sqrt{2}}$

$$\chi_{\frac{1}{2}}(s_x) = \frac{1}{\sqrt{2}}\begin{pmatrix} 1 \\ 1 \end{pmatrix}$$

当 $\lambda = -\dfrac{\hbar}{2}$ 时，$\dfrac{\hbar}{2}\begin{pmatrix} 0 & 1 \\ 1 & 0 \end{pmatrix}\begin{pmatrix} a \\ b \end{pmatrix} = -\dfrac{\hbar}{2}\begin{pmatrix} a \\ b \end{pmatrix} \Rightarrow b = -a$

由归一化条件求得

$$a = \frac{1}{\sqrt{2}}$$

$$\chi_{-\frac{1}{2}}(s_x) = \frac{1}{\sqrt{2}}\begin{pmatrix} 1 \\ -1 \end{pmatrix}$$

又设 $\hat{S}_y$ 的本征值为 λ'，本征函数 $\chi(s_y) = \begin{pmatrix} c \\ d \end{pmatrix}$，本征方程

$$\frac{\hbar}{2}\begin{pmatrix} 0 & -i \\ i & 0 \end{pmatrix}\begin{pmatrix} c \\ d \end{pmatrix} = \lambda'\begin{pmatrix} c \\ d \end{pmatrix}$$

久期方程

$$\begin{vmatrix} -\lambda' & -\dfrac{i\hbar}{2} \\ \dfrac{i\hbar}{2} & -\lambda' \end{vmatrix} = 0 \qquad \lambda' = \pm \dfrac{\hbar}{2}$$

当 $\lambda' = \dfrac{\hbar}{2}$

$$\frac{\hbar}{2}\begin{pmatrix} 0 & -i \\ i & 0 \end{pmatrix}\begin{pmatrix} c \\ d \end{pmatrix} = \frac{\hbar}{2}\begin{pmatrix} c \\ d \end{pmatrix} \Rightarrow d = ic$$

$$\chi_{\frac{1}{2}}(s_y) = d\begin{pmatrix} 1 \\ i \end{pmatrix}$$

由归一化条件，$\chi_{\frac{1}{2}}^{+}(s_y)\chi_{\frac{1}{2}}(s_y) = 1$，求得：$d = \dfrac{1}{\sqrt{2}}$

$$\chi_{\frac{1}{2}}(s_y) = \frac{1}{\sqrt{2}}\begin{pmatrix} 1 \\ i \end{pmatrix}$$

当 $\lambda' = -\dfrac{\hbar}{2}$，同理求得 $\chi_{-\frac{1}{2}}(s_y) = \dfrac{1}{\sqrt{2}}\begin{pmatrix} 1 \\ -i \end{pmatrix}$

【例 4.2】 在自旋态下 $\chi_{\frac{1}{2}}(s_z) = \begin{bmatrix} 1 \\ 0 \end{bmatrix}$，求 $\overline{\Delta s_x^2}$ 和 $\overline{\Delta s_y^2}$。

解：$\overline{\Delta s_x^2}$ 是 $\hat{s}_x^2$ 的均方偏差

$$\overline{\Delta s_x^2} = \overline{s_x^2} - (\overline{s_x})^2$$

$\overline{\Delta s_y^2}$ 是 $\hat{s}_y^2$ 的均方偏差

$$\overline{\Delta s_y^2} = \overline{s_y^2} - (\overline{s_y})^2$$

$$\overline{(\Delta S_x)^2} = \langle S_x^2 \rangle - \langle S_x \rangle^2$$

在 $\hat{S}_z$ 表象中 $\chi_{\frac{1}{2}}(S_z)$、$\hat{S}_x$、$\hat{S}_y$ 的矩阵表示分别为

$$\chi_{\frac{1}{2}}(S_z) = \begin{pmatrix} 1 \\ 0 \end{pmatrix}, \quad \hat{\boldsymbol{S}}_x = \frac{\hbar}{2}\begin{pmatrix} 0 & 1 \\ 1 & 0 \end{pmatrix}, \quad \hat{\boldsymbol{S}}_y = \frac{\hbar}{2}\begin{pmatrix} 0 & -i \\ i & 0 \end{pmatrix}$$

在 $\chi_{\frac{1}{2}}(S_z)$ 态中：

$$\overline{S_x} = \chi_{\frac{1}{2}}^{+} S_x \chi_{\frac{1}{2}} = (1 \quad 0)\frac{\hbar}{2}\begin{pmatrix} 0 & 1 \\ 1 & 0 \end{pmatrix}\begin{pmatrix} 1 \\ 0 \end{pmatrix} = 0$$

$$\overline{S_x^2} = \chi_{\frac{1}{2}}^{+} \hat{S}_x^2 \chi_{\frac{1}{2}} = (1 \quad 0)\frac{\hbar}{2}\begin{pmatrix} 0 & 1 \\ 1 & 0 \end{pmatrix}\frac{\hbar}{2}\begin{pmatrix} 0 & 1 \\ 1 & 0 \end{pmatrix}\begin{pmatrix} 1 \\ 0 \end{pmatrix} = \frac{\hbar^2}{4}$$

所以：$\overline{(\Delta S_x)^2} = \overline{S_x^2} - \overline{S_x}^2 = \dfrac{\hbar^2}{4}$

$$\overline{S_y} = \chi_{\frac{1}{2}}^{+} \hat{S}_y \chi_{\frac{1}{2}} = (1 \quad 0) \dfrac{\hbar}{2} \begin{pmatrix} 0 & -i \\ i & 0 \end{pmatrix} \begin{pmatrix} 1 \\ 0 \end{pmatrix} = 0$$

$$\overline{S_y^2} = \chi_{\frac{1}{2}}^{+} \hat{S}_y^2 \chi_{\frac{1}{2}} = (1 \quad 0) \dfrac{\hbar}{2} \begin{pmatrix} 0 & -i \\ i & 0 \end{pmatrix} \dfrac{\hbar}{2} \begin{pmatrix} 0 & -i \\ i & 0 \end{pmatrix} \begin{pmatrix} 1 \\ 0 \end{pmatrix} = \dfrac{\hbar^2}{4}$$

那么：$\overline{(\Delta S_y)^2} = \overline{S_y^2} - \overline{S_y}^2 = \dfrac{\hbar^2}{4}$

4.3 全同粒子

4.3.1 全同粒子定义及特性

自然界中存在不同种类的粒子，如电子、质子、中子、光子、π 介子 等。它们可以是基本粒子，也可以是由基本粒子构成的复合粒子（如 α 粒子）。以电子为例，不管其来源如何，根据实验测定，每个电子的静止质量均为 $m_e = 9.109534 \times 10^{-31}\text{kg}$，电荷为 $-e$（$e = 1.6021892 \times 10^{-19}\text{C}$），自旋为 $\hbar/2$。每一种粒子各自具有特定的内禀属性，包括静质量、电荷、自旋、磁矩、寿命等。量子力学中把属于同一类的具有完全相同的内禀属性的粒子称为全同粒子。例如所有的电子是全同粒子，所有的质子也是全同粒子。

在全同粒子组成的体系中，两全同粒子相互代换不引起物理状态的改变。也就是说，假如交换体系中任意两个粒子（第 i 个和第 j 个）的运动状况，因为实行交换的粒子是全同的，外界"观测者"的观测结果显然不会受到任何影响，所以必须认为粒子 i 和 j 实行交换后体系仍处于同一运动状态。这个论断被称为**全同性原理**，它是量子力学的基本原理。

在经典力学中，可以从粒子运动的不同轨道来区分不同的粒子。而在量子力学中，由于波粒二象性，随着时间的变化，波在传播过程中总会出现重叠，因此全同粒子在量子力学中是不可区分的。由全同性原理可以推知，全同粒子组成体系的哈密顿算符具有交换对称性。

4.3.2 全同粒子体系的波函数特征——对称和反对称

微观全同粒子的不可区分性，对全同粒子的波函数提出了一个严格的要求，为了讨论方便，我们讨论两个粒子组成的体系，以 q_1 表示第一个粒子的坐标 r_1 和自旋 s_1、q_2 表示第二个粒子的坐标 r_2 和自旋 s_2。体系的哈密顿算符为

$$\hat{H}(q_1,q_2,t) = -\dfrac{\hbar^2}{2\mu}\nabla_1^2 - \dfrac{\hbar^2}{2\mu}\nabla_2^2 + U(q_1,t)$$
$$+ U(q_2,t) + W(q_1,q_2,t) \tag{4.32}$$

式中，$U(q_1,t)$、$U(q_2,t)$ 分别表示第一粒子和第二粒子在外场中的势能，$W(q_1,q_2,t)$ 表示两个粒子之间的相互作用能。由式（4.32）可见，将两个粒子互相调换后，体系的哈密顿算符保持不变

$$\hat{H}(q_1,q_2,t)=\hat{H}(q_2,q_1,t) \tag{4.33}$$

体系的薛定谔方程

$$i\hbar\frac{\partial}{\partial t}\Phi(q_1,q_2,t)=\hat{H}(q_1,q_2,t)\Phi(q_1,q_2,t) \tag{4.34}$$

在方程两边，将 q_1、q_2 相互调换，得

$$i\hbar\frac{\partial}{\partial t}\Phi(q_2,q_1,t)=\hat{H}(q_2,q_1,t)\Phi(q_2,q_1,t)$$
$$=\hat{H}(q_1,q_2,t)\Phi(q_2,q_1,t) \tag{4.35}$$

这表示如果波函数 $\Phi(q_1,q_2,t)$ 是体系薛定谔方程的解，则在这波函数中将 1 和 2 粒子互换后得出的新函数 $\Phi(q_2,q_1,t)$ 也是这个方程的解。

根据全同性原理，$\Phi(q_1,q_2,t)$ 和 $\Phi(q_2,q_1,t)$ 所描述的是同一个状态，因而它们之间只能相差一常数因子，以 λ 表示这常数因子，则

$$\Phi(q_1,q_2,t)=\lambda\Phi(q_2,q_1,t) \tag{4.36}$$

在等式两边将 q_1 和 q_2 互换，则有

$$\Phi(q_2,q_1,t)=\lambda\Phi(q_1,q_2,t) \tag{4.37}$$

将上式代入式（4.36）右边，则有

$$\Phi(q_1,q_2,t)=\lambda^2\Phi(q_1,q_2,t) \tag{4.38}$$

所以 $\lambda^2=1$，即 $\lambda=\pm1$，这样就得到

$$\Phi(q_1,q_2,t)=\pm\Phi(q_2,q_1,t) \tag{4.39}$$

上式取正号时，两粒子互换后波函数不变，Φ 是对称波函数，我们以 Φ_s 表示，即

$$\Phi_s(q_1,q_2,t)=+\Phi_s(q_2,q_1,t) \tag{4.40}$$

式（4.40）取负号时，两粒子互换后波函数变号，Φ 是反对称波函数，我们用 Φ_A 来表示，即

$$\Phi_A(q_1,q_2,t)=-\Phi_A(q_2,q_1,t) \tag{4.41}$$

上面的讨论对两个以上全同粒子的体系同样成立，这时式（4.39）应改为

$$\Phi(q_1,q_2,\cdots,q_i,q_j,\cdots,p_N,t)$$
$$=\pm\Phi(q_1,q_2,\cdots,q_j,q_i,\cdots,p_N,t) \tag{4.42}$$

由此得出结论：描述全同粒子的波函数只能是对称的或反对称的，它们的对称性不随时间改变。

4.3.3 费米子和玻色子

① 自旋为 $\hbar/2$ 的奇数倍的粒子（如电子、质子、中子等 $S=\dfrac{\hbar}{2}$），遵从费米-狄拉克统计，称为费米子，由费米子组成的全同粒子体系的波函数是反对称的。

② 自旋为零或为 $\hbar$ 的整数倍的粒子（如 π 介子 $S=0$，光子 $S=\hbar$），遵从玻色-爱因斯坦统计，称为玻色子，由玻色子组成全同粒子体系的波函数是对称的。

基本粒子中所有的物质粒子都是费米子，是构成物质的原材料（如轻子中的电子、组成质子和中子的夸克、中微子）；而传递作用力的粒子（光子、介、胶、W 和 Z 玻色子）都是玻色子。所谓玻色-爱因斯坦凝聚，是科学巨匠爱因斯坦预言的一种新物态。这里的"凝聚"与日常生活中的凝聚不同，它表示原来不同状态的原子突然"凝聚"到同一状态。玻色-爱因斯坦凝聚态物质为成千上万个具有单一量子态的超冷粒子的集合，其行为像一个超级大原子，由玻色子构成。这一物质形态具有的奇特性质，在芯片技术、精密测量和纳米技术等领域都有美好的应用前景。

由于没有任何两个费米子能拥有相同的量子态，费米子的凝聚一直被认为不可能实现。物理学家找到了一个克服以上障碍的方法，他们将费米子成对转变成玻色子。费米子对起到了玻色子的作用，所以可让气体突然冷凝至玻色-爱因斯坦凝聚态。这一研究为创造费米子凝聚态铺平了道路。

4.4 全同粒子体系的波函数构建——泡利原理

下面我们首先讨论在不考虑粒子间相互作用时，两个全同粒子组成体系的波函数的对称性问题，然后推广到 N 个全同粒子体系中去。

4.4.1 两个全同粒子体系

在不考虑粒子间相互作用时，设两个全同粒子，分别处于 i 态、j 态，若哈密顿算符不显含时间，则单粒子的本征值方程为

$$\left.\begin{array}{l} \hat{H}_0(q_1)\varphi_i(q_1)=\in_i\varphi_i(q_1) \\ \hat{H}_0(q_2)\varphi_j(q_2)=\in_j\varphi_j(q_2) \end{array}\right\} \tag{4.43}$$

式中，$\in_i$、$\in_j$ 分别表示对应于 i、j 态的能量，体系的哈密顿算符

$$\hat{H}=\hat{H}_0(q_1)+\hat{H}_0(q_2) \tag{4.44}$$

体系的能量为

$$E=\in_i+\in_j \tag{4.45}$$

波函数为

$$\Phi(q_1,q_2)=\varphi_i(q_1)\varphi_j(q_2) \tag{4.46}$$

满足下列本征值方程：

$$\hat{H}\Phi(q_1,q_2)=E\Phi(q_1,q_2) \tag{4.47}$$

交换两粒子坐标，则有

$$\Phi(q_2,q_1)=\varphi_j(q_1)\varphi_i(q_2) \tag{4.48}$$

同样有

$$\hat{H}\Phi(q_2,q_1)=E\Phi(q_2,q_1) \tag{4.49}$$

可见 $\Phi(q_1,q_2)$ 和 $\Phi(q_2,q_1)$ 都是 $\hat{H}$ 的本征函数，本征值都是 $E=\in_i+\in_j$，这表示体系的能量本征值 E 是简并的，这种简并由于波函数中交换 q_1，q_2 后得出，故称交换简并。

当两个粒子所处的状态相同，即 $i=j$，则式（4.46）和式（4.48）是同一对称波函数，当两粒子所处状态不同，即 $i\ne j$，式（4.46）和式（4.48）既不是对称波函数，又不是反对称波函数，不满足全同粒子体系波函数的要求，但可以把它们组合成对称波函数 Φ_s 或反对称波函数 Φ_A：

$$\left.\begin{array}{l} \Phi_s(q_1,q_2)=C[\Phi_s(q_1,q_2)+\Phi_s(q_2,q_1)] \\ \Phi_A(q_1,q_2)=C'[\Phi_s(q_1,q_2)+\Phi_s(q_2,q_1)] \end{array}\right\} \tag{4.50}$$

容易证明，归一化常数 $C=C'=\dfrac{1}{\sqrt{2}}$，显然 Φ_s，Φ_A 都是 $\hat{H}$ 的本征函数，并且都属于本征值 $E=\in_i+\in_j$。

这样，归一化的对称波函数和反对称波函数为：

$$\begin{aligned} \Phi_s(q_1,q_2)&=\frac{1}{\sqrt{2}}[\Phi(q_1,q_2)+\Phi(q_2,q_1)] \\ &=\frac{1}{\sqrt{2}}[\varphi_i(q_1)\varphi_j(q_2)+\varphi_j(q_1)\varphi_i(q_2)] \end{aligned} \tag{4.51}$$

$$\begin{aligned} \Phi_A(q_1,q_2)&=\frac{1}{\sqrt{2}}[\Phi(q_1,q_2)-\Phi(q_2,q_1)] \\ &=\frac{1}{\sqrt{2}}[\varphi_i(q_1)\varphi_j(q_2)-\varphi_j(q_1)\varphi_i(q_2)] \end{aligned} \tag{4.52}$$

反对称波函数可写成行列式形式

$$\Phi_A(q_1,q_2)=\frac{1}{\sqrt{2}}\begin{vmatrix} \varphi_i(q_1) & \varphi_i(q_2) \\ \varphi_j(q_1) & \varphi_j(q_2) \end{vmatrix} \tag{4.53}$$

对两个玻色子系统的波函数取式（4.51），两个费米子系统的波函数取式（4.52）或式（4.53）。当 $i=j$，即两粒子状态相同时，就得到 $\Phi_A=0$，即体系中不能有两个费米子处于同一状态，这是泡利不相容原理在两个粒子组成体系中的表述。

4.4.2　N 个全同粒子体系

把上述结论推广到含 N 个全同粒子的体系，设粒子相互作用可以忽略，单粒子的哈密顿算符 $\hat{H}_0$ 不显含时间，则有

$$\left.\begin{array}{l}\hat{H}_0(q_1)\varphi_i(q_1)=\in_i\varphi_i(q_1)\\\hat{H}_0(q_2)\varphi_j(q_2)=\in_j\varphi_j(q_2)\\\cdots\cdots\end{array}\right\} \qquad (4.54)$$

体系薛定谔方程

$$\hat{H}\Phi=E\Phi \qquad (4.55)$$

的解是

$$E=\in_i+\in_j=\cdots\in_N \qquad (4.56)$$

$$\Phi(q_1,q_2,\cdots,q_N)=\varphi_i(q_1)\varphi_j(q_2)\cdots\varphi_k(q_N) \qquad (4.57)$$

由此可见：由无相互作用的全同粒子所组成的体系的哈密顿算符其本征函数等于各单粒子哈密顿算符本征函数之积，本征能量则等于各粒子本征能量之和。这样，解多粒子体系薛定谔方程式（4.55）的问题，就归结为解单粒子薛定谔方程式（4.54）。

对 N 个玻色子组成的全同粒子体系，对称波函数为

$$\Phi_s(q_1,q_2,\cdots,q_N)=\frac{1}{\sqrt{N!}}\{\varphi_i(q_1)\varphi_j(q_2)\cdots\varphi_k(q_N)+\varphi_i(q_2)\varphi_j(q_1)\cdots\varphi_k(q_N)+\cdots\}$$

$$(4.58)$$

式中将 N 个粒子坐标互换的数目是 $N!$ 个，故括号内共有 $N!$ 项之和，因此，当 Φ_s 归一化时，前面归一化常数为 $\frac{1}{\sqrt{N!}}$。由式（4.58）可见，Φ_s 是对称的，任两粒子交换不改变符号。

对 N 个费米子组成的全同粒子体系，反对称波函数为

$$\Phi_A(q_1,q_2,\cdots,q_N)=\frac{1}{\sqrt{N!}}\begin{vmatrix}\varphi_i(q_1) & \varphi_i(q_2)\cdots\varphi_i(q_N)\\\varphi_j(q_1) & \varphi_j(q_2)\cdots\varphi_j(q_N)\\\cdots & \cdots\quad\cdots\\\varphi_k(q_1) & \varphi_k(q_2)\cdots\varphi_k(q_N)\end{vmatrix} \qquad (4.59)$$

当两个粒子交换时，相当于在行列式中两列互相调换，这使行列式改变符号，所以上式是反对称的。

如果 N 个单粒子态 $\varphi_i,\varphi_j,\cdots,\varphi_k$ 中有两个单粒子处于同一状态，则行列式（4.59）中有两行相同，因而 $\Phi_A=0$，这表明不能有两个以上的费米子处于同一状态。这结果称为泡利不相容原理。

如果忽略自旋与轨道相互作用，则体系的波函数可以写成坐标函数与自旋函数之积

$$\Phi(q_1,q_2,\cdots,q_N)=\varphi(r_1,r_2,\cdots,r_N)X(s_1,s_2,\cdots,s_N)$$

如果是费米子系统，则 Φ 是反对称的，在两粒子的情况下，这条件可由下面两种方式来满足：

$$\left.\begin{array}{l}\textcircled{1}\Phi_A(q_1,q_2)=\phi_s(r_1,r_2)X_A(s_1,s_2)\\\textcircled{2}\Phi_A(q_1,q_2)=\phi_A(r_1,r_2)X_s(s_1,s_2)\end{array}\right\} \qquad (4.60)$$

在第一种情况下，ϕ_s 是对称的，X_A 是反对称的；在第二种情况下，ϕ_A 是反对称的，X_s 是对称的，因而 Φ_A 是一对称函数与一反对称函数相乘，所得的积总是反对称的。

【例4.3】 写出基态锂原子的（所有可能的）斯莱特（Slater）行列式。已知：Li $(1s^2 2s^1)$。

解： 设 α 为电子自旋向上的态，β 为电子自旋向下的态，则

$$\Psi_{(1,2,3)} = \frac{1}{\sqrt{3!}} \begin{vmatrix} 1s(1)\alpha(1) & 1s(2)\alpha(2) & 1s(3)\alpha(3) \\ 1s(1)\beta(1) & 1s(2)\beta(2) & 1s(3)\beta(3) \\ 2s(1)\alpha(1) & 2s(2)\alpha(2) & 2s(3)\alpha(3) \end{vmatrix}$$

$$\Psi_{(1,2,3)} = \frac{1}{\sqrt{3!}} \begin{vmatrix} 1s(1)\alpha(1) & 1s(2)\alpha(2) & 1s(3)\alpha(3) \\ 1s(1)\beta(1) & 1s(2)\beta(2) & 1s(3)\beta(3) \\ 2s(1)\beta(1) & 2s(2)\beta(2) & 2s(3)\beta(3) \end{vmatrix}$$

【例4.4】 一体系由三个全同的玻色子组成，玻色子之间无相互作用。玻色子只有两个可能的单粒子态。问体系可能的状态有几个？它们的波函数怎样用单粒子波函数构成？

解： 体系的哈密顿算符：

$$\hat{H} = \hat{H}^{(0)}(q_1) + \hat{H}^{(0)}(q_2) + \hat{H}^{(0)}(q_3)$$

本征方程 $\hat{H}\phi[q_1,q_2,q_3] = E\phi(q_1,q_2,q_3)$ (1)

设两个可能的单粒子态为 φ_i、φ_j，$\hat{H}^{(0)} \varphi_i = \varepsilon_i \varphi_i$，$\hat{H}^{(0)} \varphi_j = \varepsilon_j \varphi_j$

体系的可能能级和方程（1）属于这些可能能级的本征函数

$E_1 = \varepsilon_i + \varepsilon_i + \varepsilon_i$ $\phi_1(q_1 q_2 q_3) = \varphi_i(q_1)\varphi_i(q_2)\varphi_i(q_3)$

$E_2 = \varepsilon_j + \varepsilon_j + \varepsilon_j$ $\phi_2(q_1 q_2 q_3) = \varphi_j(q_1)\varphi_j(q_2)\varphi_j(q_3)$

$E_3 = \varepsilon_i + \varepsilon_i + \varepsilon_j$ $\phi_{31}(q_1 q_2 q_3) = \varphi_i(q_1)\varphi_i(q_2)\varphi_j(q_3)$

                           $\phi_{32}(q_1 q_2 q_3) = \varphi_i(q_1)\varphi_i(q_3)\varphi_j(q_2)$

                           $\phi_{33}(q_1 q_2 q_3) = \varphi_i(q_3)\varphi_i(q_2)\varphi_j(q_1)$

$E_4 = \varepsilon_i + \varepsilon_j + \varepsilon_j$ $\phi_{41}(q_1 q_2 q_3) = \varphi_i(q_1)\varphi_j(q_2)\varphi_j(q_3)$

                           $\phi_{42}(q_1 q_2 q_3) = \varphi_i(q_2)\varphi_j(q_1)\varphi_j(q_3)$

                           $\phi_{43}(q_1 q_2 q_3) = \varphi_i(q_3)\varphi_j(q_1)\varphi_j(q_2)$

由上可知，体系的可能状态有 4 个，它的波函数分别为

$$\Phi_1 = (q_1 q_2 q_3) = \varphi_i(q_1)\varphi_i(q_2)\varphi_i(q_3)$$

$$\Phi_2(q_1 q_2 q_3) = \varphi_j(q_1)\varphi_j(q_2)\varphi_j(q_3)$$

$$\Phi_3(q_1 q_2 q_3) = \frac{1}{\sqrt{3}}[\varphi_i(q_1)\varphi_i(q_2)\varphi_j(q_3) + \varphi_i(q_1)\varphi_i(q_3)\varphi_j(q_2) + \varphi_i(q_2)\varphi_i(q_3)\varphi_j(q_1)]$$

$$\Phi_4(q_1 q_2 q_3) = \frac{1}{\sqrt{3}}[\varphi_i(q_1)\varphi_j(q_2)\varphi_j(q_3) + \varphi_i(q_2)\varphi_j(q_1)\varphi_j(q_3) + \varphi_i(q_3)\varphi_j(q_1)\varphi_j(q_2)]$$

4.5 两个电子体系的自旋状态描述

两个电子的自旋波函数具有典型性，在后面讨论氦原子和氢分子等问题中都要用到。

4.5.1 两个电子的自旋波函数

在体系的哈密顿算符不含电子自旋相互作用项时，我们可以把两电子的自旋波函数 $\chi(s_{1z}, s_{2z})$ 写成每个电子自旋波函数之积

$$\chi(s_{1z}, s_{2z}) = \chi(s_{1z})\chi(s_{2z}) \qquad \left(m_{s1}, m_{s2} = \pm \frac{1}{2}\right) \tag{4.61}$$

对于某一特定方向（外场），每一电子均有两个可能的自旋投影，因此两个电子自旋投影的相对取向有下面四种可能性，各自相当于下列四种函数

$$\left.\begin{array}{ll}
\chi_{\frac{1}{2}}(s_{1z})\chi_{\frac{1}{2}}(s_{2z}) & \uparrow\ \uparrow \\
\chi_{-\frac{1}{2}}(s_{1z})\chi_{-\frac{1}{2}}(s_{2z}) & \downarrow\ \downarrow \\
\chi_{\frac{1}{2}}(s_{1z})\chi_{-\frac{1}{2}}(s_{2z}) & \uparrow\ \downarrow \\
\chi_{-\frac{1}{2}}(s_{1z})\chi_{\frac{1}{2}}(s_{2z}) & \downarrow\ \uparrow
\end{array}\right\} \tag{4.62}$$

由此可以组成对称的或反对称的自旋函数共有四种

$$\left.\begin{array}{l}
\chi_s^{(1)} = \chi_{\frac{1}{2}}(s_{1z})\chi_{\frac{1}{2}}(s_{2z}) \\[2mm]
\chi_s^{(2)} = \chi_{-\frac{1}{2}}(s_{1z})\chi_{-\frac{1}{2}}(s_{2z}) \\[2mm]
\chi_s^{(3)} = \frac{1}{\sqrt{2}}\left[\chi_{\frac{1}{2}}(s_{1z})\chi_{-\frac{1}{2}}(s_{2z}) + \chi_{\frac{1}{2}}(s_{2z})\chi_{-\frac{1}{2}}(s_{1z})\right] \\[2mm]
\chi_A = \frac{1}{\sqrt{2}}\left[\chi_{\frac{1}{2}}(s_{1z})\chi_{-\frac{1}{2}}(s_{2z}) - \chi_{\frac{1}{2}}(s_{2z})\chi_{-\frac{1}{2}}(s_{1z})\right]
\end{array}\right\} \tag{4.63}$$

4.5.2 $\hat{S}^2$，$\hat{S}_z$ 在四个态中的本征值

总自旋角动量平方算符

$$\hat{S}^2 = (\hat{S}_1 + \hat{S}_2)^2 = \hat{S}_1^2 + \hat{S}_2^2 + 2(\hat{S}_{1x}\hat{S}_{2x} + \hat{S}_{1y}\hat{S}_{2y} + \hat{S}_{1z}\hat{S}_{2z})$$

$$= \frac{3}{2}\hbar^2 + 2(\hat{S}_{1x}\hat{S}_{2x} + \hat{S}_{1y}\hat{S}_{2y} + \hat{S}_{1z}\hat{S}_{1z})$$

上式中利用了 $S_1^2 = S_2^2 = \frac{3}{4}\hbar^2$。

$$\hat{S}_x = \frac{\hbar}{2}\begin{pmatrix} 0 & 1 \\ 1 & 0 \end{pmatrix}$$

$$\hat{S}_y = \frac{\hbar}{2}\begin{pmatrix} 0 & -i \\ i & 0 \end{pmatrix} \qquad (4.64)$$

$$\hat{S}_z = \frac{\hbar}{2}\begin{pmatrix} 1 & 0 \\ 0 & -1 \end{pmatrix}$$

$$\chi_{\frac{1}{2}} = \begin{pmatrix} 1 \\ 0 \end{pmatrix}$$

$$\chi_{-\frac{1}{2}} = \begin{pmatrix} 0 \\ 1 \end{pmatrix} \qquad (4.65)$$

容易求得

$$\hat{S}_x\chi_{\frac{1}{2}} = \frac{\hbar}{2}\chi_{-\frac{1}{2}} \qquad \hat{S}_x\chi_{-\frac{1}{2}} = \frac{\hbar}{2}\chi_{-\frac{1}{2}}$$

$$\hat{S}_y\chi_{\frac{1}{2}} = \frac{i\hbar}{2}\chi_{-\frac{1}{2}} \qquad \hat{S}_x\chi_{-\frac{1}{2}} = \frac{i\hbar}{2}\chi_{-\frac{1}{2}} \qquad (4.66)$$

$$\hat{S}_z\chi_{\frac{1}{2}} = \frac{\hbar}{2}\chi_{-\frac{1}{2}} \qquad \hat{S}_z\chi_{-\frac{1}{2}} = -\frac{\hbar}{2}\chi_{-\frac{1}{2}}$$

利用式（4.64）、式（4.66），可求得 $\hat{S}^2$、$\hat{S}_z$ 在 $\chi_s^{(1)}$、$\chi_s^{(2)}$、$\chi_s^{(3)}$、χ_A 中的本征值，例如：

$$\hat{S}^2\chi_s^{(1)} = \frac{3}{2}\hbar^2\chi_s^{(1)} + 2\left[\hat{S}_{1x}\chi_{\frac{1}{2}}(s_{1z})\hat{S}_{2x}\chi_{\frac{1}{2}}(s_{2z})\right]$$

$$+ \hat{S}_{1y}\chi_{\frac{1}{2}}(_{1z})\hat{S}_{2y}\chi_{\frac{1}{2}}(s_{2z})$$

$$+ \hat{S}_{1z}\chi_{\frac{1}{2}}(s_{1z})\hat{S}_{2z}\chi_{\frac{1}{2}}(s_{2z})$$

$$= \frac{3}{2}\hbar^2\chi_s^{(1)} + 2\times\frac{\hbar^2}{4}\chi_s^{(1)}$$

$$= 2\hbar^2\chi_s^{(1)}$$

$$\hat{S}_z\chi_s^{(1)} = \hat{S}_{1z}\chi_{\frac{1}{2}}(s_{1z})\chi_{\frac{1}{2}}(s_{2z}) + S_{\frac{1}{2}}(s_{1z})\hat{S}_{2z}\chi_{\frac{1}{2}}(s_{2z})$$

$$= \frac{\hbar}{2}\chi_{\frac{1}{2}}(s_{1z})\chi_{\frac{1}{2}}(s_{2z}) + \frac{\hbar}{2}\chi_{\frac{1}{2}}(s_{1z})\chi_{\frac{1}{2}}(s_{2z}) = \hbar\chi_s^{(1)}$$

由上面两式可知：$\hat{S}^2$ 在 $\chi_s^{(1)}$ 中的本征值 $S^2 = s(s+1)\hbar^2 = 2\hbar^2$，两个电子总自旋量子数 $s=1$；$\hat{S}_z$ 在 $\chi_s^{(1)}$ 中的本征值 $S_z = m_s\hbar = \hbar$，总自旋磁量子数 $m_s = +1$。

同理，可求得 $\hat{S}^2$、$\hat{S}_z$ 在 $\chi_s^{(2)}$、$\chi_s^{(3)}$ 及 χ_A 态中的本征值，表 4.1 列出 $\hat{S}^2$、$\hat{S}_z$ 在 $\chi_s^{(2)}$、$\chi_s^{(3)}\chi_A$ 态的本征值 S^2 和 S_z，以及总自旋量子数 s、总自旋磁量子数 m_s。

由表 4.1 可见，$s=1$ 时，总自旋矢量在空间可以有三种取向，对应于 $m_s = +1$，-1，0，因此 $s=1$ 的态或形象地说成两电子自旋平行的态，其能级是三重简并的，称为自旋三重态，它们对于两个电子交换是对称的。$s=0$ 的态或两电子自旋反平行的态称为独态，它对于两个电子的交换是反对称的，图 4.2 表示两电子自旋角动量，有助于形象地理解三重态和独态。

表 4.1 两电子体系的自旋状态

$\hat{S}^2$、$\hat{S}_z$ 的共同本征函数	S^2	s	S_z	m_s	电子自旋取向
$\chi_s^{(1)}$	$2\hbar^2$	1	$\hbar$	$+1$	两电子自旋 z 分量沿 $+z$ 方向
$\chi_s^{(2)}$	$2\hbar^2$	1	$-\hbar$	-1	两电子自旋 z 分量沿 $-z$ 方向
$\chi_s^{(3)}$	$2\hbar^2$	1	0	0	两电子自旋 z 分量反平行，垂直 z 轴分量平行
χ_A	0	0	0	0	两电子自旋反平行（独态）

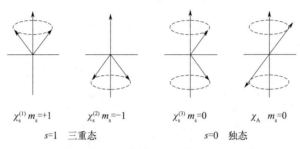

$\chi_s^{(1)}\ m_s=+1$ $\chi_s^{(2)}\ m_s=-1$ $\chi_s^{(3)}\ m_s=0$ $\chi_A\ m_s=0$

$s=1$ 三重态 $s=0$ 独态

图 4.2 两电子自旋角动量的组合

【例 4.5】 考虑两个电子组成的系统。它们空间部分波函数在交换电子空间部分坐标时可以是对称的或是反对称的。由于电子是费米子，整体波函数在交换全部坐标变量（包括空间部分和自旋部分）时必须是反对称的。

① 假设空间部分波函数是反对称的，求对应自旋部分波函数。总自旋算符定义为 $\hat{S}=\hat{s}_1+\hat{s}_2$。求 S^2 和 S_z 的本征值；

② 假设空间部分波函数是对称的，求对应自旋部分波函数，S^2 和 S_z 的本征值；

③ 假设两电子系统哈密顿量为 $H=Js_1\cdot s_2$，分别针对①、②两种情形，求系统的能量。

解： ① 自旋三重态空间部分波函数是反对称的，自旋部分应对称。

$$\chi_s=\begin{cases} \uparrow\ \uparrow \\ \downarrow\ \downarrow \\ \dfrac{1}{\sqrt{2}}(\uparrow\ \downarrow+\downarrow\ \uparrow) \end{cases}$$

对应总自旋平方 S^2 本征值为 $2\hbar^2$。

对应总自旋第三分量 S_z 本征值分别为 $\hbar$，$-\hbar$，0。

② 自旋单态

空间部分波函数是对称的，自旋部分应反对称：

$$\chi_A=\frac{1}{\sqrt{2}}(\uparrow\ \downarrow-\downarrow\ \uparrow)$$

对应总自旋平方 $\hat{S}^2$ 本征值为 0。

对应总自旋第三分量 $\hat{S}_z$ 本征值为 0。

③ 哈密顿量：$H = J\mathbf{s}_1 \cdot \mathbf{s}_2$，利用 $\mathbf{s}_1 \cdot \mathbf{s}_2 = \dfrac{S^2 - {s_1}^2 - {s_2}^2}{2}$

针对自旋三重态：$\mathbf{s}_1 \cdot \mathbf{s}_2 = \dfrac{2\hbar^2 - 2 \times \frac{3}{4}\hbar^2}{2} = \dfrac{\hbar^2}{4}$，对应能量：$E_T = \dfrac{J}{4}\hbar^2$；

针对自旋单态：$\mathbf{s}_1 \cdot \mathbf{s}_2 = \dfrac{0 - 2 \times \frac{3}{4}\hbar^2}{2} = -\dfrac{3\hbar^2}{4}$，对应能量：$E_S = -\dfrac{3J}{4}\hbar^2$。

4.6 角动量轨道-自旋 (L-S)耦合

在量子力学中，由独立角动量本征态构造出总角动量本征态的过程称为角动量耦合。例如，单个粒子的轨道和自旋会通过自旋-轨道作用相互影响，完整的物理图像必须包括自旋-轨道耦合。或者说，两个具有明确角动量定义的带电粒子会相互作用，这时将两个单粒子角动量耦合为总角动量，是解两粒子体系薛定谔方程的有用步骤。在原子光谱中，原子角动量的耦合非常重要。电子自旋角动量的耦合对于量子化学非常重要。在核壳层模型中也普遍存在角动量耦合。

自旋-轨道耦合（L-S 耦合，L、S 分别代表轨道角动量和自旋角动量），有时非正式地简称为旋轨耦合，是指空间角动量与自旋角动量（内禀角动量）之间的相互作用。简单地说，粒子轨道运动会在其参考系（非惯性系）中产生磁场，该磁场与粒子的轨道角动量的大小与方向有关，而带自旋的粒子本身会因自旋运动而带有磁矩，因而会受到该磁场的作用而导致能级发生位移和分裂。旋轨耦合作用是较弱的磁相互作用。在化学中研究得最多的是电子的旋轨耦合。当每个电子自己的自旋-轨道相互作用比较强烈时，采用 j-j（j 代表总角动量）耦合，原子序数较大的重元素多采用这种耦合方式。

对于轻原子来说，由于旋轨耦合是比较弱的相互作用，因此可以将两个电子的轨道角动量、自旋角动量分别进行耦合，再将它们进行耦合，这种方案被称为 L-S 耦合。L-S 耦合规则：

a.单电子的轨道角动量相加得原子的总轨道角动量。

b.单电子的自旋角动量相加得原子的总自旋角动量。

总轨道角动量和总自旋角动量矢量加和得原子总角动量，用数学式子来表达就是：

$$\left.\begin{array}{l} \mathbf{L} = \sum_i \mathbf{l}_i \\ \mathbf{S} = \sum_i \mathbf{s}_i \end{array}\right\} \mathbf{J} = \mathbf{L} + \mathbf{S} \tag{4.67}$$

总轨道角动量大小

$$|\mathbf{L}| = \sqrt{L(L+1)}\,\hbar \tag{4.68}$$

式中，L 为总轨道角量子数，$L = l_1 + l_2, l_1 + l_2 - 1, \cdots, |l_1 - l_2|$，$l_1$ 和 l_2 为单电子轨道角量子数。

对多电子原子体系，可先计算两个电子的总轨道角动量，再与第三个电子相加和，依此类推得到多电子原子体系的总轨道角动量。

总轨道角动量磁场方向分量

$$L_z = M_L \hbar \tag{4.69}$$

式中，M_L 为总轨道磁量子数，$M_L = \sum_i m_l(i)$，为单电子的轨道磁量子数的加和，$M_L = 0, \pm 1, \pm 2, \cdots, \pm L$（共 $2L+1$ 个值）。

总自旋角动量大小：

$$|\boldsymbol{S}| = \sqrt{S(S+1)} \hbar \tag{4.70}$$

S 为总自旋角量子数，$S = s_1 + s_2, s_1 + s_2 - 1, \cdots, |s_1 - s_2|$，$s_1$、$s_2$ 为单电子的自旋量子数 $1/2$。

总自旋角动量 z 分量 $S_z = M_s \hbar$

$$M_s = \sum_i m_s(i) \tag{4.71}$$

M_s 为总自旋磁量子数，M_s 取值为单电子自旋磁量子数

$$M_s = S, S-1, \cdots, -S \quad (2S+1 \text{ 个})$$

因此原子总角动量的大小为

$$|\boldsymbol{J}| = \sqrt{J(J+1)} \hbar \tag{4.72}$$

J 为总角量子数，$J = L + S, L + S - 1, \cdots, |L - S|$（$L > S$ 时 $2S+1$ 个，$L < S$ 时 $2L+1$ 个）

总角动量 z 分量

$$J_z = M_J \hbar$$

$$M_J \text{ 为总磁量子数}, M_J = J, J-1, \cdots, -J \quad (\text{共 } 2J+1 \text{ 个}) \tag{4.73}$$

角动量的量子数及表达方式见表 4.2。

表 4.2　角动量的量子数及表达方式

单电子	原子	量子数
$\begin{aligned} &\|\boldsymbol{l}\| = \sqrt{l(l+1)} \hbar \\ &l_z = m_l \hbar \\ &\|\boldsymbol{s}\| = \sqrt{s(s+1)} \hbar \\ &s_z = m_{si} \hbar \end{aligned}$	$\begin{aligned} &\boldsymbol{L} = \sum l_i \quad \|\boldsymbol{L}\| = \sqrt{L(L+1)} \hbar \\ &L_z = \sum l_{zi} = M_L \hbar \\ &\boldsymbol{S} = \sum s_i \quad \|\boldsymbol{S}\| = \sqrt{S(S+1)} \hbar \\ &S_z = \sum s_{zi} = M_S \hbar \\ &\boldsymbol{J} = \boldsymbol{L} + \boldsymbol{S} \quad \|\boldsymbol{J}\| = \sqrt{J(J+1)} \hbar \\ &J_z = M_J \hbar \end{aligned}$	$\begin{aligned} &L = l_1 + l_2, l_1 + l_2 - 1, \cdots, \|l_1 - l_2\| \\ &M_L = \sum m_i = 0, \pm 1, \cdots, \pm L \\ &S = s_1 + s_2, s_1 + s_s - 1, \cdots, \|s_1 - s_2\| \\ &M_{Sz} = \sum m_{si} = S, S-1, \cdots, -S \\ &J = L + S, L + S - 1, \cdots, \|L - S\| \\ &J_z = M_J \hbar \end{aligned}$

4.7　原子电子状态的光谱项描述

原子中电子排布方式称为原子的电子组态（configuration），如 $1s^2$、$2s^1 2p^1$。能量最低的电子组态称基组态，其余的为激发态。

多电子原子的电子组态，其整体状态分别用 L 角量子数、S 自旋量子数、J 总量子数和 M_J 总磁量子数四个量子数来描述。标记该能态的量子数称为光谱项符号，是描述多电子原子与分子的量子能态的符号。一般用大写字母 S、P、D、F 等表示多电子原子的角量子数，$L=0,1$, 2,3 等状态，再在左上标表示自旋多重性 $2S+1$，借以表示不同的轨道或能级。在右下标表示总角动量量子数 J 具体数值，这种符号称为"光谱支项"，每个光谱项包含 $2S+1$ 个光谱支项。

在光谱上常把具有总轨道角动量量子数 L，总自旋量子数 S 的一组原子状态称为光谱项，并用如下符号表示：^{2S+1}L。

当 $L=0,1,2,3,\cdots$ 数值时，分别用 S,P,D,F,$\cdots$ 标记。将 $2S+1$ 的数值写在 L 的左上角，自然知道了 $2S+1$，也就知道了 S。在大多数情况下，S 和 L 值对能级的影响较大，J 值对能级影响较小，常常不考虑 J 值。有时需要将 J 值写在 L 的右下角，定义为光谱支项：$^{2S+1}L_J$。对于给定的 J、M_J 所取的数值有 $2J+1$ 个，故每一个光谱支项还包括 $2J+1$ 个状态，当忽略自旋和轨道相互作用时，这些状态均属于同一能级，但当存在外磁场时，总角动量在 z 轴方向有 $2J+1$ 个不同取向，从而分裂成更细的 $2J+1$ 个能级，这就是塞曼效应。$(2S+1)$ 叫光谱的多重性，当 $S=0$、$2S+1=1$，称为单重态；当 $S=1$、$2S+1=3$，称为三重态。例如 1S 叫作单重 S 态，3P 叫作三重 P 态等。

通过以上讨论看出，光谱项反映了原子量子数和原子能级之间的关系。由洪特规则可确定能级最低的谱项。用光谱项语言叙述洪特规则如下。

a.S 最大者能级最低，若 S 相同，则 L 最大者能级最低。这一规律叫作洪特第一规则。

b.若 S 和 L 都相同，则对于半充满前的组态（如 P^1、P^2 或 d^1、d^2、d^3、d^4）导出的光谱支项而言，J 愈小能级愈低；而对于半充满后的组态（如 p^3，p^4，p^5 或 d^5、d^6、d^7、d^8、d^9）导出的光谱支项而言，J 愈大能级愈低。这一规律叫作洪特第二规则。

例如氢原子基态为 $(1s)^1$，因 $l=L=0$，$S=J=1/2$，故基态对应的光谱项和光谱支项为 $2S$，$2S_{1/2}$。

氦原子的基态为 $(1s)^2$，因为 $l_1=l_2=0$，两电子必须自旋相反，使得 $S=0$，所以对应的光谱项为 1S，光谱支项为 $1S_0$（$J=0$）。

对于原子的一个电子组态有几个光谱项或光谱支项时，在写光谱项（或光谱支项）时，通常总是把能量高的谱项放在前面。

【例 4.6】 求 p^1d^1 组态的光谱支项 $^{2S+1}L_J$。

解：

$l_1=1$、$l_2=2$，则 $L=3$、2、1。

$s_1=s_2=\dfrac{1}{2}$，则 $S=1$、0。

$$L=3\begin{cases}S=1 \quad J=4,3,2 \quad ^3P_{4,3,2} \quad 三重态 \\ S=0 \qquad J=3 \qquad ^1P_3 \qquad 单态\end{cases}$$

$$L=2\begin{cases}S=1 \quad J=3,2,1 \quad ^3P_{3,2,1} \\ S=0 \qquad J=2 \qquad ^1P_2\end{cases}$$

$$L=1\begin{cases}S=1 \quad J=2,1,0 \quad ^3P_{2,1,0} \\ S=0 \qquad J=1 \qquad ^1P_1\end{cases}$$

4.8 物质磁性与电子自旋的关系

早在 1820 年，丹麦科学家奥斯特就发现了电流的磁效应，第一次揭示了磁与电存在着联系，从而把电学和磁学联系起来。

为了解释永磁和磁化现象，安培提出了分子电流假说。安培认为，任何物质的分子中都存在着环形电流，称为分子电流，而分子电流相当于一个基元磁体。当物质在宏观上不存在磁性时，这些分子电流做的取向是无规则的，它们对外界所产生的磁效应互相抵消，故使整个物体不显磁性。在外磁场作用下，等效于基元磁体的各个分子电流将倾向于沿外磁场方向取向，而使物体显示磁性。物质的磁性和电子的运动结构有着密切的关系。乌伦贝克与古兹密特最先提出的电子自旋概念，是把电子看成一个带电的小球，他们认为，与地球绕太阳的运动相似，电子一方面绕原子核运转，相应有轨道角动量和轨道磁矩，另一方面又绕本身轴线自转，具有自旋角动量和相应的自旋磁矩。斯特恩-格拉赫从银原子射线实验中所测得的磁矩正是这自旋磁矩。电子绕原子核做圆轨道运转和绕本身的自旋运动都会形成磁性，人们常用磁矩来描述磁性。因此电子具有磁矩，电子磁矩由电子的轨道磁矩和自旋磁矩组成。在晶体中，电子的轨道磁矩受晶格的作用，其方向是变化的，不能形成一个联合磁矩，对外没有磁性作用。因此，物质的磁性不是由电子的轨道磁矩引起，而是主要由自旋磁矩引起。每个电子自旋磁矩的近似值等于一个玻尔磁子。因为原子核比电子重 2000 倍左右，其运动速度仅为电子速度的几千分之一，故原子核的磁矩仅为电子的千分之几，可以忽略不计。

孤立原子的磁矩决定于原子的结构。原子中如果有未被填满的电子壳层，其电子的自旋磁矩未被抵消，原子就具有"永久磁矩"。例如，铁原子的原子序数为 26，共有 26 个电子，在 5 个轨道中除了有一条轨道必须填入 2 个电子（自旋反平行）外，其余 4 个轨道均只有 1 个电子，且这些电子的自旋方向平行，由此总的电子自旋磁矩为 4。可见，物质磁性由原子的排列和电子结构共同决定，可分为以下几类。

（1）抗磁性

当物质放入外磁场中，外磁场使电子轨道改变，感生一个与外磁场方向相反的磁矩，表现为抗磁性。所以抗磁性来源于原子中电子轨道状态的变化。抗磁性物质的抗磁性一般很微弱，磁化率 χ 一般约为 -10^{-5}，为负值。Bi、Cu、Ag、Au 等金属具有这种性质。在外磁场中，这类磁化了的介质内部的磁感应强度小于真空中的磁感应强度 M。抗磁性物质的原子（离子）的磁矩应为零，即不存在永久磁矩。

（2）顺磁性

顺磁性物质的主要特征是，不论外加磁场是否存在，原子内部存在永久磁矩。但在无外加磁场时，由于顺磁物质的原子做无规则的热振动，宏观看来，没有磁性；在外加磁场作用下，每个原子磁矩比较规则地取向，物质显示极弱的磁性。磁化强度与外磁场方向一致，为正，而且严格地与外磁场 H 成正比。顺磁性物质的磁性除了与 H 有关外，还依赖于温度。顺磁性物质的磁化率一般也很小，室温下 H 约为 10^{-5}。一般含有奇数个电子的原子或分子，电子未填满壳层的原子或离子，如过渡元素、稀土元素、钢系元素，还有铝铂等金属，都属于顺磁物质。

顺磁性有其重要的应用，从顺磁物质的顺磁性和顺磁共振可以研究其结构，特别是电子组态结构；利用顺磁物质的绝热去磁效应可以获得约 $1 \sim 10^{-3} \mathrm{K}$ 的超低温度；顺磁微波量子放大器是早期研制和应用的一种超低噪声的微波放大器，促进了激光器的研究和发明，在生命科学中，如血红蛋白和肌红蛋白在未同氧结合时为顺磁性，同氧结合后转变为抗磁性，这两种弱磁性的相互转变反映了生物体内的氧化还原过程，对其磁性研究成为揭示生命现象的一种方法；目前医学上从核磁共振成像技术发展到电子顺磁共振成像技术，可以显示生物体内顺磁物质（如血红蛋白和自由基等）的分布和变化。

（3）铁磁性

对诸如 Fe、Co、Ni 等物质，在室温下磁化率可达 10^{-3} 数量级，称这类物质的磁性为铁磁性。铁磁性物质即使在较弱的磁场内，也可得到极高的磁化强度，而且当外磁场移去后，仍可保留极强的磁性，其磁化率为正值。但当外场增大时，由于磁化强度迅速达到饱和，其磁化率变小。

铁磁性物质具有很强的磁性，主要源于它们具有很强的内部交换。铁磁物质的交换能为正值，而且较大，使得相邻原子的磁矩平行取向（相应于稳定状态），在物质内部形成许多小区域——磁畴。每个磁畴大约有 10^{15} 个原子。这些原子的磁矩沿同一方向排列，假设晶体内部存在很强的称为"分子场"的内场，"分子场"足以使每个磁畴自动磁化达饱和状态。这种自生的磁化强度叫自发磁化强度。由于它的存在，铁磁物质能在弱磁场下强烈地磁化。因此自发磁化是铁磁物质的基本特征，也是铁磁物质和顺磁物质的区别所在。

铁磁体的铁磁性只在某一温度以下才表现出来，超过这一温度，由于物质内部热骚动破坏电子自旋磁矩的平行取向，因而自发磁化强度变为 0，铁磁性消失，这一温度称为居里点。在居里点以上，材料表现为强顺磁性，其磁化率与温度的关系服从居里-外斯定律，$\chi = C/(T - T_\mathrm{P})$。式中，$C$ 是居里常数，T_P 为材料的顺磁居里温度。对于铁磁性物质交换作用为正，$T_\mathrm{P} > 0$；对于反铁磁性物质交换作用为负，$T_\mathrm{P} < 0$。

分子场理论成功地解释了铁磁体内存在自发磁化及其依赖于温度的关系。但是，分子场的起源，分子场理论本身并未解决。只有到量子力学建立后，才能真正解决这个长期未获解决的理论问题。1928 年，弗伦克尔最先提出铁磁体内的自发磁化是源于电子间的特殊相互作用，这种相互作用使电子自旋平行取向；与此同时，海森堡证明，分子场是量子力学交换相互作用的结果。这种交换相互作用不再是经典的，纯属量子效应。从此，人们认识到：铁磁性自发磁化源于电子间的静电交换作用。这种静电交换作用指由邻近原子的电子相互交换位置所引起的静电作用。具体来说，当两个原子临近时，除考虑电子 a 在核 a 周围运动，以及电子 b 在核 b 周围运动外，由于电子是不可区分的，还必须考虑两个电子交换位置的可能性，以至于电子 a 出现在核 b 周围运动，电子 b 出现在核 a 周围运动。例如，氢原子中这种电子互相交换位置时以约 10^{18} 次·s^{-1} 的频率进行的。由这种交换作用所产生的能量变化就叫作交换能，记作 E^{ex}。氢分子两电子的交换见图 4.3。

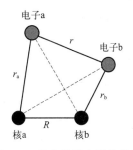

图 4.3　氢分子两电子的交换

以 H_2 为例

$$\varphi_A(r_a) = \frac{1}{\sqrt{\pi a_0^3}} e^{\frac{r_a}{a_0}}$$

$$\varphi_B(r_b) = \frac{1}{\sqrt{\pi a_0^3}} e^{\frac{r_b}{a_0}}$$

a_0 是氢原子第一玻尔轨道半径。

实验证明，氢分子两个电子交换作用所引起的能量变化（即交换能 E^{ex}）可近似地按下式表示

$$E^{ex} = \Delta E = -2AS_a S_b \cos\varphi \qquad (4.74)$$

式中，S_a、S_b 为两个电子的自旋量子数；φ 为两个电子的自旋磁矩方向之间的夹角，φ 可能的变化范围是 $0° \sim 180°$。

当 A 大于零时，交换作用使得相邻原子磁矩平行排列，产生铁磁性。

当 A 小于零时，交换作用使得相邻原子磁矩反平行排列，产生反铁磁性。

当原子间距离足够大时，A 值很小，交换作用已不足以克服热运动的干扰，使得原子磁矩随机取向排列，于是产生顺磁性。

交换作用是量子力学效应。假定两个具有不成对电子的原子相互靠近，如果这两个原子的自旋相互反平行，则它们将共享一个共同的轨道，这样就增加了静电库仑能，然而，若二者的自旋平行，则根据泡利不相容原理，二者将形成分开的轨道，即减少了库仑相互作用。

（4）巨磁电阻效应

1988 年[1]，费尔和格林贝格尔各自独立发现一特殊现象：非常弱小的磁性变化就能导致磁性材料发生非常显著的电阻变化。德国优利希研究中心格林贝格尔教授在具有层间反平行磁化的铁/铬/铁三层膜结构中发现微弱的磁场变化可以导致电阻大小的急剧变化，其变化的幅度比通常高十几倍，他把这种效应命名为巨磁阻效应（giant magneto-resistive，GMR）。

巨磁阻效应（图 4.4）是一种量子力学和凝聚态物理学现象，这种结构物质的电阻值与铁磁性材料薄膜层的磁化方向有关，当铁磁层的磁矩相互平行时，载流子与自旋有关的散射最小，材料有最小的电阻。当铁磁层的磁矩为反平行时，与自旋有关的散射最强，材料的电阻最大。当一束自旋方向与磁性材料磁化方向都相同的电子通过时，电子较容易通过两层磁性材料，都呈现小电阻。当一束自旋方向与磁性材料磁化方向都相反的电子通过时，电子较难通过两层磁性材料，都呈现大电阻。这是因为电子的自旋方向与材料的磁化方向相反，产生散射，通过的电子数减少，从而使得电流减小。

当自旋电子在纳米磁性多层膜中输运时，其所受到的散射强度会因为其自旋方向的不同而不同，这叫作电子的自旋相关散射，它是产生巨磁阻效应的根本原因。在过渡金属中，自旋磁矩与材料的磁场方向平行的电子，所受散射概率远小于自旋磁矩与材料的磁场方向反平行的电子。根据二流体模型（图 4.5），自旋向上和自旋向下电子可以看作是在同一个空间的两个相对独立的通道中输运，其电导相当于两个通道电导的并联。巨磁阻效应被成功地运用在硬盘生产上，具有重要的商业应用价值。

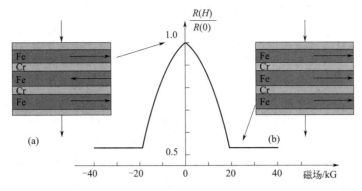

图 4.4　磁性多层膜的巨磁电阻效应

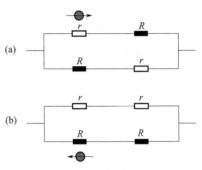

图 4.5　二流体模型

磁盘片上的磁涂层是由数量众多的、体积极为细小的磁颗粒组成，若干个磁颗粒组成一个记录单元来记录 1bit（比特）信息，即 0 或 1。磁盘片的每个磁盘面都相应有一个磁头。当磁头"扫描"过磁盘面的各个区域时，各个区域中记录的不同磁信号就被转换成电信号，电信号的变化进而被表达为"0"和"1"，成为所有信息的原始译码。

最早的磁头是采用锰铁磁体制成的，该类磁头是通过电磁感应的方式读写数据。然而，随着信息技术发展对存储容量的要求不断提高，这类磁头难以满足实际需求。因为使用这种磁头，磁致电阻的变化仅为 1%～2% 之间，读取数据要求一定强度的磁场，且磁道密度不能太大，因此使用传统磁头的硬盘最大容量只能达到 20Mb/in^2。硬盘体积不断变小，容量却不断变大时，势必要求磁盘上每一个被划分出来的独立区域越来越小，这些区域所记录的磁信号也就越来越弱。

巨磁阻效应自从被发现以来就被用于开发研制用于硬磁盘的体积小而灵敏的数据读出头，这使得存储单字节数据所需的磁性材料尺寸大为减少，从而使得磁盘的存储能力得到大幅度的提高。第一个商业化生产的数据读取探头是由 IBM 公司于 1997 年投放市场的，巨磁阻技术已经成为全世界几乎所有电脑、数码相机、MP3 播放器的标准技术。新式磁头的出现引发了硬盘的"大容量、小型化"革命，目前商品化磁硬盘密度已超过 300Gb/in^2，实验室演示水平已达到 1Tb/in^2。同时，近 10 年研发的磁随机存储器（MRAM），也成为发达国家竞争的主战场，MRAM 具有非易失性、抗辐射、低功耗、高速度、长寿命的优点，尤其受到航空航天和国防等重要应用领域的青睐。

除读出磁头外，巨磁阻效应同样可应用于测量位移、角度等传感器中，可广泛地应用于数控机床、汽车导航、非接触开关和旋转编码器中，与光电等传感器相比，具有功耗小、可靠性高、体积小、能工作于恶劣的工作条件等优点，我国也已具备了巨磁阻基础研究和器件研制的良好基础。

（5）电子自旋共振

因为电子有 1/2 的自旋，所以在外加磁场下能级分裂。当外加具有与此能量差相等的频率电磁波时，便会引起能级间的跃迁，此现象称为电子自旋共振（ESR）。对相伴而产生的电磁波吸收称 ESR 吸收。产生 ESR 的条件为 ν_o（MHz）＝$1.4gH_o$（Gs）。式中，ν_o 为电磁波的频率；H_o 为外部磁场强度；g 为朗德因子或 g 值。一个分子中有多数电子，一般说每两个其自旋反向，因此互相抵消，净自旋常为 0。但自由基有奇数的电子，存在着不成对的电子（无与之相消的电子自旋）。也有的分子虽然具有偶数的电子，但两个电子自旋同向，净自旋为一（例如氧分子）。原子和离子也有具有净自旋的，Cu^{2+}、Fe^{3+}、和 Mn^{2+} 等磁性离子即是。这些原子和分子为 ESR 研究的对象。由于电子自旋与原子核的自旋相互作用，ESR 可具有几条线的结构，将此称为超微结构（hyperfinestructure）。朗德因子及超微结构都有助于了解原子和分子的电子详细状态，也可鉴定自由基。另外，从 ESR 吸收的强度可进行自由基等的定量。虽然原理类似于核磁共振，但由于电子质量远轻于原子核，而有强度大许多的磁矩。

以氢核（质子）为例，电子磁矩强度是质子的 659.59 倍。因此对于电子，磁共振所在的拉莫频率通常需要通过减弱主磁场强度来使之降低。但即使如此，拉莫频率通常所在波段仍比核磁共振拉莫频率所在的射频范围还要高，因而有穿透力以及对带有水分子的样品有加热可能的潜在问题，在进行人体造影时则需要改变策略。举例而言，0.3T 的主磁场下，电子共振频率发生在 8.41GHz，而对于常用的核磁共振核种——质子而言，在这样强度的磁场下，其共振频率为 12.77MHz。

ESR 应用在多个领域，包括以下领域。

固态物理：辨识与定量自由基分子（即带有不成对电子的分子）。

化学：用以侦测反应路径。

生物医学领域：用以标记生物性自旋探子。

一般而言，自由基在化学上具有高度反应力，而在正常生物环境中并不会以高浓度出现。若采用特别设计的反应自由基分子，将之附着在生物细胞的特定位置，就有可能得到这些所谓自旋标记或自旋探子分子附近的环境。

EPR 用在造影上，理想上是可以用在定位人体中所具有的自由基，理论上较常出现在发炎病灶。

（6）核磁共振

核磁共振主要是由原子核的自旋运动引起的。不同的原子核，自旋运动的情况不同，它们可以用核的自旋量子数 I 来表示。自旋量子数与原子的质量数和原子序数之间存在一定的关系，大致分为三种情况，如表 4.3。

表 4.3　自旋量子数与原子的质量数和原子序数的关系

分类	质量数	原子序数	自旋量子数 I	NMR 信号
Ⅰ	偶数	偶数	0	无
Ⅱ	偶数	奇数	1，2，3，…（I 为整数）	有
Ⅲ	奇数	奇数或偶数	0.5，1.5，2.5，…（I 为半整数）	有

I 值为零的原子核可以看作是一种非自旋的球体，I 为 1/2 的原子核可以看作是一种电荷分布均匀的自旋球体，^1H，^{13}C，^{15}N，^{19}F，^{31}P 的 I 均为 1/2，它们的原子核皆为电荷分布均匀

的自旋球体。I 大于 1/2 的原子核可以看作是一种电荷分布不均匀的自旋椭球体。

原子核是带正电荷的粒子，不能自旋的核没有磁矩，能自旋的核有循环的电流，会产生磁场，形成磁矩（μ）。

当自旋核处于磁感应强度为 B_0 的外磁场中时，除自旋外，还会绕 B_0 运动，这种运动情况与陀螺的运动情况十分相像，称为拉莫尔进动。自旋核进动的角速度 ω_0 与外磁场感应强度 B_0 成正比，比例常数即为磁旋比 γ，有

$$\omega_0 = 2\pi\nu_0 = \gamma B_0 \qquad (4.75)$$

式中，ν_0 是进动频率。微观磁矩在外磁场中的取向是量子化的（方向量子化），自旋量子数为 I 的原子核在外磁场作用下只可能有 $2I+1$ 个取向，每一个取向都可以用一个自旋磁量子数 m 来表示，m 与 I 之间的关系是

$$m = I, I-1, I-2, \cdots, -I \qquad (4.76)$$

原子核的每一种取向都代表了核在该磁场中的一种能量状态，I 值为 1/2 的核在外磁场作用下只有两种取向，各相当于 $m=1/2$ 和 $m=-1/2$，这两种状态之间的能量差 ΔE 值为

$$\Delta E = \gamma h B_0 / 2\pi \qquad (4.77)$$

一个核要从低能态跃迁到高能态，必须吸收 ΔE 的能量。让处于外磁场中的自旋核接受一定频率的电磁波辐射，当辐射的能量恰好等于自旋核两种不同取向的能量差时，处于低能态的自旋核吸收电磁辐射而跃迁到高能态，这种现象称为核磁共振。

^{1}H 的自旋量子数是 $I=1/2$，所以自旋磁量子数 $m=\pm1/2$，即氢原子核在外磁场中应有两种取向。^{1}H 的两种取向代表了两种不同的能级，在磁场中，$m=1/2$ 时，$E=-\mu B_0$，能量较低，$m=-1/2$ 时，$E=\mu B_0$，能量较高，两者的能量差为 $\Delta E=2\mu B_0$。

在外磁场的作用下，有较多 ^{1}H 倾向于与外磁场取顺向地排列，即处于低能态的核数目比处于高能态的核数目多，但由于两个能级之间能差很小，前者比后者只占微弱的优势。^{1}H NMR 的信号正是依靠这些微弱过剩的低能态核吸收射频电磁波的辐射能跃迁到高能级而产生的。如高能态核无法返回到低能态，那么随着跃迁的不断进行，这种微弱的优势将进一步减弱直到消失，此时处于低能态的 ^{1}H 核数目与处于高能态核数目逐渐趋于相等。

天然丰富的 ^{12}C 的 I 值为零，没有核磁共振信号。^{13}C 的 I 值为 1/2，有核磁共振信号。通常说的碳谱就是 ^{13}C 核磁共振谱。由于 ^{13}C 与 ^{1}H 的自旋量子数相同，所以 ^{13}C 的核磁共振原理与 ^{1}H 相同。但 ^{13}C 核的 γ 值仅约为 ^{1}H 核的 1/4，而检出灵敏度正比于 γ^3，因此即使是丰度 100% 的 ^{13}C 核，其检出灵敏度也仅为 ^{1}H 核的 1/64，再加上 ^{13}C 的丰度仅为 1.1%，所以，其检出灵敏度仅约为 ^{1}H 核的 1/6000。这说明不同原子核在同一磁场中被检出的灵敏度差别很大，^{13}C 的天然丰度只有 ^{12}C 的 1.108%。由于被检灵敏度小，丰度又低，因此检测 ^{13}C 比检测 ^{1}H 在技术上有更多的困难。

氢的核磁共振谱提供了三类极其有用的信息：化学位移、偶合常数、积分曲线。应用这些信息，可以推测质子在碳链上的位置。根据前面讨论的基本原理，在某一照射频率下，只能在某一磁感应强度下发生核磁共振。例如：照射频率为 60MHz，磁感应强度是 14.092Gs（14.092 × 10^{-4}T），100MHz 时 23.486Gs（23.486 × 10^{-4}T），200MHz 时 46.973Gs

（46.973×10⁻⁴T），600MHz 时 140.920Gs（140.920×10⁻⁴T）。但实验证明：当 ^1H 在分子中所处化学环境（化学环境是指 ^1H 的核外电子以及与 ^1H 邻近的其他原子核的核外电子的运动情况）不同时，即使在相同照射频率下，也将在不同的共振磁场下显示吸收峰。乙酸乙酯的核磁共振图谱表明：乙酸乙酯中的 8 个氢，由于分别处在 a、b、c 三种不同的化学环境中，因此在三个不同的共振磁场下显示吸收峰。同种核由于在分子中的化学环境不同而在不同共振磁感应强度下显示吸收峰，这称为化学位移。

化学位移是怎样产生的？分子中磁性核不是完全裸露的，质子被价电子包围着。这些电子在外界磁场的作用下发生循环的流动，会产生一个感应的磁场，感应磁场应与外界磁场相反（楞次定律），所以，质子实际上感受到的有效磁感应强度应是外磁场感应强度减去感应磁场强度。

外电子对核产生的这种作用称为屏蔽效应。与屏蔽较少的质子比较，屏蔽多的质子对外磁场感受较少，将在较高的外磁场 B_0 作用下才能发生共振吸收。在相同频率电磁辐射波的照射下，不同化学环境的质子受的屏蔽效应各不相同，因此它们发生核磁共振所需的外磁场 B_0 也各不相同，即发生了化学位移。

化学位移取决于核外电子云密度，因此影响电子云密度的各种因素都对化学位移有影响，影响最大的是电负性和各向异性效应。

电负性对化学位移的影响可概述为：电负性大的原子（或基团）吸电子能力强，^1H 核附近的吸电子基团使质子峰向低场移（左移），给电子基团使质子峰向高场移（右移）。这是因为吸电子基团降低了氢核周围的电子云密度，屏蔽效应也就随之降低，所以质子的化学位移向低场移动。给电子基团增加了氢核周围的电子云密度，屏蔽效应也就随之增加，所以质子的化学位移向高场移动。

电负性对化学位移的影响是通过化学键起作用的，它产生的屏蔽效应属于局部屏蔽效应。

各向异性效应对化学位移的影响可概述为：

当分子中某些基团的电子云排布不呈球形对称时，它对邻近的 ^1H 核产生一个各向异性的磁场，从而使某些空间位置上的核受屏蔽，而另一些空间位置上的核去屏蔽，这一现象称为各向异性效应。

除电负性和各向异性的影响外，氢键、溶剂效应、范德华效应也对化学位移有影响。氢键对羟基质子化学位移的影响与氢键的强弱及氢键的电子给予体的性质有关，在大多数情况下，氢键产生去屏蔽效应，使 ^1H 的 δ 值移向低场。有时同一种样品使用不同的溶剂也会使化学位移值发生变化，这称为溶剂效应。活泼氢的溶剂效应比较明显。

当取代基与共振核之间的距离小于范德华半径时，取代基周围的电子云与共振核周围的电子云就互相排斥，结果使共振核周围的电子云密度降低，使质子受的屏蔽效应明显下降，质子峰向低场移动，这称为范德华效应。

共轭效应也对化学位移产生影响。苯环上的氢若被推电子基取代，由于 p-π 共轭，苯环电子云密度增大，质子峰向高场位移。而当有拉电子取代基则反之。对于双键等体系也有类似的效果。

（7）自旋电子学[2]

巨磁电阻效应反映了电子的输运性质与电子自旋的取向，在输运过程中除利用电子的电荷属性外，同时还利用电子自旋属性，将信息的传输、运算与存储可在固体内部有机地结合在一起，从而有利于器件高度集成化、能耗降低、运算速度提高，从此人们对电子自旋自由度的研究势如破竹，并由此发展成一门新的交叉学科——自旋电子学，也被称为磁电子学。

自旋电子学可定义为：与自旋相关的电子学或调控自旋的电子学，以往的电子学仅仅利用了电子具有"电荷"这一自由度，用电场调控电子的运动。如今，可以用自旋极化电流或磁场、电场调控固体中的自旋取向，在电子学器件中增添了"自旋"自由度，从物理的观点来看，增加一个新的可调控的自由度，必将呈现许多新的物理效应，从而开拓出难以预计的新器件。假如将 20 世纪比拟为"电荷"的世纪，那么 21 世纪有可能成为"自旋"的世纪。

传统的电子器件是将电子电荷作为能量和信息传输的载体，或者说，它只利用了电子电荷的运动。电子不仅有电荷，还有自旋，电子自旋量子数为 $\pm 1/2$。实验表明，改变电子自旋取向比改变电子运动方向需要更少的能量和时间，因而基于自旋的电子器件将比传统的电子器件具有特殊性质。利用电子自旋研制新一代电子器件以便实现信息的记录、存储和传输是自旋电子学的重要任务。自旋电子学是研究电子自旋与电子学相结合的一门学科，它为自旋电子器件的实现提供理论和实验支持。

与传统的电子器件相比，自旋电子器件具有稳定性好，数据处理速度快，功率损耗低以及集成密度高的优点。制造自旋电子器件最关键的问题就是在不需要强磁场和室温情况下如何把自旋极化电子从磁性半导体注入到非磁性半导体内。目前自旋电子的注入来源主要有稀磁半导体、铁磁半导体以及铁磁金属，采用的注入方法主要有：欧姆注入，隧道结注入，弹道电子自旋注入，热电子注入。此外用稀磁半导体也能向非磁半导体内注入自旋极化电子。

利用电子自旋属性，发展自旋器件，必将成为 21 世纪信息工业革命性的研发方向。纵观历史的发展，人类充分利用了电子具有电荷的属性，实现了第二次电气化与第三次信息化产业革命。如今，充分利用电子自旋的属性和自旋调控，有可能形成第四次产业革命的核心技术。磁电子学、半导体电子学、分子自旋电子学构成了目前自旋电子学的主要内涵。

 小知识

量子纠缠 [3, 4]

在浩瀚的宇宙中有一种现象似乎颠覆了自然法则，把两个粒子放到一起配对后再把两个粒子分开，一个放在实验室，而另一个放在宇宙空间，此时神奇的事情就发生了。即使放在宇宙空间的粒子与地球上的这个粒子距离数百光年外，也能与另一个粒子相互关联。将地球上的一个粒子向左旋转，宇宙空间的另一个粒子会同时向右旋转，不受地球与宇宙空间的距离限制。这就是神奇的量子纠缠现象，这里所说"旋转"指的是粒子的一种状态，并不是这两个粒子真的在旋转。

让科学家都感到神奇的是两个粒子之间没有传递任何信息，那么它们究竟是如何产生这种超距作用的呢？遗憾的是目前科学家还无法解释。实际上就是一种不需要任何介质，也不需要传播粒子的超距作

用现象，就如前面所说的，宇宙和地球之间的两个粒子不受间距限制。量子纠缠必须满足一个条件那就是粒子不能单一，必须是两个或者数个才能实现互相作用，相互纠缠才能成为最终的整体的性质，所以单个粒子是无法单独实现任何运用的，只能用整体性质来形容粒子之间的相互作用，这就是简单层面对量子纠缠的了解。那么量子纠缠的本质又该如何理解？这种现象主要基于客观事实的基础。爱因斯坦曾经也在不断地研究着量子纠缠现象，并且多次质疑这种现象是否合理，这种现象和光还是存在很多不同之处，可以说完全颠覆了自然的法则，该现象在速度上也是快得惊人。可以确定的是，量子纠缠的速度远超光速，基础速度就是光速的上万倍。

量子通信[5-7]

量子通信是利用量子叠加态和纠缠效应进行信息传递的新型通信方式，基于量子力学中的不确定性、测量坍缩和不可克隆三大原理提供了无法被窃听和计算破解的绝对安全性保证，主要分为量子隐形传态和量子密钥分发两种。

量子隐形传态基于量子纠缠对分发与贝尔态联合测量，实现量子态的信息传输，其中量子态信息的测量和确定仍需要现有通信技术的辅助。量子密钥分发，也称量子密码，借助量子叠加态的传输测量实现通信双方安全的量子密钥共享，再通过一次一密的对称加密体制，即通信双方均使用与明文等长的密码进行逐比特加解密操作，实现无条件绝对安全的保密通信。

以量子密钥分发为基础的量子保密通信成为未来保障网络信息安全的一种非常有潜力的技术手段，是量子通信领域理论和应用研究的热点。

光量子通信主要基于量子纠缠态的理论，使用量子隐形传态（传输）的方式实现信息传递。光量子通信的过程如下：事先构建一对具有纠缠态的粒子，将两个粒子分别放在通信双方，将具有未知量子态的粒子与发送方的粒子进行联合测量（一种操作），则接收方的粒子瞬间发生坍缩（变化），坍缩（变化）为某种状态，这个状态与发送方的粒子坍缩（变化）后的状态是对称的。然后将联合测量的信息通过经典信道传送给接收方，接收方根据接收到的信息对坍缩的粒子进行幺正变换（相当于逆转变换），即可得到与发送方完全相同的未知量子态。一是为了进行远距离的量子态隐形传输，必须要让通信的两地同时具有最大量子纠缠态。但是，由于环境噪声的影响，量子纠缠态的品质会随着传送距离的增大而变得越来越差。因此，如何提纯高品质的量子纠缠态是此刻量子通信研究中的重要课题。二是如何实现量子信号的中继转发，取得令人满意的远距离通信效果。到目前为止，业界在光源、信道节点和接收机等方面还没有取得圆满成功，所需的安全性要求没有保障，可能被窃听。如何对实际量子密钥分发系统进行攻防测试和安全性升级是运行维护面临的难题。三是因为中继节点的密钥存储和转发存在漏洞，可能成为整个系统的安全风险点。纠缠态对信道长度抖动过于敏感、误码率随信道长度增长过快等也是一个令人头疼的问题。

2012年，潘建伟等人在国际上首次成功实现百公里级的自由空间量子隐形传态和纠缠分发，为发射全球首颗"量子通信卫星"奠定技术基础。在高损耗的地面成功传输100公里，意味着在低损耗的太空传输距离将可以达到1000公里以上，基本上解决量子通信卫星的远距离信息传输问题。研究组成员彭承志介绍说，量子通信卫星核心技术的突破，也表明未来构建全球量子通信网络具备技术可行性。国际权威学术期刊《自然》杂志重点介绍了这一成果，代表其获得了国际学术界的普遍认可。《自然》杂志称其"有望成为远距离量子通信的里程碑""通向全球化量子网络"，欧洲物理学会网站、美国《科学新闻》杂志等也进行了专题报道。

2015年3月6日，国际权威物理学期刊《物理评论快报》（Phys. Rev. Lett. 114，090501，2015）发表了中国科学技术大学多方量子通信方案，该方案在实用化、远距离多方量子通信方面迈出了重要的一步。多方量子通信旨在为多用户保密通信提供基于量子力学原理的安全性。此前最远的三光子纠缠态实验分发距离仅为 1km（Nat. Photonics 8，292，2014），中国科学技术大学合肥微尺度物质科学国家实验室量子物理与信息研究部研究组结合诱骗态和测量设备无关的量子密钥分发技术，提出了一个可以在百公里量级分发后选择多光子纠缠态并进行多方量子通信的实用化方案。

2018 年 9 月，在国家重点研发计划量子调控与量子信息重点专项项目"固态量子存储器"的支持下，中国科学技术大学李传锋团队在自主研制的高品质三维纠缠源的基础上，进一步制备出偏振-路径复合的四维纠缠源，保真度达到 98%。利用这种四维纠缠源首次成功识别了五类贝尔态，并实验演示了量子密集编码，一举把量子密集编码的信道容量纪录提升到了 2.09，超过了两维纠缠能达到的理论极限，创造了当前国际最高水平。这项工作充分展示了高维纠缠在量子通信中的优势，为高维纠缠在量子信息领域的深入研究打下重要基础。该成果发表在国际权威期刊《科学·进展》上。

2021 年 1 月 7 日，中国科学技术大学宣布中国科研团队成功实现了跨越 4600km 的星地量子密钥分发，标志着我国已构建出天地一体化广域量子通信网雏形。

 拓展

自旋——拓展了人类的思维方式

量子力学对自旋的定义是：由粒子内禀角动量引起的内禀运动，怎么理解？我们可以通俗地将角动量理解为一个描述物质旋转的物理量，角动量等于质量×半径平方×角速度，从字面上来理解，自旋就是代表这物体沿轴做自我旋转，电子自旋也就是电子沿着电子中心轴进行自转。可问题来了：电子是一种不可再分的点粒子，点粒子有点类似于物理中质点的概念，点粒子是没有体积的，那么一个不存在体积的电子如何沿着中心轴自转呢？如果将电子的自旋理解成宏观物体的自转，那么电子表面的速度就要超越光速，这显然违背了相对论中光速最快的定论。

既然电子的自旋并不是宏观物质的自转，那么我们应该如何理解电子自旋呢？其实电子的自旋是一个很抽象的概念，因为我们无法在宏观世界中去找一个类似的现象来理解自旋，但种种的实验现象例如电子具有磁场等又表明电子的确存在着自旋这种行为，所以物理学家只能称自旋是粒子的一种内禀属性，也就是说电子具有这种特质，就像电子具有电荷、质量等一样，自旋与电荷、质量一样，都是用于描述电子的物理量，但电子这种奇怪的自旋运动究竟是怎么产生的？它的运作原理是什么？目前还无法解释。

不单单是自旋在宏观世界找不到参考的对象，粒子身上出现的太多量子效应都在宏观世界找不到参考的对象，例如不确定性、量子纠缠、量子隧穿、量子相变等。

上述对于自旋的困惑，是意识工具化与意识固定化、系统化之间的矛盾，也可以说是工具与观念倒挂。

人类主流认知体系是人类意识从模糊化、随机化（原始经验）到固定化、系统化（宗教、哲学），再到意识工具化（近现代科学）的过程。科学理论的诞生，是从灵感突现到观念系统化，再到工具化过程。

自旋理论就是意识观念化与意识工具化矛盾下的新生的理论。早在自旋理论提出之前，经验的工具化早已出现，如原子在磁场中偏转，人们以传统的时间与空间的观念对此十分不解。物理学家乌伦贝克和古兹密特则以实验（经验）事实为基准，改变了时空观，可以说是已经实现对经验的意识工具化之后，再反过头来对工具的"构件"进行重新整理，以适应意识工具化的结果。

推荐阅读资料

[1] 冯端. 固体物理学大辞典[M]. 北京:高等教育出版社,1995.

[2] Alexander Altl and Ben Simons. Condensed Matter Field Theory[M]. Cambridge University Press, 2006.

[3] 丁亦兵,沈彭年. 量子力学题解:量子理论在现代物理中的应用[M]. 北京:中国科学技术大学出版社,2015.

[4] (美)樱井纯. 现代量子力学[M]. 2 版. 北京:世界图书出版公司,2020.

[5] 迈克尔 A 尼尔森. 量子计算与量子信息[M]. 北京:电子工业出版社,2022.

参考文献

[1] Baibich M N, Broto J M, Fert A, et al. Giant magnetoresistance of (001) Fe/(001) Cr magnetic superlattices[J]. Phys Rev Lett,1988,61:2472.

[2] Liu Y Z, Hou W T, Han X F, et al. Three-Dimensional Dynamics of a Magnetic Hopfion Driven by Spin Transfer Torque[J]. Phys Rev Lett,2020,124:127204.

[3] 叶明勇,张永生,郭光灿. 量子纠缠和量子操作[J]. 中国科学:G 辑,2007,37(6):716-722.

[4] 吴国林. 量子纠缠及其哲学意义[J]. 自然辩证法研究,2005,21(7):1-4.

[5] 周正威,郭光灿. 量子信息讲座续讲 第三讲 量子纠缠态[J]. 物理,2000,29(11):0-0.

[6] 吕艺. 浅析量子通信技术及其发展前景[J]. 科技创新与应用,2016,17:24-26.

[7] Fu Y, Yin H L, Chen T Y, et al. Long-Distance Measurement-Device-Independent Multiparty Quantum Communication[J]. Phys Rev Lett,114:090501.

思考题

1. 自旋是什么概念? 为什么要用 1/2 表示电子的自旋?

2. Stern-Gerlach 实验是如何证实电子具有自旋?

3. 自旋可在坐标空间中表示吗? 它与轨道角动量性质上有何差异?

4. 怎样用自旋概念解释物质的铁磁性?

习题

一、选择题

1. Stern-Gerlach 实验证实了 (　　　)。

A. 电子具有波动性　　　　　　　　　　　B. 光具有波动性

C. 原子的能级是分立的 　　　　　　　　　D. 电子具有自旋

2. 单电子的自旋角动量平方算符 $\hat{S}^2$ 的本征值为（　　　）。

A. $(1/4)\hbar^2$ 　　　　B. $(3/4)\hbar^2$ 　　　　C. $(1/2)\hbar^2$ 　　　　D. $(3/2)\hbar^2$

3. 单电子的 Pauli 算符平方的本征值为（　　　）。

A. 0 　　　　　　　B. 1 　　　　　　　C. 2 　　　　　　　D. 3

4. 一电子处于自旋态 $\chi = a\chi_{1/2}(s_z) + b\chi_{-1/2}(s_z)$ 中，则 s_z 的可测值分别为（　　　）。

A. 0，$\hbar$ 　　　　　　　　　　　　B. 0，$-\hbar$

C. $(1/2)\hbar$，$(1/2)\hbar$ 　　　　　　D. $(1/2)\hbar$，$(-1/2)\hbar$

5. 下列有关全同粒子体系论述正确的是（　　　）。

A. 氢原子中的电子与金属中的电子组成的体系是全同粒子体系

B. 氢原子中的电子、质子、中子组成的体系是全同粒子体系

C. 光子和电子组成的体系是全同粒子体系

D. α 粒子和电子组成的体系是全同粒子体系

6. 全同粒子体系中，其哈密顿具有交换对称性，其体系的波函数（　　　）。

A. 是对称的 　　　　　　　　　　　B. 是反对称的

C. 具有确定的对称性 　　　　　　　D. 不具有对称性

二、问答及计算题

习题解答

1. 电子 S_z 的本征态常被写为 $\alpha = \begin{pmatrix} 1 \\ 0 \end{pmatrix}$，$\beta = \begin{pmatrix} 0 \\ 1 \end{pmatrix}$，它们的含义是什么？

2. 微观粒子的全同性原理表述为"全同粒子体系中，体系的物理状态不因交换任意两个粒子而改变"，问：

(1) "物理状态"是指宏观态还是微观态？

(2) "交换任意两个粒子"的准确含义是什么？

(3) 它与全同粒子的不可区分性有什么联系？

3. 已知电子的态函数为 $\psi(\boldsymbol{r}, s_z) = \begin{pmatrix} \psi_+ \\ \psi_- \end{pmatrix} = R(r) \begin{pmatrix} \sqrt{\dfrac{3}{5}}Y_{00} + \dfrac{1}{\sqrt{10}}Y_{11} + \dfrac{1}{\sqrt{10}}Y_{1-1} \\ \dfrac{1}{\sqrt{5}}Y_{10} \end{pmatrix}$，$R(r)$

已归一化，$\int_0^\infty R^*(r)R(r)r^2\mathrm{d}r = 1$。

求：(1) 同时测量 L^2 为 $2\hbar^2$，L_z 为 $\hbar$ 的概率。

(2) 电子自旋向上的概率。

(3) $\hat{L}_z$ 和 $\hat{S}_x$ 平均值。

4. 求 $\hat{S}_y = \dfrac{\hbar}{2}\begin{pmatrix} 0 & -i \\ i & 0 \end{pmatrix}$ 的本征值和所属本征函数。

5. 自旋为 s 的两个粒子所具有的对称和反对称的自旋波函数各有几个？$s = \dfrac{1}{2}$，$s = \dfrac{3}{2}$ 情况下，对称和反对称自旋态各有几个？

6. 一体系由三个全同的玻色子组成，玻色子之间无作用，玻色子只有两个可能的单粒子

态，则体系可能的状态有几个？它们的波函数怎样用单粒子态表示？

7.设氢原子的状态是

$$\psi = \begin{bmatrix} \dfrac{1}{2} R_{21}(r) Y_{11}(\theta,\varphi) \\[2mm] -\dfrac{\sqrt{3}}{2} R_{21}(r) Y_{10}(\theta,\varphi) \end{bmatrix}$$

(1) 求轨道角动量 z 分量 $\hat{L}_z$ 和自旋角动量 z 分量 $\hat{S}_z$ 的平均值。

(2) 求总磁矩 $\hat{M} = -\dfrac{e}{2\mu}\hat{L} - \dfrac{e}{\mu}\hat{S}$ (SI) 的 z 分量的平均值（用玻尔磁子表示）。

8.一对电子的组态为 $s^1 d^1$，试推导出所属光谱项和光谱支项。

9.写出下列原子能量最低的光谱支项的符号：（a）Si；（b）Mn；（c）Br。

10.有一微观系统由四个全同玻色子构成，玻色子之间没有相互作用，玻色子单粒子只有两个本征态 ϕ_i，ϕ_j，相应本征能量 $E_i \neq E_j$，请写出该体系所有可能的全波函数以及相应的能级。

薛定谔方程应用（Ⅰ）

第 5 章 PPT

 导读

利用薛定谔方程能干什么呢？

在牛顿力学里，根据"$F = ma$"，给出边界条件，比如起始位置、速度等，你就能求出任何时刻物体的状态（位置、速度等）；在量子力学中，根据薛定谔方程，给出边界条件，同样能解出微观体系的状态。那么，具体是哪些力学量呢？

在量子力学中，体系的状态不能用力学量（例如 x）的值来确定，而是要用力学量的函数 $\Psi(x, t)$，即波函数来确定，因此波函数成为量子力学研究的主要对象。力学量取值的概率分布如何，这个分布随时间如何变化，这些问题都可以通过求解波函数的薛定谔方程得到解答。

量子力学中求解粒子问题常归结为解薛定谔方程或定态薛定谔方程。定态薛定谔方程，本质上就是能量本征方程的一个具体形式，它描述的是能量的哈密顿算符与能量本征值、本征态之间的关系。薛定谔方程广泛地用于原子物理、核物理和固体物理，对于原子、分子、核、固体等一系列问题中求解的结果都与实际符合得很好。本章针对一维势阱、线性谐振子和氢原子三个简单体系薛定谔方程的精确求解方法，介绍求解的过程、波函数标准条件的应用和量子数的定义和内涵。

5.1 一维无限深势阱（一维势箱）

一维无限深势阱（一维势箱）是粒子在一维空间中运动的一种特殊势场。

假设粒子所处势场不随时间改变，当粒子所处势场在空间中某一区域为 0，在其余区域为无穷大时，粒子的运动会被束缚在该区域内，如同掉入一个深度无限大的井内无法爬上来。粒子在阱内的运动及分布情况需要应用量子力学的定态薛定谔方程求解。

在金属中的自由电子不会自发地逃出金属，它们在各晶格结点（正离子）形成的"周期场"中运动。进一步简化这个模型，可以粗略地认为粒子被"无限高"的势能壁束缚在金属之中，由此而抽象出粒子在无限深势阱中运动。为简单起见，设势阱是一维的，这是量子力学中最简单的例子。自由电子在一块金属中的运动相当于在势阱中的运动。在阱内，由于势能为零，粒子受到的总的力为零，其运动是自由的。在边界上由于势能突然增加到无限大，粒子受到无限大指向阱内的力。因此，粒子的位置不可能到达阱外。

5.1.1 薛定谔方程及其解

设质量为 μ 的粒子，局限在 $0<x<a$ 范围内做一维运动。在这范围内粒子势能为零，此范围外，势能为无穷大（图 5.1）。

即

图 5.1 一维无限深势阱

$$U=(x)=\begin{cases} 0 & (0\leqslant x\leqslant a) \\ \infty & (x\leqslant 0, x\geqslant a) \end{cases} \tag{5.1}$$

$$\psi(x)=0 \quad (x<0, x>a) \tag{5.2}$$

而在阱内部，由于 $U(x)=0$ 满足定态薛方程，即

$$-\frac{\hbar^2}{2\mu}\times\frac{\mathrm{d}^2\psi}{\mathrm{d}x^2}=E\psi \quad (0\leqslant x\leqslant a) \tag{5.3}$$

或写作

$$\frac{\mathrm{d}^2\psi}{\mathrm{d}x^2}+k^2\psi=0 \quad (0\leqslant x\leqslant a) \tag{5.4}$$

其中

$$k=\sqrt{\frac{2\mu E}{\hbar^2}} \tag{5.5}$$

常系数二阶微分方程式（5.4）的通解为

$$\psi(x)=A\sin(kx+\delta) \tag{5.6}$$

式中，A，δ 为待定常数，合并式（5.2）、式（5.6）得

$$\psi(x)=\begin{cases} 0 & (x<0, x>a) \\ A\sin(kx+\delta) & (0\leqslant x\leqslant a) \end{cases} \tag{5.7}$$

由于波函数在势阱边界上发须为连续的条件，所以在 $x=0$ 和 $x=a$ 处，$\psi(x)$ 必须为零，即

$$(\psi)_{x=0}=0 \tag{5.8}$$

$$(\psi)_{x=a}=0 \tag{5.9}$$

这就是解方程式（5.4）时需要用到的边界条件。

由式（5.8），则式（5.6）变为

$$A\sin\delta=0$$

A 不能为零，否则 ψ 到处为零，这在物理上是没有意义的，所以必须 $\delta=0$，这样就有

$$\psi(x)=A\sin kx \quad (0\leqslant x\leqslant a) \tag{5.10}$$

再利用条件式（5.9）得

$$A\sin ka=0$$

因而 k 必须满足下面条件

$$k=\frac{n\pi}{a} \quad n=1,2,\cdots \tag{5.11}$$

（$n=0$ 给出波函数 $\psi=0$ 无物理意义，而 n 取负数时给不出新的波函数）

将式（5.11）代入式（5.5）得到体系的能量

$$E=E_n=\frac{n^2\pi^2\hbar^2}{2\mu a^2} \quad n=1,2,\cdots \tag{5.12}$$

由此可见，粒子束缚在势阱中时，能量只能取一系列分立的数值，即它的能量是量子化的。

将式（5.11）代入式（5.10），并重写式（5.7），我们就得到能量为 E_n 的粒子波函数

$$\psi_n(x)=\begin{cases}0 & (x<0,x>a)\\ A\sin\dfrac{n\pi}{a}x & (0\leqslant x\leqslant a)\end{cases}$$

$$n=1,2,\cdots \tag{5.13}$$

应用归一化条件

$$\int_{-\infty}^{\infty}|\psi_n(x)|^2\mathrm{d}x=A^2\int_0^a\sin^2\frac{n\pi}{a}x\,\mathrm{d}x=1 \tag{5.14}$$

可求得 $A=\sqrt{\dfrac{2}{a}}$。

这样，最后得到能量为 E_n 的粒子的归一化波函数为

$$\psi_n(x)=\begin{cases}0 & (x<0,x>a)\\ \sqrt{\dfrac{2}{a}}\sin\dfrac{n\pi}{a}x & (0\leqslant x\leqslant a)\end{cases} \tag{5.15}$$

一维无限深势阱中粒子的定态波函数是

$$\begin{aligned}\psi_n(x,t)&=\psi_n(x)\mathrm{e}^{-\frac{i}{\hbar}E_n t}\\ &=\sqrt{\frac{2}{a}}\sin\frac{n\pi x}{a}\mathrm{e}^{-\frac{i}{\hbar}E_n t}\end{aligned} \tag{5.16}$$

利用公式 $sin\theta = \dfrac{e^{i\theta} - e^{-i\theta}}{2i}$ 我们可以把定态波函数写成

$$\psi_n(x,t) = \frac{1}{2i}\sqrt{\frac{2}{a}}\left[e^{\frac{i}{\hbar}\left(\frac{n\pi\hbar x}{a}\right) - E_n t} - e^{-\frac{i}{\hbar}\left(\frac{n\pi\hbar x}{a} + E_n t\right)}\right] \tag{5.17}$$

上式与弦振动的驻波函数形式相同。由此可见定态波函数 $\psi_n(x,t)$ 是由两个沿相反方向传播的平面波叠加而成的驻波。

下面讨论几个问题，并与宏观粒子做比较。

（1）束缚态和基态

在 $x<0$，$x>a$ 时，波函数 $\psi=0$，粒子被束缚于阱内，故通常把无穷远处为零的波函数所描写的状态称为束缚状态，一般来说，束缚态的能级是分立的。

体系最低能量的态称为基态，在一维无限深势阱中的基态是 $n=1$ 的基本征态。这与经典理论结果完全不同，经典理论认为粒子最低能量必须为零。

（2）势阱内粒子能量量子化

势阱内粒子能量 E_n 的量子化，是边界条件应用于波函数后所导致的结果，与两端固定的弦受边界条件影响而限制了它的频率的情况完全相似。

相邻两能级的间隔

$$\Delta E_n = E_{n+1} - E_n = \frac{\pi^2 \hbar^2}{2\mu a^2}(2n+1) \approx \frac{n\pi^2 \hbar^2}{\mu a^2} \quad （当\ n\ 较大时） \tag{5.18}$$

由此可见 $\Delta E_n \infty n$，n 愈大，能级间隔愈大，能级分布是不均匀的。当 $n\rightarrow\infty$，$\Delta E_n / E_n \approx \dfrac{2}{n}\rightarrow 0$，即当 n 很大时，能级可视为连续的。此外，由于 $\hbar$ 是很小的常数，因此只有当 μa 同 $\hbar$ 有相近的数量级时，能量量子化才显示出来，如果 μ 是宏观物体的质量，a 也是宏观的距离，则能级的间隔 ΔE_n 就非常小，因而几乎可以认为能级是连续的。以电子为例，其质量 $\mu = 9.1\times10^{-31}$kg，在 $a=10$Å 的势阱中运动，由式（5.12）、式（5.18）可分别算出

$$E_n = n^2 \times 0.38\text{eV} \tag{5.19}$$

$$\Delta E_n \approx n \times 0.75\text{eV}$$

这是完全可观测的，这时电子能量量子化明显表现出来。但是，如果电子在 $a=1$cm 这样一个宏观尺度中运动，则

$$\Delta E_n \approx n \times 0.75 \times 10^{-14}\text{eV} \tag{5.20}$$

能量间隔 ΔE_n 非常小，因而几乎可以认为能量是连续的了。

（3）粒子在阱中各处出现的概率

图 5.2 画出了 $n=1,2,3$ 时的本征函数 $\psi(x)$ 粒子出现的概率密度 $|\psi_n(x)|^2$ 的分布图形。由图 5.2（b）可以看出，在基态时，在阱的中部 $x=\dfrac{a}{2}$ 附近找到粒子的概率最大，而在阱壁

上找到粒子的概率为零。当粒子处于激发态（$n=2,3,\cdots$）时，在势阱中找到粒子的概率分布有起伏，n 愈大，起伏次数愈多，这现象和对一个经典粒子所期望的迥然不同。

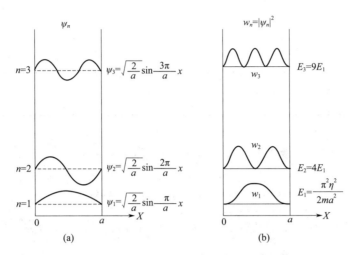

图 5.2　一维无限深势阱中的能级、波函数

5.1.2　三维势箱中运动的粒子

对于三维势箱中运动的粒子，可用分离变数方法将波动方程化为三个一维势箱中的方程。三维势箱中粒子的波动方程为

$$-\frac{\hbar^2}{2m}\left(\frac{\partial^2}{\partial x^2}+\frac{\partial^2}{\partial y^2}+\frac{\partial^2}{\partial z^2}\right)\Psi(x,y,z)=E\Psi(x,y,z) \tag{5.21}$$

设 $\Psi(x,y,z)=\phi(x)\varphi(y)\psi(z)$，并代入以上方程

$$-\frac{\hbar^2}{2m}\left(\frac{\partial^2}{\partial x^2}+\frac{\partial^2}{\partial y^2}+\frac{\partial^2}{\partial z^2}\right)\phi(x)\varphi(y)\psi(z)=E\phi(x)\varphi(y)\psi(z) \tag{5.22}$$

方程两端同时除以 $\phi(x)\varphi(y)\psi(z)$ 得

$$\frac{1}{\phi(x)}\times\frac{\partial^2\phi(x)}{\partial x^2}+\frac{1}{\varphi(y)}\times\frac{\partial^2\varphi(y)}{\partial y^2}+\frac{1}{\psi(z)}\times\frac{\partial^2\psi(z)}{\partial z^2}=-2mE/\hbar^2 \tag{5.23}$$

方程左端每一项只含一个变量，且三个变量是无关的，所以每一项都等于一个常数。设这三个常数为 $-2mE_x/\hbar^2$、$-2mE_y/\hbar^2$ 和 $-2mE_z/\hbar^2$，且 $E=E_x+E_y+E_z$，则三维势箱中粒子的波动方程化为三个一维势箱中的方程

$$-\frac{\hbar^2}{2m}\times\frac{\partial^2\phi(x)}{\partial x^2}=E_x\phi(x),\quad -\frac{\hbar^2}{2m}\times\frac{\partial^2\varphi(y)}{\partial y^2}=E_y\varphi(y) \text{和} -\frac{\hbar^2}{2m}\times\frac{\partial^2\psi(z)}{\partial z^2}=E_z\psi(z)$$
$$\tag{5.24}$$

若三维立方势箱在 x、y、z 三个方面的长度 a、b、c 满足 $a=b=c$，粒子的能级可表示为

$$E_{l,m,n}=\frac{(n_x^2+n_y^2+n_z^2)h^2}{8ma^2} \tag{5.25}$$

五个最低能级及简并度如下。

能级	简并度	量子态 (n_x、n_y、n_z)
1	1	(1,1,1)
2	3	(2,1,1)、(1,2,1)、(1,1,2)
3	3	(2,2,1)、(2,1,2)、(1,2,2)
4	3	(3,1,1)、(1,3,1)、(1,1,3)
5	1	(2,2,2)

【例 5.1】 已知在一维势箱中粒子的归一化波函数为

$$\varphi_n(x) = \sqrt{\frac{2}{l}} \sin \frac{n\pi x}{l} \quad n = 1, 2, 3, \cdots$$

式中，l 是势箱的长度；x 是粒子的坐标（$0 < x < l$）。求粒子的能量，以及坐标、动量的平均值。

解： ① 将能量算符直接作用于波函数，所得常数即为粒子的能量。

$$\hat{H}\psi_n(x) = -\frac{h^2}{8\pi^2 m} \times \frac{\mathrm{d}^2}{\mathrm{d}x^2}\left(\sqrt{\frac{2}{l}} \sin \frac{n\pi x}{1}\right) = -\frac{h^2}{8\pi^2 m} \times \frac{\mathrm{d}}{\mathrm{d}x}\left(\sqrt{\frac{2}{l}} \times \frac{n\pi}{l} \cos \frac{n\pi x}{l}\right)$$

$$= -\frac{h^2}{8\pi^2 m} \sqrt{\frac{2}{l}} \times \frac{n\pi}{l} \times \left(-\frac{n\pi}{l} \sin \frac{n\pi x}{l}\right)$$

$$= -\frac{h^2}{8\pi^2 m} \times \frac{n^2\pi^2}{l^2} \times \sqrt{\frac{2}{l}} \sin \frac{n\pi x}{l} = \frac{n^2 h^2}{8ml^2} \psi_n(x)$$

即

$$E = \frac{n^2 h^2}{8ml^2}$$

② 由于 $\hat{x}\psi_n(x) \neq c\psi_n(x)$，$\hat{x}$ 无本征值，只能求粒子坐标的平均值。

$$\langle x \rangle = \int_0^l \psi_n^*(x)\hat{x}\psi_n(x)\mathrm{d}x = \int_0^l \left(\sqrt{\frac{2}{l}} \sin \frac{n\pi x}{l}\right)^* x \int_0^l \left(\sqrt{\frac{2}{l}} \sin \frac{n\pi x}{l}\right)\mathrm{d}x$$

$$= \frac{1}{l}\left[\frac{x^2}{2}\bigg|_0^l - \frac{l}{2n\pi}\left(x \sin \frac{2n\pi x}{l}\right)\bigg|_0^l + \frac{l}{2n\pi}\int_0^l \sin \frac{2n\pi x}{l}\mathrm{d}x\right]$$

$$= \frac{2}{l}\int_0^l x \sin^2\left(\frac{n\pi x}{l}\right)\mathrm{d}x = \frac{2}{l}\int_0^l x\left(\frac{1 - \cos(2n\pi x/l)}{2}\right)\mathrm{d}x = \frac{l}{2}$$

③ 由于 $\hat{p}_x\psi_n(x) \neq c\psi_n(x)$，$\hat{p}_x$ 无本征值，按下式计算 p_x 的平均值。

$$\langle p_x \rangle = \int_0^1 \psi_n^*(x)\hat{p}_x\psi_n(x)\mathrm{d}x$$

$$= \int_0^1 \sqrt{\frac{2}{l}} \sin \frac{n\pi x}{l}\left(-\frac{ih}{2\pi} \times \frac{\mathrm{d}}{\mathrm{d}x}\right)\sqrt{\frac{2}{l}} \sin \frac{n\pi x}{l}\mathrm{d}x$$

$$= -\frac{nih}{l^2}\int_0^l \sin \frac{n\pi x}{l} \cos \frac{n\pi x}{l}\mathrm{d}x = 0$$

5.1.3　一维势箱模型的应用

一类含碳-碳双键的烯烃分子，它们的双键和单键是相互交替排列的，称共轭分子（图5.3），如丁二烯（CH_2＝CH—CH＝CH_2）。如果双键被两个以上单键所隔开，则称非共轭分子（图5.3），如1,4-戊二烯（H_2C＝CH—CH_2—CH＝CH_2）；如果共轭烯烃分子的碳链首尾相连接，则生成环状共轭多烯烃。

共轭分子含有一个共轭体系，表现出特有的性能。非共轭分子中的每个双键各自独立地表现它们的化学性能，一般可以用双键的性质来推断它们的性能。共轭分子中的两个双键形成一个新体系，它们的物理化学性质与非共轭烯烃不同。它们在吸收光谱、折射率、键长和氢化热等方面都不同。非共轭双烯，如1,4-戊二烯与一些亲电加成试剂如溴、氯化氢等加成时，先与一个双键起加成反应，再与另一个双键起加成反应。在同样条件下，用1,3-丁二烯与溴化氢、氯化氢加成时，有两种加成方式：一种是加在相邻两个碳原子上，称1，2加成反应；另一种是加在共轭分子两端的碳原子上，称1，4加成反应。1，4加成又称共轭加成，是共轭体系作为整体参加反应，这是共轭分子本身的结构本质所决定的。

图 5.3　共轭和非共轭分子

1,3-丁二烯　　　　1,4-戊二烯

对共轭体系中的 π 电子，可看成是在原子核及 σ 键组成的势场中运动，当该势场可用简单的常数或周期位能函数描述时，其 Schrödinger 方程即以简单求解，从而得到许多有意义的结果，这就是所谓的自由电子分子轨道理论，或称为自由电子模型。该模型虽然简单、粗糙，在定量意义上很差，但由于这种方法简单，因此在定性和半定量意义上可以系统地解释共轭体系的性质。

对于链状共轭分子，可采用一维势箱模型。假设由 $2k$（$k=1$，2，3，…）个原子构成的共轭体系，设 d 为共轭体系 C—C 键的平均键长，则取其链长 $l=2kd$，即相当于末端原子各向外伸出半个键长。如丁二烯，其 4 个 π 电子运动的一维势箱的箱长为 $3d$。

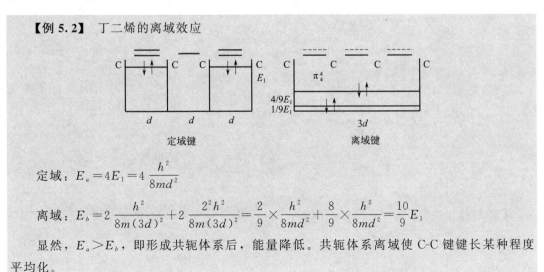

【例5.2】　丁二烯的离域效应

定域键　　　　　　　　　离域键

定域：$E_a = 4E_1 = 4\dfrac{h^2}{8md^2}$

离域：$E_b = 2\dfrac{h^2}{8m(3d)^2} + 2\dfrac{2^2h^2}{8m(3d)^2} = \dfrac{2}{9}\times\dfrac{h^2}{8md^2} + \dfrac{8}{9}\times\dfrac{h^2}{8md^2} = \dfrac{10}{9}E_1$

显然，$E_a > E_b$，即形成共轭体系后，能量降低。共轭体系离域使 C-C 键键长某种程度平均化。

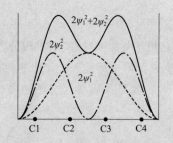

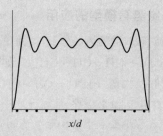

图 5.4　丁二烯电子云密度分布　　　　图 5.5　七烯电子云密度分布

可以看出，虽然 C1-C2 和 C3-C4 之间的 π 电子云密度较高，但 C2-C3 之间仍有一定的 π 电子分布，因此离域效应使 π 电子分布在链上趋于平均化。从图 5.4、图 5.5 中还可以看出，共轭链越长，π 电子数越多，这种平均化趋势就越大。

【例 5.3】　若在下一离子中运动的 π 电子可用一维势箱近似表示其运动特征，估计这一势箱的长度 $l = 1.3\text{nm}$，根据能级公式估算 π 电子跃迁时所吸收的光的波长，并与实验值 510.0nm 比较。

$$\text{H}_3\text{C} \cdots \underset{\overset{|}{\text{CH}_3}}{\text{N}} - \overset{\overset{\text{H}}{|}}{\text{C}} = \underset{\overset{|}{\text{H}}}{\text{C}} - \overset{\overset{\text{H}}{|}}{\text{C}} = \underset{\overset{|}{\text{H}}}{\text{C}} - \overset{\overset{\text{H}}{|}}{\text{C}} = \underset{\overset{|}{\text{H}}}{\text{C}} - \overset{\overset{\text{H}}{|}}{\text{C}} = \underset{\overset{|}{\text{CH}_3}}{\overset{+}{\text{N}}} - \text{CH}_3$$

解：该离子共有 10 个 π 电子，当离子处于基态时，这些电子填充在能级最低的前 5 个 π 型分子轨道上。离子受到光的照射，π 电子将从低能级跃迁到高能级，跃迁所需要的最低能量即第 5 和第 6 两个分子轨道的能级差。此能级差对应于棘手光谱的最大波长。应用一维势箱粒子的能级表达式即可求出该波长：

$$\Delta E = \frac{hc}{\lambda} = E_6 - E_5 = \frac{6^2 h^2}{8ml^2} - \frac{5^2 h^2}{8ml^2} = \frac{11h^2}{8ml^2}$$

$$\lambda = \frac{8mcl^2}{11h}$$

$$= \frac{8 \times 9.1095 \times 10^{-31}\text{kg} \times 2.9979 \times 10^8\text{m} \cdot \text{s}^{-1} \times (1.3 \times 10^{-9}\text{m})^2}{11 \times 6.6262 \times 10^{-34}\text{J} \cdot \text{s}}$$

$$= 506.6\text{nm}$$

实验值为 510.0nm，计算值与实验值的相对误差为 -0.67%。

【例 5.4】　对于无限深势阱中运动的粒子，证明

$$\bar{x} = \frac{a}{2}, \quad \overline{(x-\bar{x})^2} = \frac{a^2}{12}\left(1 - \frac{6}{n^2 \pi^2}\right)$$

并证明当 $n \to \infty$ 时上述结果与经典结论一致。

解: 写出归一化波函数:

$$\Psi_n(x)=\sqrt{\frac{2}{a}}\sin\frac{n\pi x}{a} \tag{1}$$

先计算坐标平均值:

$$\bar{x}=\int_0^a|\Psi|^2 x\,\mathrm{d}x=\int_0^a\frac{2}{a}\sin^2\frac{n\pi x}{a}x\,\mathrm{d}x=\frac{1}{a}\int_0^a\left(1-\cos\frac{2n\pi x}{a}\right)x\,\mathrm{d}x$$

利用公式:

$$\int x\sin px\,\mathrm{d}x=-\frac{x\cos px}{p}+\frac{\sin px}{p^2} \tag{2}$$

得

$$\int x\cos px\,\mathrm{d}x=-\frac{x\sin px}{p}+\frac{\cos px}{p^2} \tag{3}$$

$$\bar{x}=\frac{1}{a}\left|\frac{x^2}{2}-\left(\frac{a}{2n\pi}\right)x\sin\frac{2n\pi x}{a}-\left(\frac{a}{2n\pi}\right)^2\cos\frac{2n\pi x}{a}\right|_0^a=\frac{a}{2}$$

计算均方根值用$\overline{(x-\bar{x})^2}=\overline{x^2}-(\bar{x})^2$, $\bar{x}$已知,可计算$\overline{x^2}$

$$\overline{x^2}=\int_0^a|\Psi|^2 x^2\,\mathrm{d}x=\int\frac{2}{a}x^2\sin^2\frac{n\pi x}{a}\,\mathrm{d}x=\frac{1}{a}\int_0^a x^2\left(1-\cos\frac{2n\pi x}{a}\right)\mathrm{d}x$$

利用公式 $$\int x^2\cos px\,\mathrm{d}x=\frac{1}{p}x^2\sin px+\frac{2}{p^2}x\cos px-\frac{1}{p^3}\sin px \tag{4}$$

$$\overline{x^2}=\frac{1}{a}\left|\frac{1}{3}x^2-\left[\frac{a}{2n\pi}x^2-\left(\frac{a}{2n\pi}\right)^2\right]\sin\frac{2n\pi x}{a}-\left(\frac{a}{2n\pi}\right)^2\times 2x\cos\frac{2n\pi x}{a}\right|_0^a$$

$$=\frac{a^2}{3}-\frac{a^2}{2n^2\pi^2}$$

$$\overline{(x-\bar{x})^2}=\overline{x^2}-(\bar{x})^2=\frac{a^2}{3}-\frac{a^2}{2n^2\pi^2}-\left(\frac{a}{2}\right)^2$$

$$=\frac{a^2}{12}-\frac{a^2}{2n^2\pi^2} \tag{5}$$

在经典力学的一维无限深势阱问题中,因粒子局限在 $(0,a)$ 范围中运动,各点的概率密度看作相同,由于总概率是 1,概率密度 $\omega=\frac{1}{a}$。

$$\bar{x}=\int_0^a\omega x\,\mathrm{d}x=\int_0^a\frac{1}{a}x\,\mathrm{d}x=\frac{a}{2}$$

$$\overline{x^2}=\int_0^a\frac{1}{a}x^2\,\mathrm{d}x=\frac{a^2}{3}$$

$$\overline{(x-\bar{x})^2}=\overline{x^2}-(\bar{x})^2=\frac{a^2}{3}-\left(\frac{a}{2}\right)^2=\frac{a^2}{12}$$

故当 $n\to\infty$ 时二者相一致。

5.1.4 材料纳米化后能量的进一步量子化

对于材料尺度在纳米范围（小于 10nm）内的纳米颗粒，电子在三个方向均受到束缚，出现类似于势箱的情况，能级间隔增大，能量出现进一步的量子化。针对金属纳米颗粒，提出了一个久保理论，它与通常处理大块材料费米面附近电子态能级分布的传统理论不同，有新的特点，这是因为当颗粒尺寸进入纳米级时，由于量子尺寸效应原大块金属的准连续能级产生离散现象。

久保及其合作者提出相邻电子能级间距 δ 和颗粒直径 d 的关系

$$\delta = \frac{4}{3} \times \frac{E_F}{N} \propto V^{-1} \tag{5.26}$$

式中，N 为一个超微粒的总导电电子数；V 为超微粒体积，E_F 为费米能级，它可以用下式表示

$$E_F = \frac{\hbar^2}{2m}(3\pi^2 n_1)^{2/3} \tag{5.27}$$

式中，n_1 为电子密度；m 为电子质量。

由式（5.27）可得出，当粒子为球形时

$$\delta \propto \frac{1}{d^3} \tag{5.28}$$

即随粒径的减小，能级间隔增大。

上述球形纳米金属颗粒，可以看成孤立导体电容器，其能量可表示为

$$W \approx e^2/d \tag{5.29}$$

换一句话，W 也可表示为从一个超微粒子取出或放入一个电子克服库仑力所做的功；对于一个纳米粒子 d 值较小，W 值很大，即取走或放入一个电子都是十分困难。由此，通过与热能比较，可推断出能量量子化的影响。

例如，在足够低的温度下，估计当颗粒尺寸为 1nm 时，W 比 δ 小两个数量级，根据公式可知热能 $k_B T \ll \delta$，可见 1nm 的小颗粒在低温下量子尺寸效应很明显。针对低温下电子能级是离散的，且这种离散对材料热力学性质起很大作用，例如，超微粒的电导率、比热容、磁化率明显区别于大块材料。

5.2 线性谐振子

在自然界中我们可以广泛接触到简谐运动，任何在平衡位置附近的小振动，例如分子的振动，晶格的振动，原子核表面振动以及辐射场的振动等，在选择适当的坐标系后，常常可以将高维复杂运动近似分解成多个彼此独立的简谐振动。谐振子模型是一个基本模型，不仅在数学处理上具有简明性，而且还具有丰富的物理内涵。图 5.6 为双原子分子的简谐振动示意图，r_e 为平衡间距。

线性谐振子是物理学中一个重要的模型，许多在平衡点附近振动的物理问题都可简化为线性谐振运动。一般说来，任何一个体系在稳定平衡点附近都可以近似地用线性谐振子来表示。在经典力学中，线性谐振子的运动是简谐运动。

如果在一维空间内运动的粒子势能为

$$U(x) = \frac{1}{2}kx^2 = \frac{1}{2}\mu\omega^2 x^2 \tag{5.30}$$

ω 是常量，则这种体系就称为线性谐振子。这个问题的重要性在于许多体系都可以近似地看作是线性谐振子。例如，双原子分子中两原子之间的势能 U 是两原子间距离 x 的函数，其形状如图 5.7 所示。

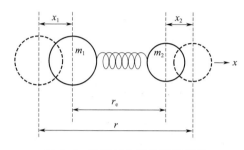

图 5.6　双原子分子的简谐振动

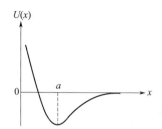

图 5.7　两原子间的势能曲线

在量子力学中，需要通过薛定谔方程求解，具体如下。

经典力学中线性谐振子的哈密顿函数为

$$H = \frac{p_x{}^2}{2\mu} + \frac{\mu\omega^2}{2}x^2 \tag{5.31}$$

而在量子力学中，线性谐振子的哈密顿算符为

$$\hat{H} = \frac{\hat{p}_x{}^2}{2\mu} + \frac{\mu\omega^2}{2}x^2 \tag{5.32}$$

由于 $U(x)$ 与时间无关，故为定态。

线性谐振子的定态薛定谔方程为

$$\left(-\frac{h^2}{2\mu} \times \frac{\mathrm{d}^2}{\mathrm{d}x^2} + \frac{1}{2}\mu\omega^2 x^2\right)\phi(x) = E\psi(x) \tag{5.33}$$

为了简化，引入无量纲的变量

$$\xi \equiv ax \tag{5.34}$$

$$a = \sqrt{\frac{\mu\omega}{h}} \tag{5.35}$$

$$\lambda \equiv \frac{2E}{h\omega} \tag{5.36}$$

则式（5.33）可改写成

$$\frac{d^2\phi}{d\xi^2}+(\lambda-\xi^2)\phi=0 \tag{5.37}$$

我们令式 (5.37) 的一般解为

$$\psi(\xi)=e^{-\frac{\xi^2}{2}}H(\xi) \tag{5.38}$$

得到 $H(\xi)$ 所满足的方程

$$\frac{d^2H}{d\xi^2}-2\xi\frac{dH}{d\xi}+(\lambda-1)H=0 \tag{5.39}$$

$$\lambda=2n+1 \quad n=0,1,2,\cdots \tag{5.40}$$

代入式 (5.36) 中，可求得线性谐振子的能级

$$E_n=\hbar\omega\left(n+\frac{1}{2}\right)=\left(n+\frac{1}{2}\right)h\nu \quad n=0,1,2,\cdots \tag{5.41}$$

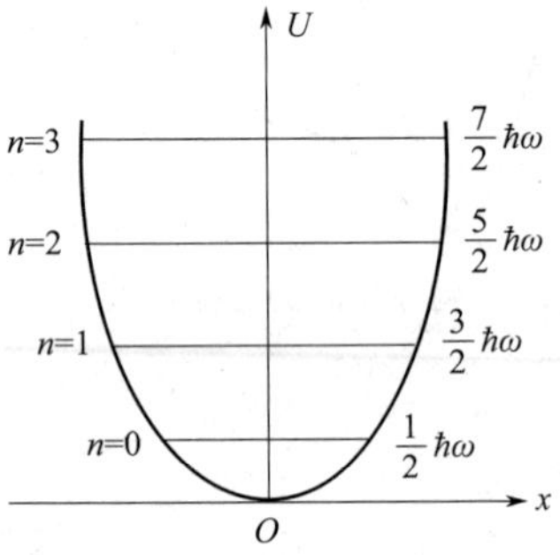

图 5.8 线性谐振子能级

由此得下面结论：

a. 线性谐振子能只能取分立值（图 5.8），能量是量子化的。

b. 谐振子的能级是均匀分布的，相邻两能级间隔 $\Delta E=E_{n+1}-E_n=\hbar\omega$，这与普朗克假设一致。

c. 谐振子的基态（$n=0$）能量为

$$E_0=\frac{1}{2}\hbar\omega=\frac{1}{2}h\nu \tag{5.42}$$

称为零点能，零点能的存在，是量子力学的一个重要结果，这是旧量子论中所没有的。

对应于不同的 n 或不同的 λ

$$\frac{d^2H_n}{d\xi^2}-2\xi\frac{dH_n}{d\xi}+2nH_n=0 \tag{5.43}$$

式 (5.43) 的解是厄密多项式 $H_n(\xi)$，它可以用下列式子表示

$$H_n(\xi)=(-1)^n e^{\xi^2}\frac{d^n}{d\xi^n}e^{-\xi^2} \tag{5.44}$$

脚标 n 表示多项式的最高次幂。

下面列出前面 n 项厄密多项式

$$\begin{aligned}
&H_0(\xi)=1, H_1(\xi)=2\xi\\
&H_2(\xi)=4\xi^2 2, H_3(\xi)=8\xi^3-12\xi\\
&H_4(\xi)=1.6\xi^4-48\xi^2+1.2\\
&H_5(\xi)=32\xi^5-160\xi^3+1.20\xi
\end{aligned} \tag{5.45}$$

由式 (5.38)，对应能量 E_n 的波函数是

$$\psi_n(\xi)=N_n e^{-\frac{\xi^2}{2}}H_n(\xi) \tag{5.46a}$$

或 $$\psi_n(x) = N_n e H_n(ax) \tag{5.46b}$$

这函数称厄密函数，式中 N_n 为归一化常数。由归一化条件

$$\int_{-\infty}^{\infty} \psi_n^k(x)\psi_n(x)\mathrm{d}x = 1 \tag{5.47}$$

经计算得（见附录1）

$$N_n = \left(\frac{a}{\pi^{\frac{1}{2}} 2^n n!}\right)^{\frac{1}{2}}$$

归一化后的前三个波函数如下：

$$\left.\begin{array}{l}
\psi_0(x) = \left(\dfrac{a}{\pi^{\frac{1}{2}}}\right)^{\frac{1}{2}} \mathrm{e}^{-\frac{1}{2}a^2 x^2} \\[3mm]
\psi_1(x) = \left(\dfrac{a}{2\pi^{\frac{1}{2}}}\right)^{\frac{1}{2}} 2ax\,\mathrm{e}^{-\frac{1}{2}a^2 x^2} \\[3mm]
\psi^2(x) = \left(\dfrac{a}{8\pi^{\frac{1}{2}}}\right)^{\frac{1}{2}} (4a^2 x^2 - 2)\mathrm{e}^{-\frac{1}{2}a^2 x^2}
\end{array}\right\} \tag{5.48}$$

从上面各式容易看出，$\psi_0(x)$，$\psi_2(x)$ 等函数是 x 的偶函数，即 $\psi(-x) = \psi(x)$，我们称这些波函数具有偶宇称，而 $\psi_1(x)$，$\psi_3(x)$ 等波函数是 x 奇函数，即

$$\psi(-x) = -\psi(x) \tag{5.49}$$

我们称这些波函数具有奇宇称。

d. 与经典比较。

图 5.9 中横坐标代表振子的位置，抛物线代表势能曲线，E_n 是量子化的能级，虚曲线代表波函数 $\psi_n(x)$，实曲线代表概率分布 $|\psi_n|^2$，由图 5.9 可以看出：当 $n=0$ 时，波函数 ψ_0 除了 $x=\pm\infty$ 外均不为零（即不与 ax 轴相交），故无节点；当 $n=1$ 时，波函数 ψ_1 有一个节点；波函数 ψ_n 有 n 个节点，即 $\psi_n(x) = 0$ 有 n 个根。

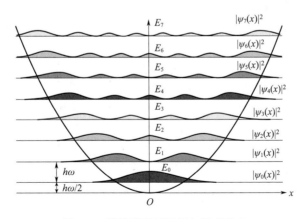

图 5.9 线性谐振子能级与概率分布

从图5.9可见，量子力学的结果与经典理论对同样能量谐振子计算的概率函数是完全不同的。

随着量子数 n 的增加，量子力学谐振子概率分布将趋向于经典谐振子的概率分布，差别只在于 $|\psi_n|^2$ 绕平均值迅速振荡而已（图5.10）。

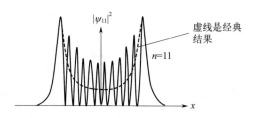

图 5.10　线性谐振子 $n=11$ 时的概率分布
（实线是概率分布，虚线代表经典谐振子位置概率分布）

5.3　粒子数表象

量子力学中体系的能级和定态波函数可以通过求解定态薛定谔方程得到。由于体系的哈密顿算符通常比较复杂，大多数问题不能精确求解，必须采用近似的方法，例如微扰法。以线性谐振子为例，采用坐标表象来描述粒子的量子态是相当烦琐的，我们发现在计算的过程中常需要用到厄密多项式的递推公式，积分计算非常复杂，如果是在粒子数表象中处理，就会使计算变得非常简单。

如果取 $\hat{H}$ 的本征矢完备系 $\{|n\rangle\}$ 作为希尔伯特空间的基底，就得到粒子数表象，也称为能量表象或占有数表象。粒子数表象以 $\{|n\rangle\}$ 为基矢，为了在粒子数表象中进行各种计算，引入湮灭算符 $\hat{a}$ 与产生算符 $\hat{a}^+$ 作为基本力学量，其他力学量，如坐标、动量、动能、势能以及哈密顿算符等都可用它们来表示。

（1）产生算符和消灭算符

一维谐振子的哈密顿量

$$\hat{H}=\frac{\hat{p}^{2}}{2\mu}+\frac{1}{2}\mu\omega^{2}x^{2} \tag{5.50}$$

定义产生算符和消灭算符：

$$\begin{cases} \hat{a}=\sqrt{\dfrac{\mu\omega}{2\hbar}}\left(x+i\,\dfrac{\hat{p}}{\mu\omega}\right)=\dfrac{\alpha}{\sqrt{2}}\left(x+\dfrac{\hbar}{\mu\omega}\times\dfrac{\partial}{\partial x}\right) \\[4mm] \hat{a}^{+}=\sqrt{\dfrac{\mu\omega}{2\hbar}}\left(x-i\,\dfrac{\hat{p}}{\mu\omega}\right)=\dfrac{\alpha}{\sqrt{2}}\left(x-\dfrac{\hbar}{\mu\omega}\times\dfrac{\partial}{\partial x}\right) \end{cases} \tag{5.51}$$

其中，$\alpha=\sqrt{\mu\omega/\hbar}$；$x$，$\hat{p}$ 为厄米算符。

a. 由于 $\hat{a} \neq \hat{a}^+$，$\hat{a}$ 不是厄米算符。

b. 满足对易关系 $[\hat{a}, \hat{a}^+] = 1$。

c. 可以推出

$$\hat{x} = \sqrt{\frac{\hbar}{2\mu\omega}}(\hat{a} + \hat{a}^+) \tag{5.52}$$

$$\hat{p} = \frac{1}{i}\sqrt{\frac{\mu\omega\hbar}{2}}(\hat{a} - \hat{a}^+) \tag{5.53}$$

所以 $\hat{H} = \dfrac{\hat{p}^2}{2\mu} + \dfrac{1}{2}\mu\omega^2 x^2 = -\dfrac{\hbar\omega}{4}(\hat{a}^2 + \hat{a}^{+2} - \hat{a}\hat{a}^+ - \hat{a}^+\hat{a}) + \dfrac{\hbar\omega}{4}(\hat{a}^2 + \hat{a}^{+2} + \hat{a}\hat{a}^+ + \hat{a}^+\hat{a})$

$$= \left(\hat{a}^+\hat{a} + \frac{1}{2}\right)\hbar\omega \tag{5.54}$$

（2）粒子数算符

令 $\hat{N} = \hat{a}^+\hat{a}$ 为粒子数算符。

因 $\hat{N}^+ = (\hat{a}^+\hat{a})^+ = \hat{a}^+\hat{a} = \hat{N}$ 是厄米算符，其本征值及相应的本征态：

$$\hat{N}|n\rangle = \hat{a}^+\hat{a}|n\rangle = n|n\rangle \tag{5.55}$$

显然，此式是 $\hat{N}$ 的本征方程，其本征态为 $|n\rangle$，本征值为 n，n 可称为粒子数。

此外，还可以推导出

$$\hat{N}\hat{a}|n\rangle = (n-1)\hat{a}|n\rangle$$
$$\hat{N}\hat{a}^2|n\rangle = (n-2)\hat{a}^2|n\rangle \tag{5.56}$$

因此，$\hat{a}^2|n\rangle$ 也是 $\hat{N}$ 的本征态，对应的本征值为 $n-2$。

可以总结出 $\hat{N}$ 的本征值及本征态分别为

本征值　　n　　$n-1$　　$n-2$　　…

本征态　　$|n\rangle$　　$\hat{a}|n\rangle$　　$\hat{a}^2|n\rangle$

采用类似的办法，还可以得到 $\hat{N}$ 另一组本征值及本征态

本征值　　n　　$n+1$　　$n+2$

本征态　　$|n\rangle$　　$\hat{a}^+|n\rangle$　　$\hat{a}^{+2}|n\rangle$

由上可进一步推导出

$$\text{湮灭算符}\quad \hat{a}|n\rangle = \sqrt{n}|n-1\rangle$$
$$\text{产生算符}\quad \hat{a}^+|n\rangle = \sqrt{n+1}|n+1\rangle \tag{5.57}$$

对于线性谐振子 $\hat{H} = \hbar\omega\left[\hat{N} + \dfrac{1}{2}\right]$ 有

$$\hat{H}|n\rangle = \hbar\omega\left(\hat{N} + \frac{1}{2}\right)|n\rangle = \hbar\omega\left(n + \frac{1}{2}\right)|n\rangle \tag{5.58}$$

即 $|n\rangle$ 也是 $\hat{H}$ 的本征态，对应本征值为 $\left(n+\dfrac{1}{2}\right)\hbar\omega$，其中，$n=0,1,2,3,\cdots$

所以，$|n\rangle$ 是能量本征态，n 是能量子的粒子数。

算符 $\hat{a}$ 和 $\hat{a}^{+}$ 的矩阵表示

$$a_{mn}=\langle m|\hat{a}|n\rangle=\sqrt{n}\langle m|n-1\rangle=\sqrt{n}\delta_{m,n-1}\quad m,n=0,1,2,\cdots \tag{5.59}$$

$$a_{mn}^{+}=\langle m|\hat{a}^{+}|n\rangle=\sqrt{n+1}\langle m|n+1\rangle=\sqrt{n+1}\delta_{m,n+1} \tag{5.60}$$

$$a=\begin{bmatrix}0 & \sqrt{1} & 0 & \cdots \\ 0 & 0 & \sqrt{2} & \cdots \\ 0 & 0 & 0 & \cdots \\ \cdots & \cdots & \cdots & \cdots\end{bmatrix}\qquad a^{+}=\begin{bmatrix}0 & 0 & 0 & \cdots \\ \sqrt{1} & 0 & 0 & \cdots \\ 0 & \sqrt{2} & 0 & \cdots \\ \cdots & \cdots & \cdots & \cdots\end{bmatrix}$$

【例 5.5】 证明：如果 ψ 是 $\hat{N}=\hat{a}^{+}\hat{a}$ 的本征态，对应的本征值为 λ，且 $[\hat{a},\hat{a}^{+}]=1$，那么，波函数 $\psi_1=\hat{a}\psi$ 和 $\psi_2=\hat{a}^{+}\psi$ 也都是 $\hat{N}$ 的本征函数，对应的本征值分别为 $\lambda-1$ 和 $\lambda+1$。

证：因为 $\hat{N}\psi=\hat{a}^{+}\hat{a}\psi=\lambda\psi$，$[\hat{a},\hat{a}^{+}]=\hat{a}\hat{a}^{+}-\hat{a}^{+}\hat{a}=1$。

所以 $\hat{N}\psi_1=\hat{a}^{+}\hat{a}\hat{a}\psi=(\hat{a}\hat{a}^{+}-1)\hat{a}\psi=\hat{a}\hat{a}^{+}\hat{a}\psi-\hat{a}\psi=\hat{a}\lambda\psi-\hat{a}\psi=(\lambda-1)\hat{a}\psi=(\lambda-1)\psi_1$

同理　$\hat{N}\psi_2=(\lambda+1)\psi_2$

5.4　隧道效应

隧道效应是由微观粒子波动性所确定的量子效应，又称势垒贯穿。如果粒子运动遇到一个高于粒子能量的势垒，按照经典力学，粒子是不可能越过势垒的；但按照量子力学可以求解出除了在势垒处的反射外，还有透过势垒的波函数，这表明在势垒的另一边，粒子具有一定的概率，粒子能贯穿势垒。

经典物理学认为，物体越过势垒，有一阈值能量；粒子能量小于此能量则不能越过，大于此能量则可以越过。例如骑自行车过小坡，先用力骑，如果坡很低，不蹬自行车也能靠惯性过去。如果坡很高，不蹬自行车，车到一半就停住，然后退回去。

量子力学则认为，即使粒子能量小于阈值能量，很多粒子冲向势垒，一部分粒子反弹，还会有一些粒子能过去，好像有一个隧道，故名隧道效应（quantum tunneling）。可见，宏观上的确定性在微观上往往就具有不确定性。虽然在通常的情况下，隧道效应并不影响经典的宏观效应，因为隧穿概率极小，但在某些特定的条件下宏观的隧道效应也会出现。

设粒子的总能量为 E，沿 x 轴正向运动，其势能变化分三个区域（图 5.11）：

$$\left.\begin{array}{lll}区域 \text{I} & x\leqslant 0 & U(x)=0 \\ 区域 \text{II} & 0\leqslant x\leqslant a & U(x)=U_0 \\ 区域 \text{III} & x\geqslant a & U(x)=0\end{array}\right\} \tag{5.61}$$

粒子沿 x 方向运动，则波函数 ψ 只是 x 的函数，粒子在三个区域中分别以 ψ_1、ψ_2、ψ_3 表示，则它们分别满足薛定谔方程

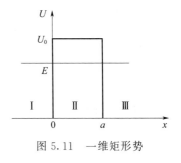

$$\left.\begin{array}{l} \text{I}: \dfrac{\mathrm{d}^2 \psi_1}{\mathrm{d}x^2} + \dfrac{2\mu}{\hbar^2} E\psi_1 = 0 \\[3mm] \text{II}: \dfrac{\mathrm{d}^2 \psi_2}{\mathrm{d}x^2} + \dfrac{2\mu}{\hbar^2}(E-U_0)\psi_2 = 0 \\[3mm] \text{III}: \dfrac{\mathrm{d}^2 \psi_3}{\mathrm{d}x^2} + \dfrac{2\mu}{\hbar^2} E\psi_3 = 0 \end{array}\right\} \tag{5.62}$$

图 5.11 一维矩形势

下面分两种情况讨论

a. $E > U_0$ 情形。

为简便起见，令

$$k_1 = \left(\frac{2\mu E}{\hbar^2}\right)^{\frac{1}{2}}, \quad k_2 = \left(\frac{2\mu(E-U_0)}{\hbar^2}\right)^{\frac{1}{2}} \tag{5.63}$$

则式（5.62）可简化为

$$\left.\begin{array}{l} \dfrac{\mathrm{d}^2 \psi_1}{\mathrm{d}x^2} + k_1^2 \psi_1 = 0 \\[3mm] \dfrac{\mathrm{d}^2 \psi_2}{\mathrm{d}x^2} + k_2^2 \psi_2 = 0 \\[3mm] \dfrac{\mathrm{d}^2 \psi_3}{\mathrm{d}x^2} + k_3^2 \psi_3 = 0 \end{array}\right\} \tag{5.64}$$

式（5.64）的解为

$$\left.\begin{array}{l} \psi_1 = A\mathrm{e}^{ik_1 x} + A'\mathrm{e}^{-ik_1 x} \\[2mm] \psi_2 = B\mathrm{e}^{ik_2 x} + B'\mathrm{e}^{-ik_2 x} \\[2mm] \psi_3 = C\mathrm{e}^{ik_1 x} + C'\mathrm{e}^{-ik_1 x} \end{array}\right\} \tag{5.65}$$

用时间因子 $\mathrm{e}^{-\frac{i}{\hbar}Et}$ 乘式（5.65）后，立即可见这三个式子右边第一项是由左向右传播的平面波，第二项是由右向左传播的平面波。由于粒子在 III 区域内不会再有反射，因而在 III 区域中应当没有向左传播的波，所以在式（5.65）中必须令 $C' = 0$。

运用 ψ 及 $\dfrac{\mathrm{d}\psi}{\mathrm{d}x}$ 连续的条件来确定式（5.65）中各系数

$$\left.\begin{array}{ll} (\psi_1)_{x=0} = (\psi_2)_{x=0} & A + A' = B + B' \\[2mm] (\psi_2)_{x=0} = (\psi_3)_{x=0} & B\mathrm{e}^{ik_2 a} + B\mathrm{e}^{-ik_2 a} = C\mathrm{e}^{ik_2 a} \\[2mm] \left(\dfrac{\mathrm{d}\psi_1}{\mathrm{d}x}\right)_{x=0} = \left(\dfrac{\mathrm{d}\psi_2}{\mathrm{d}x}\right)_{x=0} & k_1 A - k_1 A' = k_2' B - k_2 B' \\[2mm] \left(\dfrac{\mathrm{d}\psi_2}{\mathrm{d}x}\right)_{x=0} = \left(\dfrac{\mathrm{d}\psi_3}{\mathrm{d}x}\right)_{x=0} & k_2 B\mathrm{e}^{ik_2 a} - k_2 B\mathrm{e}^{-ik_2 a} = k_1 c\mathrm{e}^{ik_1 a} \end{array}\right\} \tag{5.66}$$

由上面可见，五个常数 A、A'、B、B' 及 C 满足四个独立的方程，解方程组，得

$$C = \frac{4k_1 k_2 e^{-ik_1 a}}{(k_1+k_2)^2 e^{-ik_1 a} - (k_1-k_2)^2 e^{ik_1 a}} A \qquad (5.67)$$

$$A' = \frac{2i(k_1{}^2 - k_2{}^2)\sin a k_2}{(k_1-k_2)^2 e^{-ik_1 a} - (k_1+k_2)^2 e^{-ik_1 a}} A \qquad (5.68)$$

由概率流密度公式

$$J = \frac{i\hbar}{2\mu}(\psi \nabla \psi^* - \psi^* \nabla \psi)$$

将射入波 $A e^{ik_1 x}$、反射波 $A' e^{-ik_1 x}$、透射波 $C e^{ik_1 x}$ 依次代换上式中的 ψ,分别可得到:

入射概率流密度

$$J_\text{入} = \frac{i\hbar}{2\mu}\left[A e^{ik_1 x}\frac{\mathrm{d}}{\mathrm{d}x}(A^* e^{ik_1 x}) - A^* e^{-ik_1 x}\frac{\mathrm{d}}{\mathrm{d}x}(A e^{ik_1 x})\right] = \frac{\hbar k_1}{\mu}|A|^2 \qquad (5.69)$$

反射概率流密度
$$J_\text{反} = \frac{\hbar k_1}{\mu}|A'|^2$$

透射概率流密度
$$J_\text{透} = \frac{\hbar k_1}{\mu}|C|^2$$

若定义透射系数 $D = \dfrac{J_\text{透}}{J_\text{入}}$,反射系数 $D = \dfrac{J_\text{反}}{J_\text{入}}$,应用式(5.67)、式(5.68),得

$$D = \frac{J_\text{透}}{J_\text{入}} = \frac{|C|^2}{|A|^2} = \frac{4k_1{}^2 k_2{}^2}{(k_1{}^2 - k_2{}^2)^2 \sin^2 a k_2 + 4k_1{}^2 k_2{}^2} \qquad (5.70)$$

$$R = \frac{J_\text{反}}{J_\text{入}} = \frac{|A'|^2}{|A|^2} = \frac{(k_1{}^2 - k_2{}^2)^2 \sin^2 k_2 a}{(k_1{}^2 - k_2{}^2)^2 \sin^2 k_2 a + 4k_1{}^2 k_2{}^2} \qquad (5.71)$$

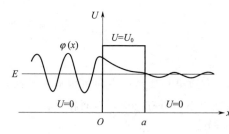

图 5.12 粒子穿过一维矩形势垒

由上两式可见,D 和 R 均小于 1,而 $D+R=1$,这说明入射粒子一部分贯穿势垒到 $x>a$ 区域,另一部分被势垒反射回去(图 5.12)。

b. $E<U_0$ 情形。这时 k_2 为虚数,令 $k_2 = ik_3$,由式(5.63)得

$$k_3 = \left[\frac{2\mu(U_0 - E)}{\hbar^2}\right]^{\frac{1}{2}} \qquad (5.72)$$

为实数,这样,只需把 k_2 换为 ik_3,前面的计算仍然成立,利用关系式 $\mathrm{sh}x = -i\sin ix$,则由式(5.67)得透射系数为

$$D = \frac{4k_1{}^2 k_3{}^2}{(k_1{}^2 - k_3{}^2)^2 \mathrm{sh}^2 a k_3 + 4k_1{}^2 k_3{}^2} \qquad (5.73)$$

其中 $\mathrm{sh}x$ 是双曲正弦函数,其值为

$$\mathrm{sh}x = \frac{e^x - e^{-x}}{2}$$

如果粒子的能量 E 比势垒高度小很多，即 $E \ll U_0$，同时势垒的宽度 a 不太小，以致 $k_3 a \gg 1$，则 $\mathrm{e}^{k_3 a} \gg \mathrm{e}^{-k_3 a}$。

此时

$$\mathrm{sh}^2 k_3 a = \left(\frac{\mathrm{e}^{k_3 a} - \mathrm{e}^{-k_3 a}}{2}\right)^2 \approx \frac{1}{4} \mathrm{e}^{2k_3 a}$$

于是式（5.70）可近似表示成

$$D = \frac{4}{\frac{1}{4}\left(\frac{k_1}{k_2} + \frac{k_3}{k_1}\right)^2 \mathrm{e}^{2k_3 a} + 4} \tag{5.74}$$

因为 k_1 和 k_3 同数量级，$ak_3 \gg 1$ 时，$\mathrm{e}^{2ak_3} \gg 4$，所以上式可写为

$$D = D_0 \mathrm{e}^{-2k_3 a} = D_0 \exp\left[-\frac{2}{\hbar}\sqrt{2\mu(U_0 - E)}\, a\right] \tag{5.75}$$

式中，$D_0 = 16\left(\dfrac{k_1 k_3}{k_1^2 + k_3^2}\right)^2$，为数量级接近于 1 的常数。

由此可见，透射系数 D 随着势垒 a，$(U_0 - E)$ 及粒子质量 μ 的依赖关系很敏感，随着势垒的加宽加高而做指数衰减，所以在宏观实验中不容易观测到粒子贯穿势垒的现象。

$$D = D_0 \exp\left[-\frac{2}{\hbar}\int_{x_1}^{x_2}\sqrt{2\mu[U(x) - E]}\,\mathrm{d}x\right] \tag{5.76}$$

由上面讨论可见

a. 粒子在能量 E 小于势垒高度 U_0 时，仍然贯穿势垒的现象，这种效应称为隧道效应。隧道效应是一种微观效应，势垒宽度 a，粒子质量 μ 和 $(U_0 - E)$ 值愈小，贯穿概率愈大。如果 a 和 μ 为宏观大小时，粒子实际上将不穿过势垒（因此时 $\hbar$ 的值比起宏观是如此小，即可认为 $\hbar \to 0$），所以实际上隧道效应已经没有意义了，量子概念过渡到经典的概念。

b. 隧道效应用经典理论无法解释，它完全由微观粒子的波动性而来，因为从经典力学来看，粒子的能量等于动能与势能之和

$$E = \frac{p^2}{2\mu} + U(x)$$

在 $E < U(x)$ 的区域内，粒子的动能变为负值，动量将是虚数，这是没有意义的。按照量子力学的概念，粒子遵从测不准关系，作为坐标函数的势能和动量数的动能不能同时具有确定值，因而说某区域内粒子的能量等于动能和势能之和将不再有明确的意义。

c. 隧道效应的应用。

隧道效应不但可解释一些经典理论所不能解释的现象，如 a 衰变，金属冷发射等，而且这种效应已被用来制成固体器件如半导体隧道二极管，超导隧道结（Josephon 结）等。

隧道二极管是采用砷化镓（GaAs）和锑化镓（GaSb）等材料混合制成的半导体二极管。其电流和电压间的变化关系与一般半导体二极管不同。当某一个极上加正电压时，通过管的电流先将随电压的增加而很快变大，但在电压达到某一值后，忽而变小，小到一定值后又急剧变大；如果所加的电压与前相反，电流则随电压的增加而急剧变大。因为这种变化关系只

能用量子力学中的"隧道效应"加以说明，故称隧道二极管。由于"江崎二极管"具有负电阻，并且隧道效应发生速度异常迅速，可用于高频振荡、放大以及开关等电路元件，尤其可以用来提高电子计算机的运算速度。

场致发射是通过外界电场，利用隧道效应把电子拉出固体表面的现象。固体内的电子由于受到原子核的吸引作用而被束缚在固体内部。在经典物理理论中，只有当外电场场强达到10^8，才能让电子克服原子核的吸引而发射出固体表面。但是，按照量子力学，电子会发生隧穿效应，也就是，电子能够穿过比它的动能更高的势垒。因此，当外电场场强达到10^6时，已经有很明显的电子发射现象了。有很多离子源就是利用场致发射现象来工作的。

场致发射显示是在强电场的作用下阴极表面势垒降低、变薄，电子通过隧道效应穿过势垒发射到真空，电子加速后轰击在荧光粉上实现显示。从结构上场致发射可分为二极管型和三极管型两种，场致发射的阴极材料主要有金属尖锥、金刚石薄膜、碳纳米管（CNT）、化合物、表面传导电子发射体（SCEE）等。

场致发射具有主动发光、无图像畸变、宽视角（约170°）、快速响应（微秒级）、环境适应性强等特点。FED可以实现微型显示，也可实现大屏幕显示。

纳米Al粉是一种高效火箭燃料催化剂，在航空、航天工业领域中有着重要的应用，但由于纳米粉末的比表面积大，表面活性高，若处理不当，在空气中极易氧化而失去优异的使用性能，研究纳米Al粉的安全存放及后续操作具有重要的意义。由于纳米铝粉的粒径小，在其表面形成的氧化膜的厚度会比通常金属表面形成的氧化膜的厚度小，因此，钝化后的纳米铝粉由于隧道效应可以保持高活性又可以在室温空气中稳定存放，形成一薄层钝化膜。

纳米铝表面形成致密氧化膜的过程，分为多相界面反应和氧化膜内的传输过程两个部分。依赖于晶格缺陷迁移导致氧化物层生长既可以发生在金属-氧化物界面，也会发生在氧气-氧化物界面。

在氧化动力学过程中，离子和电子在氧化物中的扩散运动的驱动力是浓度梯度和氧化层中的电场。因此，氧化物膜的生长分为三个阶段。第一阶段，金属中的自由电子和在氧化物表面被氧化学吸附的粒子之间的平衡，离子浓度增大，离子迁移是反应的速率控制步骤，这时，Mott势急剧增加，钝化膜生长很快，几乎在几秒之内完成。第二阶段，由于膜的增厚，电子隧道效应导致能量势垒下降，Mott势减小，离子迁移减慢，隧道效应成为速率控制步骤，隧道流是在金属到氧化物表面的电子流。第三阶段，热电子流起主要作用，热电子流Mott势递减最后保持为常数，金属铝离子的浓度下降，氧化膜的生长几乎停止。

【例5.6】 当无电场时，在金属中的电子的势能可近似视为

$$U(x) = \begin{cases} 0, x \leqslant 0 \text{（在金属内部）} \\ U_0, x \geqslant 0 \text{（在金属外部）} \end{cases}$$

其中$U_0 > 0$，求电子在均匀外电场作用下穿过金属表面的透射系数。

解： 设电场强度为ε，方向沿x轴方向，则总势能为

$$U(x) = 0 (x \leqslant 0), \quad U(x) = U_0 - e\varepsilon x \quad (x \geqslant 0)$$

则透射系数为

$$D \approx \exp\left[-\frac{2}{\hbar} \int_{x_2}^{x_1} \sqrt{2\mu(U_0 - e\varepsilon x - E)} \, \mathrm{d}x \right]$$

式中，E 为电子能量。$x_1 = 0$，x_2 由下式确定

$$p = \sqrt{2\mu(U_0 - e\varepsilon x - E)} = 0$$

$$x_2 = \frac{U_0 - E}{e\varepsilon}$$

令 $x = \dfrac{U_0 - E}{e\varepsilon} \sin^2\theta$，则有

$$\int_{x_2}^{x_1} \sqrt{2\mu(U_0 - e\varepsilon x - E)} \, \mathrm{d}x = \int_0^{2\pi} \sqrt{2\mu(U_0 - E)} \, \frac{U_0 - E}{e\varepsilon} 2\sin^2\theta \mathrm{d}\theta$$

$$= 2\frac{U_0 - E}{e\varepsilon} \sqrt{2\mu(U_0 - E)} \left(-\frac{\cos^3\theta}{3} \right) \Bigg|_0^{2\pi}$$

$$= \frac{2}{3} \times \frac{U_0 - E}{e\varepsilon} \sqrt{2\mu(U_0 - E)}$$

透射系数 $D \approx \exp\left[-\frac{2}{3\hbar} \times \frac{U_0 - E}{e\varepsilon} \sqrt{2\mu(U_0 - E)} \right]$

5.5 原子的结构和性质

5.5.1 氢原子

电中性的氢原子含有一个正价的质子与一个负价的电子，被库仑定律束缚于原子核内。氢原子拥有一个质子和一个电子，是一个简单的二体系统。系统内的作用力只跟二体之间的距离有关，是反平方有心力。1925 年，薛定谔应用他发明的薛定谔方程，以严谨的量子力学分析，清楚地解释了玻尔答案正确的原因。氢原子的薛定谔方程的解答是一个解析解，可以计算氢原子的能级与光谱谱线的频率。薛定谔方程的解答比玻尔模型更为精确，能够得到许多电子量子态的波函数（轨道），也能够解释化学键的各向异性。在量子力学里，没有比氢原子问题更简单，更实用，而又有解析解的问题了。所推演出来的基本物理理论，又可以用简单的实验来核对。

另外，理论上薛定谔方程也可用于求解更复杂的原子与分子。但在大多数的案例中，皆无法获得解析解，而必须借用电脑（计算机）来进行计算与模拟，或者做一些简化的假设，方能求得问题的解析解。

（1）球对称势的薛定谔方程

考虑一电子在带电的原子核所产生和电场中运动，电子的质量为 μ，带电荷是 $+Ze$；$Z = 1$ 时，这个体系为氢原子。$Z > 1$ 时，体系为类氢原子。若把坐标原点选在原子核上，则

电子受核吸引的势能为

$$U(r) = -\frac{Ze_s^2}{r} \qquad (5.77)$$

式中，r 为电子与原子核的距离；$e_s^2 = \frac{e^2}{4\pi\varepsilon_0}$。体系的哈密顿量为

$$\hat{H} = -\frac{\hbar^2}{2\mu}\nabla^2 + U(r)$$

定态薛定谔方程为

$$\left[-\frac{\hbar^2}{2\mu}\nabla^2 + U(r)\right]\psi = E\psi \qquad (5.78)$$

用球极坐标（图 5.13）：$\begin{cases} x = r\sin\theta\cos\phi \\ y = r\sin\theta\sin\phi \\ x = r\cos\theta \end{cases}$

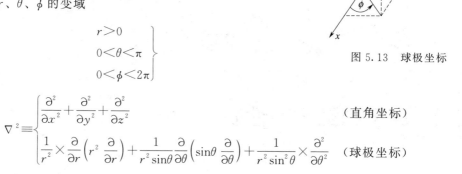

图 5.13　球极坐标

此外 r、θ、ϕ 的变域

$$\left. \begin{array}{l} r > 0 \\ 0 < \theta < \pi \\ 0 < \phi < 2\pi \end{array} \right\}$$

$$\nabla^2 \equiv \begin{cases} \dfrac{\partial^2}{\partial x^2} + \dfrac{\partial^2}{\partial y^2} + \dfrac{\partial^2}{\partial z^2} & \text{（直角坐标）} \\[2mm] \dfrac{1}{r^2}\times\dfrac{\partial}{\partial r}\left(r^2\dfrac{\partial}{\partial r}\right) + \dfrac{1}{r^2\sin\theta}\dfrac{\partial}{\partial\theta}\left(\sin\theta\dfrac{\partial}{\partial\theta}\right) + \dfrac{1}{r^2\sin^2\theta}\times\dfrac{\partial^2}{\partial\theta^2} & \text{（球极坐标）} \end{cases}$$

因此式（5.78）在球坐标中的形式是

$$-\frac{\hbar^2}{2\mu r}\left[\frac{\partial}{\partial r}\left(r^2\frac{\partial}{\partial r}\right) + \frac{1}{\sin\theta}\times\frac{\partial}{\partial\theta}\left(\sin\theta\frac{\partial}{\partial\theta}\right) + \frac{1}{\sin^2\theta}\times\frac{\partial^2}{\partial\phi^2}\right]\psi U(r)\psi = E\psi \qquad (5.79)$$

用分离变量法这一偏微分方程化为三个常微分方程，为此，我们令

$$\psi(r,\theta,\phi) = R(r)Y(\theta,\phi) \qquad (5.80)$$

将式（5.80）代入式（5.79），并以 $-\dfrac{\hbar^2}{2\mu r}R(r)Y(\theta,\phi)$ 除以方程两边，移项后得

$$\frac{1}{R}\times\frac{\mathrm{d}}{\mathrm{d}r}\left(r^2\frac{\mathrm{d}R}{\mathrm{d}r}\right) + \frac{2\mu r^2}{\hbar^2}[E - U(r)]$$

$$= -\frac{1}{y}\left[\frac{1}{\sin\theta}\times\frac{\partial}{\partial\theta}\left(\sin\theta\frac{\partial Y}{\partial\theta}\right) + \frac{1}{\sin^2\theta}\times\frac{\partial^2 Y}{\partial\phi^2}\right] \qquad (5.81)$$

这方程左边仅与 r 有关，右边仅与 θ，ϕ 有关，而都是独立变量，所以只有等式两边都等于同一个常数时，式（5.81）才能成立。以 λ 表示这个常数，则式（5.78）分离为两个方程：

径向方程

$$\frac{1}{r^2}\times\frac{\mathrm{d}}{\mathrm{d}r}\left(r^2\frac{\mathrm{d}R}{\mathrm{d}r}\right) + \left\{\frac{2\mu}{\hbar^2}[E - U(r)] - \frac{\lambda}{r^2}\right\}R = 0 \qquad (5.82)$$

角质方程

$$\frac{1}{\sin\theta} \times \frac{\partial}{\partial\theta}\left(\sin\theta \frac{\partial Y}{\partial\theta}\right) + \frac{1}{\sin^2\theta} \times \frac{\partial^2 Y}{\partial\phi^2} + \lambda Y = 0 \tag{5.83}$$

（2）角量方程的解 $Y(\theta, \phi)$

$$Y(\theta, \phi) = \Theta(\theta)\Phi(\phi) \tag{5.84}$$

将式（5.80）转入式（5.79），并以 $\dfrac{\sin^2\theta}{\Theta\Phi}$ 乘等式两边得

$$\frac{\sin^2\theta}{\Theta} \times \frac{\mathrm{d}}{\mathrm{d}\theta}\left(\sin\theta \frac{\mathrm{d}\Theta}{\mathrm{d}\theta}\right) + \lambda\sin^2\theta = -\frac{\mathrm{d}^2\Phi}{\Phi\mathrm{d}\phi^2} \tag{5.85}$$

这方程左边只含 θ，右边只含 ϕ，所以必须两边等于同一常数，以 m^2 表示这个常数，则由式（5.84）得出下面两个方程：

Θ 方程

$$\frac{1}{\sin\theta} \times \frac{\mathrm{d}}{\mathrm{d}\theta}\left(\sin\theta \frac{\mathrm{d}\Theta}{\mathrm{d}\theta}\right) + \left(\lambda - \frac{m^2}{\sin^2\theta}\right)\Theta = 0 \tag{5.86}$$

方位角方程

$$\frac{\mathrm{d}^2\Phi}{\mathrm{d}\phi^2} + m^2 = 0 \tag{5.87}$$

这是一个常系数线性方程，它的通解是

$$\Phi = A\mathrm{e}^{im\phi} + B\mathrm{e}^{-im\phi} \tag{5.88}$$

其中，A、B 是任意常数，根据波函数的标准条件，Φ 必须是单值函数，因此有

$$\Phi(\phi) = \Phi(\phi + 2\pi) \tag{5.89}$$

即 Φ 是以 2π 为周期的函数——周期性条件，这要求式（5.88）中的参数 m 只能是 $m = 0, \pm1, \pm2, \cdots$。

因此满足周期性条件式（5.89）的特解是

$$\Phi = A\mathrm{e}^{im\phi} \quad m = 0, \pm1, \pm2, \cdots \tag{5.90}$$

其中，m 称为磁量子数。利用归一化条件

$$\int_0^{2\pi} \phi^* \Phi\mathrm{d}\phi = 1$$

可求得归一化常数 $A = \dfrac{1}{\sqrt{2\pi}}$，于是

$$\Phi = \frac{1}{\sqrt{2\pi}}e^{im\phi} \quad m = 0, \pm1, \pm2, \cdots \tag{5.91}$$

方程的通解就是这些特解的叠加。

式（5.85）的解是球谐函数

$$Y_{lm}(\theta,\phi)=N_{lm}P_l^{|m|}(\cos\theta)e^{im\phi} \tag{5.92}$$

其中，N_{lm} 是归一化常数，由归一化条件

$$\int|Y|^2\mathrm{d}\Omega=\int_{\theta=0}^{\pi}\int_{\phi=0}^{2\pi}|Y(\theta,\phi)|^2\sin\theta\mathrm{d}\theta\mathrm{d}\phi=1$$

可求得

$$N_{lm}=\sqrt{\frac{(l-|m|)!\ (2l+1)}{(l+|m|)!\ 4\pi}} \tag{5.93}$$

下面列出前面几个球谐函数

$$\left.\begin{array}{l} l=0,m=0,Y_{0,0}=\dfrac{1}{\sqrt{4\pi}}\\[3mm] l=0,m=0,Y_{1,0}=\sqrt{\dfrac{3}{4\pi}}\cos\theta\\[3mm] m=\pm1,Y_{1,\pm1}=\sqrt{\dfrac{3}{8\pi}}\sin\theta e^{\pm i\phi} \end{array}\right\} \tag{5.94}$$

（3）径向方程的解 R (r)和能量量子化

径向方程的解 $R(r)$ 和能量 E 的表达式由势能 $U(r)$ 的具体形式决定，将氢原子中电子势能的表达式（5.74）和关系式（5.89）代入式（5.80），得到氢原子径向波函数 $R(r)$ 所满足的方程

$$\frac{1}{r^2}\times\frac{\mathrm{d}}{\mathrm{d}r}\left(r^2\frac{\mathrm{d}R}{\mathrm{d}r}\right)+\left[\frac{2\mu}{\hbar^2}\left(E+\frac{Ze_3^2}{r}\right)-\frac{l(l+1)}{r^2}\right]R=0 \tag{5.95}$$

当 $E<0$ 时，对 E 的任何值，上式都有满足函数标准条件的解。事实上，当 $E>0$ 时，电子的动能大于电子与原子核相互作用势能的绝对值，因而此时原子不再受原子核的束缚而运动到无限远处（电离）。

当 $E<0$ 时要使（5.95）有满足波函数有限性条件的解 $R(r)$，E 只能取分立值，电子处于束缚态，此时

$$E_n=-\frac{\mu z^2 e_s^4}{2\hbar^2 n^2}\quad n=1,2,3,\cdots \tag{5.96}$$

其中

$$n=n+l+1 \tag{5.97}$$

n 称总量子数或主量子数；n_r 称径量子数。其取值为

$$\left.\begin{array}{l} n_{\mathrm{r}}=0,1,2,\cdots\\[2mm] l=0,1,2,\cdots,n-1 \end{array}\right\} \tag{5.98}$$

式（5.96）即为束缚态氢原子的能量量子化公式。该式表明：处于束缚态的电子能量是量子化的，形成原子的能级，而相邻能级间距离随 n 增大而减小，当 $n=\infty$ 时，$E_\infty=0$，电子不再束缚在原子核周围而可以完全脱离原子核开始电离。E_∞ 与基态能量之差（$E_\infty-E_1$）

称为电离能，利用式（5.96）计算得氢原子的电离能。

当电子由能级 E_n 跃迁到 $E_{n'}$ 时，利用式（5.96）计算辐射出光的频率为

$$\nu = \frac{E_n - E_{n'}}{2\pi\hbar} = \frac{\mu e_s^4}{4\pi\hbar^3}\left(\frac{1}{n'^2} - \frac{1}{n^2}\right) \tag{5.99}$$

式中，$R = \dfrac{\mu e_s^4}{4\pi\hbar^3 c} = 10973731.1\text{m}^{-1}$，是里德伯常数。从理论上计算出的电离能和氢原子谱线的频率，所得结果与实验符合得很好。

（4）氢原子的总波函数及其意义

① 总波函数。氢原子束缚态的波函数为

$$\psi_{nlm}(r,\theta,\phi) = R_{n1}(r)Y_{lm}(\theta,\phi) = R_{nl}(r)\Theta_{lm}(\theta)\Phi_m(\phi) \tag{5.100}$$

其中主量子数　$n = 0,1,2,3,\cdots$

角量子数　$l = 0,1,2,\cdots,(n-1)$

磁量子数　$m = 0,\pm 1,\pm 2,\cdots,\pm l$

因此在量子力学中，氢原子的定态波函数由主量子数 n，角量子数 l，磁数量子数 m 来表征。这和旧量子论中用 n、n_φ、m 来表征电子状态有些相似，但两者除数值上有区别外［旧量子论中 $n_\varphi = 1,2,3,\cdots,n$；这里 $l = 0,1,2,\cdots,(n-1)$］，本质上有所区别。在旧量子论中的 n、n_φ 和 m 是通过电子运动的轨道形状及其在空间的方位来表征电子状态，而在量子力学中，量子数 n,l,m 是通过波函数 ψ_{nlm} 而确定电子在空间的分布 $|\psi_{nlm}|^2$ 来表征电子状态的。

　　　　　　　　s　p　d　f　g　h　i　…

代表　$l = 0$　1　2　3　4　5　6　…

处于这些态的粒子依次简称为 s、p、d、f、g 等粒子，主量子数 n 则用数量来表示，并写在角量子数的前面。例如 2p 则表示电子处在 $n = 2$、$l = 1$ 的状态，与此时对应的光谱项则用 2P 表示，即光谱项的记号用大写字母表示角量子数。

由能级公式

$$E_n = -\frac{\mu Z^2 e_s^4}{2\hbar^2 n^2} \tag{5.101}$$

可见，当主量子数 n 取某一确定值时，能级 E_n 就完全确定了，但波函数 ψ_{nlm} 还不能唯一地定下来，这是因为对应于一个 n 值，角量子数 l 却可以取

$$l = 0,1,2,\cdots,(n-1)$$

等共 n 个不同的数值，而对于每一个 l 的确定值，磁量子数 m 又可取 $m = 0,\pm 1,\pm 2,\cdots,\pm l$ 等共 $2l+1$ 个不同的值。因此，在无外磁场的情况下，对应于每一个能级 E_n，有

$$\sum_{l=0}^{n-1}(2l+1) = \frac{1 + [2(n-1)+1]}{2}n = n^2 \tag{5.102}$$

个波函数，即对应于每一个能级，可以有 n^2 个可能的量子态，我们称第 n 个能级是 n^2 度简并的。

能级 E_n 与 m 无关，是由于势场是有心力场（势场具球对称性，与 r 有关，与 θ，ϕ 无

关）；而能级与 l 无关，却是库仑场所特有，在大的碱金属原子中，价电子的势能也是有心力场，但不是严格为库仑场，故价电子的能级 E_{nl} 要由 n 和 l 两个量子数决定。

② 氢原子核外电子的概率分布。当氢原子处于 $\psi_{nlm}(r,\theta,\phi)$ 时，电子在 (r,θ,ϕ) 点周围体积元 $dx = r^2\sin\theta dr d\theta d\phi$ 内的概率是

$$w_{nlm}(r,\theta,\phi)dr = |\psi_{nlm}(r,\theta,\phi)|^2 r^2\sin\theta dr d\theta d\phi$$
$$= |R_{nl}(r)Y_{lm}(\theta,\phi)|^2 r^2\sin\theta dr d\theta d\phi \qquad (5.103)$$

a. 径向位置概率分布。将式（5.100）对 θ 和 ϕ 变化的全部区域积分，并注意到 $Y_{lm}(\theta,\phi)$ 是归一化的，我们就得在半径 $r\sim r+dr$ 的球壳内找到电子的概率（径向概率分布）

$$w_{nl}(r)dr = \int_{\phi=0}^{2\pi}\int_{\theta=0}^{\pi} |R_{nl}(r)Y_{lm}(\theta,\phi)|^2 r^2\sin\theta dr d\theta d\phi = |R_{nl}(r)|^2 r^2 dr \qquad (5.104)$$

对于基态

$$R_{10}(\gamma) = \frac{2}{\sqrt{a_0^3}}e^{\frac{\gamma}{a_0}}$$

因此

$$w_{10}(r) = R_{10}^2 r^2 = \frac{4}{a_0^3}e^{-\frac{2\gamma}{a_0}}r^2$$

可见除 $r=0$ 和 $r\to\infty$ 处外，其余各处的 $w_{10}(r)$ 都不为零。由上式可求得概率最大值位置，即利用求极值方法，令

$$\frac{d}{dr}\left(\frac{4}{a_0^3}e^{-\frac{2\gamma}{a_0}}r^2\right) = 0$$

可求得

$$r=0,\quad r=\infty,\quad r=a_0$$

可以判断出，在 $r=a_0$ 附近球壳内找到电子的概率最大，a_0 正好是氢原子第一玻尔轨道半径。

b. 概率密度的角分布

将式（5.100）对 r 从零到无限大积分，并注意到 $R_{nl}(r)$ 是归一化的，便得到电子在 (θ,ϕ) 方向的立体角 $d\Omega = \sin\theta d\theta d\phi$ 中的概率

$$w_{lm}(\theta,\phi)d\Omega = \int_0^\infty |R_{nl}(r)Y_{ln}(\theta,\phi)|^2 r^2 dr d\Omega$$
$$= |Y_{lm}(\theta,\phi)|^2 d\Omega = N_{lm}^2 [P_l^{|m|}(\cos\theta)]^2 d\Omega \qquad (5.105)$$

由于 w_{nl} 与 ϕ 无关，因此角概率分布绕 Z 轴对称的立体图作图时，只需作一个包含 Z 轴旋转 $180°$，就能得到立体的角分布图。

【例 5.7】 对于氢原子：

（1）分别计算从第一激发态和第六激发态跃迁到基态所产生的光谱线的波长，说明这些谱线所属的线系及所处的光谱范围。

（2）上述两谱线产生的光子能否使处于基态的另一氢原子电离？能否使金属铜中的铜原子电离（铜的功函数为 7.44×10^{-19} J）？

（3）若上述两谱线所产生的光子能使金属铜晶体的电子电离，请计算出从金属铜晶体表面发射出的光电子的德布罗意波的波长。

解：（1）氢原子的稳态能量由下式给出。

$$E_n = -2.18 \times 10^{-18} \frac{1}{n^2}(J)$$

式中，n 是主量子数。

第一激发态（$n=2$）和基态（$n=1$）之间的能量差为

$$\Delta E_1 = E_2 - E_1 = \left(-2.18 \times 10^{-18} \frac{1}{2^2} J\right) - \left(-2.18 \times 10^{-18} \frac{1}{1^2} J\right) = 1.64 \times 10^{-18} J$$

原子从第一激发态跃迁到基态所发射出的谱线的波长为

$$\lambda_1 = \frac{ch}{\Delta E_1} = \frac{(2.9979 \times 10^8 \, m \cdot s^{-1}) \times (6.626 \times 10^{-34} \, J \cdot s)}{1.64 \times 10^{-18} J} = 121 nm$$

第六激发态（$n=7$）和基态（$n=1$）之间的能量差为

$$\Delta E_6 = E_7 - E_1 = \left(-2.18 \times 10^{-18} \frac{1}{7^2} J\right) - \left(-2.18 \times 10^{-18} \frac{1}{1^2} J\right) = 2.14 \times 10^{-18} J$$

所以原子从第六激发态跃迁到基态所发射出的谱线的波长为

$$\lambda_6 = \frac{ch}{\Delta E_6} = \frac{(2.9979 \times 10^8 \, m \cdot s^{-1}) \times (6.626 \times 10^{-34} \, J \cdot s)}{2.14 \times 10^{-18} J} = 92.9 nm$$

这两条谱线皆属 Lyman 系，处于紫外光区。

（2）使处于基态的氢原子电离所要的最小能量为

$$\Delta E_\infty = E_\infty - E_1 = -E_1 = 2.18 \times 10^{-18} J$$

而

$$\Delta E_1 = 1.64 \times 10^{-18} J < \Delta E_\infty$$

$$\Delta E_6 = 2.14 \times 10^{-18} J < \Delta E_\infty$$

所以，两条谱线产生的光子均不能使处于基态的氢原子电离，但是

$$\Delta E_1 > \Phi_{Cu} = 7.44 \times 10^{-19} J$$

$$\Delta E_6 > \Phi_{Cu} = 7.44 \times 10^{-19} J$$

所以，两条谱线产生的光子均能使铜晶体电离。

【例 5.8】 已知氢原子的 $\varphi_{2p_z} = \frac{1}{4\sqrt{2\pi a_0^3}} \left(\frac{r}{a_0}\right) \exp\left[-\frac{r}{a_0}\right] \cos\theta$，试回答下列问题：

（1）原子轨道能 E 为多少？

（2）求轨道角动量 $|M|$ 和轨道磁矩 $|\mu|$

（3）轨道角动量 M 和 z 轴的夹角是多少度？

（4）概率密度极大值的位置在何处？

解：（1）原子的轨道能

$$E = -2.18 \times 10^{-18} \text{J} \times \frac{1}{2^2} = -5.45 \times 10^{-19} \text{J}$$

（2）轨道角动量：

$$|M| = \sqrt{l(l+1)} \frac{h}{2\pi} = \sqrt{2} \frac{h}{2\pi}$$

轨道磁矩

$$|\mu| = \sqrt{l(l+1)} \beta_e$$

（3）轨道角动量和 z 轴的夹角

$$\cos\theta = \frac{M_z}{M} = \frac{0 \times \dfrac{h}{2\pi}}{\sqrt{2} \times \dfrac{h}{2\pi}} = 0, \quad \theta = 90°$$

（4）概率密度为

$$\rho = \psi_{2p_z}^2 = \frac{1}{32\pi a_0^3} \left(\frac{r}{a_0}\right)^2 e^{-\frac{r}{a_0}} \cos^2\theta$$

由上式可见，若 r 相同，则当 $\theta = 0°$ 或 $\theta = 180°$ 时 ρ 最大（亦可令 $\frac{\partial\psi}{\partial\theta} = -\sin\theta = 0$，$\theta = 0°$ 或 $\theta = 180°$），以 ρ_0 表示，即 $\rho_0 = \rho$。

将 ρ_0 对 r 微分并使之为 0，有

$$\frac{d\rho_0}{dr} = \frac{d}{dr}\left[\frac{1}{32\pi a_0^3}\left(\frac{r}{a_0}\right)^2 e^{-\frac{r}{a_0}}\right]$$

$$= \frac{1}{32\pi a_0^5} r e^{-\frac{r}{a_0}} \left(2 - \frac{r}{a_0}\right) = 0$$

解之得：$r = 2a_0$（$r = 0$ 和 $r = \infty$ 舍去）

又因

$$\left.\frac{d^2\rho_0}{dr^2}\right|_{r=2a_0} < 0$$

所以，当 $\theta = 0°$ 或 $\theta = 180°$，$r = 2a_0$ 时，$\psi_{2p_z}^2$ 有极大值。此极大值为

$$\rho_m = \frac{1}{32\pi a_0^3}\left(\frac{2a_0}{a_0}\right)^2 e^{-\frac{2a_0}{a_0}} = \frac{e^{-2}}{8\pi a_0^3}$$

$$= 36.4 \text{nm}^{-3}$$

$$D_2\rho_z = r^2 R^2 = r^2 \left[\frac{1}{2\sqrt{b}}\left(\frac{1}{a_0}\right)^{\frac{5}{2}} r e^{-\frac{r}{2a_0}}\right]^2$$

$$= \frac{1}{24 a_0^5} r^4 e^{-\frac{r}{a_0}}$$

【例 5.9】 试证明：处于 1s、2p 和 3d 态的氢原子的电子在离原子核的距离分别为 a_0、$4a_0$ 和 $9a_0$ 的球壳内被发现的概率最大（a_0 为第一玻尔轨道半径）。

证：(1) 对 1s 态，$n=1$，$l=0$，$R_{10}=\left(\dfrac{1}{a_0}\right)^{3/2}e^{-r/a_0}$

$$W_{10}(r)=r^2R_{10}^2(r)=\left(\frac{1}{a_0}\right)^3 4r^2 e^{-2r/a_0}$$

$$\frac{\partial W_{10}}{\partial r}=\left(\frac{1}{a_0}\right)^3 4\left(2r-\frac{2}{a_0}r^2\right)e^{-2r/a_0}$$

令 $\dfrac{\partial W_{10}}{\partial r}=0 \Rightarrow r_1=0$，$r_2=\infty$，$r_3=a_0$

易见，当 $r_1=0$，$r_2=\infty$ 时，$W_{10}=0$ 不是最大值。

$W_{10}(a_0)=\dfrac{4}{a_0}e^{-2}$ 为最大值，所以处于 1s 态的电子在 $r=a_0$ 处被发现的概率最大。

(2) 对 2p 态的电子 $n=2$，$l=1$，$R_{21}=\left(\dfrac{1}{2a_0}\right)^{3/2}\dfrac{r}{\sqrt{3}\,a_0}e^{-r/2a_0}$

$$W_{21}(r)=r^2\left|R_{21}\right|^2=\left(\frac{1}{2a_0}\right)^3\frac{r^4}{3a_0^2}r^2 e^{-r/a_0}$$

$$\frac{\partial W_{21}}{\partial r}=\frac{1}{24a_0^5}r^3\left(4-\frac{r}{a_0}\right)e^{-r/a_0}$$

令 $\dfrac{\partial W_{21}}{\partial r}=0 \Rightarrow r_1=0$，$r_2=\infty$，$r_3=4a_0$

易见，当 $r_1=0$，$r_2=\infty$ 时，$W_{21}=0$ 为最小值。

$$\frac{\partial^2 W_{21}}{\partial r^2}=\frac{1}{24a_0^5}r^2\left(12-\frac{8r}{a_0}+\frac{r^2}{a_0^2}\right)e^{-r/a_0}$$

$$\left.\frac{\partial^2 W_{21}}{\partial r^2}\right|_{r=4a_0}=\frac{1}{24a_0^5}\times 16a_0^2(12-32+16)e^{-4}=-\frac{8}{3a_0^3}e^{-4}<0$$

所以 $r=4a_0$ 为概率最大位置，即在 $r=4a_0$ 的球壳内发现球态的电子的概率最大。

(3) 对于 3d 态的电子 $n=3$，$l=2$，$R_{32}=\left(\dfrac{2}{a_0}\right)^{3/2}\dfrac{1}{81\sqrt{15}}\left(\dfrac{r}{a_0}\right)^2 e^{-r/3a_0}$

$$W_{32}(r)=r^2\left|R_{32}\right|^2=\frac{1}{a^7}\frac{1}{81^2\times 15}r^6 e^{-r/3a_0}$$

$$\frac{\partial W_{32}}{\partial r}=\frac{8}{81^2\times 15a_0^7}r^5\left(6-\frac{2r}{3a_0}\right)e^{-2r/3a_0}$$

令 $\dfrac{\partial W_{32}}{\partial r}=0 \Rightarrow r_1=0$，$r_2=\infty$，$r_3=9a_0$

易见，当 $r_1=0$，$r_2=\infty$ 时，$W_{32}=0$ 为概率最小位置。

$$\frac{\partial^2 W_{32}}{\partial r^2}=\frac{16}{81^2\times 15a_0^7}\left(15r^2-\frac{4r^5}{a_0}+\frac{2r^6}{9a_0^2}\right)e^{-2r/3a_0}$$

$$\left. \frac{\partial^2 W_{32}}{\partial r^2} \right|_{r=9a_0} = \frac{1}{81^2 \times 15a_0^7}(9a_0)^4 \left(15 - \frac{36a_0}{a_0} + \frac{2 \times 81a_0^2}{9a_0^2}\right) e^{-6}$$

$$= -\frac{16}{5a_0^3}e^{-6} < 0$$

所以 $r = 9a_0$ 为概率最大位置，即在 $r = 9a_0$ 的球壳内发现球态的电子的概率最大。

5.5.2 多电子原子

多电子原子理论依据的基础是泡利不相容原理。一个原子中不可能有电子层、电子亚层、电子云伸展方向和自旋方向完全相同的两个电子。如氦原子的两个电子，都在第一层（K 层），电子云形状是球形对称，只有一种完全相同伸展的方向，自旋方向必然相反。每一轨道中只能容纳自旋相反的两个电子，每个电子层中可能容纳轨道数是 n^2 个，每层最多容纳电子数是 $2n^2$。

对于多电子原子体系，通过薛定谔方程难以获得解析解，而必须借用电脑来进行计算与模拟，或者做一些简化的假设，方能求得问题的解析解。

我们以两电子的 He 原子为例进行讨论。

原子定核近似下，He 原子的 Schrödinger 方程

$$\left[-\frac{\hbar^2}{2m}(\nabla_1^2 + \nabla_2^2) - \frac{2e^2}{4\pi\varepsilon_0 r_1} - \frac{2e^2}{4\pi\varepsilon_0 r_2} + \frac{e^2}{4\pi\varepsilon_0 r_{12}}\right]\psi(1,2) = E\psi(1,2) \tag{5.106}$$

对于 n 个电子的原子体系

$$\hat{H} = -\frac{\hbar^2}{2m}\sum_{i=1}^n \nabla_i^2 - \sum_{i=1}^n \frac{Ze^2}{4\pi\varepsilon_0 r_i} + \frac{1}{2}\sum_{i=1}^n \sum_{\substack{j=1 \\ i \neq j}}^n \frac{e^2}{4\pi\varepsilon_0 r_{ij}} \tag{5.107}$$

其中 $r_{ij} = \sqrt{(x_i - x_j)^2 + (y_i - y_j)^2 + (z_i - z_j)^2}$

$$\psi(1,2,\cdots,i,\cdots,n) = \psi(x_1,y_1,z_1,x_2,y_2,z_2,\cdots,x_i,y_i,z_i,\cdots,x_n,y_n,z_n)$$

$|\psi(1,2,\cdots,i,\cdots,n)|^2$ 表示电子 1 出现在 x_1, y_1, z_1 附近，同时电子 2 出现在 x_2, y_2, z_2 附近的概率密度。

（1）零级近似（误差大）

设电子之间的相互作用为零，剩余的位能项只是 r_i 的函数

$$\hat{H} = -\frac{\hbar^2}{2m_e}\sum_{i=1}^n \nabla_i^2 - \sum_{i=1}^n \frac{Ze^2}{4\pi\varepsilon_0 r_i} = \sum_{i=1}^n \left(-\frac{\hbar^2}{2m_e}\nabla_i^2 - \frac{Ze^2}{4\pi\varepsilon_0 r_i}\right) = \sum_{i=1}^n \hat{H}_i \tag{5.108}$$

设波函数 $\psi(1,2,\cdots,i,\cdots,n) = \psi_1(1)\psi_2(2)\cdots\psi_i(i)\cdots\psi_n(n)$ 可分离为单电子 n 个方程

$$\hat{H}_i\psi_i(i) = E_i\psi_i(i) \tag{5.109}$$

有精确解析解，可求解出 ψ_i 和 E_i。单电子波函数与类氢波函数一样

$$\psi_i = R_{n_i l_i}(r)Y_{l_i m_i}(\theta, \phi) \tag{5.110}$$

$$E_i = -13.6Z^2/n_i^2$$

原子总能量
$$E = \sum_i E_i$$

电子的填充按能量最低原理、泡利原理和洪特规则。

【例5.10】 利用零级近似法求 He 原子状态基态。

解：$\psi_1 = \psi_2 = \psi_{1s}$，$E = E_1 + E_2 = 2E_{1s} = -13.6 \times 2^2 \times 2 = -108.8$ (eV)。而实验值为 -79.006 eV，与理论值误差太大。

（2）中心力场近似

中心力场近似认为其他电子所产生的有效平均场是一球对称场，$U_i(\boldsymbol{r}_i)$ 函数只与径向部分 r_i 有关，而与角度无关。也就是说，这种场具有球对称性（或接近于球对称性）。这就意味着，其余电子对所选定的电子的排斥作用，认为是它们屏蔽或削弱了原子核对选定电子的吸引作用。这种其余电子对所选定的电子的排斥作用，相当于降低了部分核电荷（σ）对指定电子的吸引力，称为屏蔽效应。

由此，所选电子受到的作用来自两部分

$$V_i(r_i) = -\frac{Ze^2}{4\pi\varepsilon_0 r_i} + \frac{\sigma_i e^2}{4\pi\varepsilon_0 r_i} = -\frac{(Z-\sigma_i)e^2}{4\pi\varepsilon_0 r_i} \tag{5.111}$$

式中，$Z^* = Z - \sigma$，Z^* 为有效核电荷，Z 为核电荷；σ 为"屏蔽常数"，或将原有核电荷抵消的部分。

这时电子处于第 i 个轨道的轨道能量为

$$E_i = -R\frac{(Z-\sigma_i)^2}{n^2} = -13.6\frac{(Z-\sigma_i)^2}{n^2} \tag{5.112}$$

原子总能量
$$E = \sum_i E_i$$

上式称为斯莱特公式。

由光谱数据，归纳出一套估算屏蔽常数 σ 的方法：

① 先将电子按内外次序分组：ns，np 一组，nd 一组，nf 一组，如：1s；2s，2p；3s，3p；3d；4s，4p；4d；4f；5s，5p；5d；5f。

② 外组电子对内组电子的屏蔽作用 $\sigma = 0$。

③ 同一组内，$\sigma = 0.35$（但 1s，$\sigma = 0.3$）。

④ 对 ns，np，$(n-1)$ 层的 $\sigma = 0.85$；更内的各组 $\sigma = 1$。

⑤ 对 nd、nf 的内组电子 $\sigma = 1$。

注意：该方法对 n 小于 4 的原子轨道准确性较好，而 n 大于 4 后其与光谱实验有较大误差。屏蔽常数为所有电子贡献之和。

【例5.11】 利用中心立场近似法求解 He 原子的基态。

解：He 基态的电子组态为 $1s^2$，根据斯莱特方法

$$\sigma_1 = \sigma_2 = 0.3 \qquad E_{1s} = -13.6 \times \left(\frac{2-0.3}{1}\right)^2 = -39.3 \text{(eV)}$$

$E = 2E_{1s} = -78.6$ eV，与实验值 -79.006 eV 接近，表明多电子原子的能量不仅与主量子数有关，而且与角量子数 (l) 有关。

【例 5.12】 试根据泡利原理，通过写出反对称波函数，说明铍原子的激发组态 $2s^1 2p^1$ 的谱项为 ^3P、^1P。

解： 根据泡利原理，可写出满足反对称要求的四个波函数

$$\frac{1}{\sqrt{2}}\{\psi_{2s}(1)\psi_{2p}(2)-\psi_{2s}(2)\psi_{2p}(1)\}\alpha(1)\alpha(2)$$

$$\frac{1}{\sqrt{2}}\{\psi_{2s}(1)\psi_{2p}(2)-\psi_{2s}(2)\psi_{2p}(1)\}[\alpha(1)\beta(2)+\alpha(2)\beta(1)]$$

$$\frac{1}{\sqrt{2}}\{\psi_{2s}(1)\psi_{2p}(2)-\psi_{2s}(2)\psi_{2p}(1)\}\beta(1)\beta(2)$$

$$\frac{1}{\sqrt{2}}\{\psi_{2s}(1)\psi_{2p}(2)+\psi_{2s}(2)\psi_{2p}(1)\}[\alpha(1)\beta(2)-\alpha(2)\beta(1)]$$

其中前三个波函数的自旋多重度为 3，对应 ^3P 谱项。最后一个波函数的自旋多重度为 1，对应 ^1P 谱项。

【例 5.13】 写出 He 原子的薛定谔方程，说明用中心力场模型解此方程时要做哪些假设，计算其激发态 $(2s)^1(2p)^1$ 的轨道角动量和轨道磁矩。

解： He 原子的薛定谔方程为：

$$\left[-\frac{h^2}{8\pi^2 m}(\nabla_1^2+\nabla_2^2)-\frac{2e^2}{4\pi\varepsilon_0}\left(\frac{1}{r_1}+\frac{1}{r_2}\right)+\frac{1}{4\pi\varepsilon_0}\times\frac{e^2}{r_{12}}\right]\psi=E\psi$$

式中，r_1 和 r_2 分别是电子 1 和电子 2 到核的距离；r_{12} 是电子 1 和电子 2 之间的距离。若以原子单位表示，则 He 原子的薛定谔方程为：

$$\left[-\frac{1}{2}(\nabla_1^2+\nabla_2^2)-\frac{2}{r_1}-\frac{2}{r_2}+\frac{2}{r_{12}}\right]\psi=E\psi$$

用中心力场解此方程时做了如下假设。

① 将电子 2 对电子 1（1 和 2 互换亦然）的排斥作用归结为电子 2 的平均电荷分布所产生的一个以原子核为中心的球对称平均势场的作用（不探究排斥作用的瞬时效果，只着眼于排斥作用的平均效果）。该势场叠加在核的库仑场上，形成了一个合成的平均势场。电子 1 在此平均势场中独立运动，其势能只是自身坐标的函数，而与两电子间距离无关。这样，上述薛定谔方程能量算符中的第三项就消失了。它在形式上变得与单电子原子的薛定谔方程相似。

② 既然电子 2 所产生的平均势场是以原子核为中心的 $-\dfrac{2-\sigma}{r_1}$ 球形场，那么它对电子 1 的排斥作用的效果可视为对核电荷的屏蔽，即抵消了 σ 个核电荷，使电子 1 感受到的有效电荷降低为 $(2-\sigma)e$。于是电子 1 的单电子薛定谔方程变为

$$\left[-\frac{1}{2}\nabla_1^2-\frac{2-\sigma}{r_1}\right]\psi_1(1)=E_1\psi_1(1)$$

按求解单电子原子薛定谔方程的方法即可求出单电子波函数 $\psi_1(1)$ 及相应的原子轨道能 E_1。

上述分析同样适合于电子2，因此，电子2的薛定谔方程为

$$\left[-\frac{1}{2}\nabla_2^2-\frac{2-\sigma}{r_2}\right]\psi_2(2)=E_2\psi_2(2)$$

电子2的单电子波函数和相应的能量分别为 $\psi_2(2)$ 和 E_2。He原子的波函数可写成两单电子波函数之积

$$\psi(1,2)=\psi_1(1)\psi_2(2)$$

He原子的总能量为

$$E=E_1+E_2$$

He原子激发态 $(2s)^1(2p)^1$ 角动量加和后 $L=1$，故轨道角动量和轨道磁矩分别为

$$|M_L|=\sqrt{L(L+1)}\frac{h}{2\pi}=\sqrt{2}\frac{h}{2\pi}$$

$$|\mu|=\sqrt{L(L+1)}\beta_e=\sqrt{2}\beta_e$$

【例5.14】 用斯莱特法计算Be原子的第一到第四电离能，将计算结果与Be的常见氧化态联系起来。

解：原子或离子 $Be(g)\rightarrow Be^+(g)\rightarrow Be^{2+}(g)\rightarrow Be^{3+}(g)\rightarrow Be^{4+}(g)$
组态 $(1s)^2(2s)^2\rightarrow(1s)^2(2s)^1\rightarrow(1s)^2\rightarrow(1s)^1\rightarrow(1s)^0$

$$I_n=E_{A^{n+}}-E_{A^{(n-1)+}}$$

根据原子电离能的定义式，用斯莱特法计算Be原子的各级电离能如下

$$I_1=-\left[-13.595eV\times\frac{(4-0.85\times2-0.35)^2}{2^2}\times2+13.595eV\times\frac{(4-0.85\times2)^2}{2^2}\right]=7.87eV$$

$$I_2=-\left[-13.595eV\times\frac{(4-0.85\times2)^2}{2^2}\right]=17.98eV$$

$$I_3=-[-13.595eV\times(4-0.3)^2\times2+13.595eV\times16]=154.8eV$$

$$I_4=-(13.595eV\times4^2)=217.5eV$$

计算结果表明：$I_4>I_3>I_2>I_1$；I_2 和 I_1 相近（差为10.1eV），I_4 和 I_3 相近（差为62.7eV），而 I_3 和 I_2 相差很大（差为136.8eV）。所以，Be原子较易失去2s电子而在化合物中显正2价。

5.6 材料中的光谱分析技术

5.6.1 分子的振动能级和转动能级

由玻尔的理论发展而来的现代量子物理学认为原子核外电子的可能状态是不连续的，因

此各状态对应能量也是不连续的，这些能量值就是能级。

分子的运动较为复杂，主要有分子的整体平动、分子绕其质心的转动、分子中原子核间的振动及分子中电子的运动等。它们所具有的能量分别称为平动能、转动能、振动能和电子能。

分子内部的运动包括电子相对于原子核的运动，对应于电子能级，能级跃迁产生紫外、可见光谱。

原子核在其平衡位置附近的振动，相对应于振动能级，能级跃迁产生振动光谱；分子本身绕其重心的转动，对应于转动能级，能级跃迁产生转动光谱。

即分子的运动对应于电子能级、振动能级和转动能级。

三种能级都是量子化的，且各自具有相应的能量，即电子能量 E_e、振动能量 E_v 和转动能量 E_r。分子的内能 E 则为三种能量之和，即 $E=E_e+E_v+E_r$，且 $\Delta E_e > \Delta E_v > \Delta E_r$。

电子能级的 ΔE_e：$1 \sim 20 \mathrm{eV}$ 之间。电子跃迁产生的吸收光谱在紫外-可见光区，称紫外及可见光谱或分子电子光谱。

振动能级的 ΔE_v：$0.025 \sim 1 \mathrm{eV}$ 之间。跃迁产生的吸收光谱位于红外区，称远红外光谱或分子振动光谱；波长间隔约 5nm。

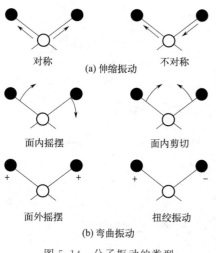

对称　　　(a) 伸缩振动　　　不对称

面内摇摆　　　　　面内剪切

面外摇摆　　　　　扭绞振动

(b) 弯曲振动

图 5.14　分子振动的类型

转动能级的 ΔE_r：$0.005 \sim 0.025 \mathrm{eV}$ 之间。跃迁产生的吸收光谱位于远红外区，称远红外光谱或分子转动光谱；波长间隔约 0.25nm。

后两者统称为红外光谱或振转光谱。

分子振动（图 5.14）有两种方式：伸缩振动（stretching vibration）和弯曲振动（bending vibration）。

伸缩振动是指原子沿键轴做规律运动，这种振动使原子间的距离增大或减小，即振动时键长发生变化，键角不变。

当两个原子和一个中心原子相连时，伸缩振动可分为两种对称伸缩振动和不伸缩振动，如两原子沿键轴运动方向相同，即键长同时伸长或缩短，称为对称伸缩振动。

如两原子沿键轴运动方向相反，即键长同时伸长也有缩短，称为不对称伸缩振动（又称为反对称伸缩振动），这两种伸缩振动在红外图谱中各有吸收峰。

对同一基团来说，不对称伸缩振动的频率总要稍高于对称伸缩振动的频率。弯曲振动又叫变角振动，是指键角发生变化而键长不发生变化的振动，弯曲振动根据其振动的特点又可分为面内弯曲振动和面外弯曲振动，面内弯曲振动方向位于平面内，又可分为面内摇摆振动和剪式振动；面外弯曲振动则是垂直于分子平面的振动，也可分为两种形式，即扭绞振动和非平面摇摆振动。

5.6.2　原子吸收光谱

在原子中，电子按一定的轨道绕原子核旋转，各个电子的运动状态是由 4 个量子数来描述。不同量子数的电子，具有不同的能量，原子的能量为其所含电子能量的总和。原子处于完全游离状态时，具有最低的能量，称为基态（E_0）。在热能、电能或光能的作用下，基态原子吸收了能量，最外层的电子产生跃迁，从低能态跃迁到较高能态，它就成为激发态原子。激发态很不稳定，当它回到基态时，这些能量以热或光的形式辐射出来，成为发射光谱。其辐射能量大小，用下列公式表示：

$$\Delta E = E_q - E_0 = h\nu = hc/\lambda$$

式中，h 为普朗克常数，其数值为 6.626×10^{-23} J·s；c 为光速；ν、λ 分别为发射光的频率、波长；E_0、E_q 分别为基态、激发态原子的能量，它们与原子的结构有关。由于不同元素的原子结构不同，所以一种元素的原子只能发射由其已与 E_q 决定的特定频率的光。这样，每一种元素都有其特征的光谱线。即使同一种元素的原子，它们的 E_q 也可以不同，也能产生不同的谱线。

原子吸收光谱是原子发射光谱的逆过程。基态原子只能吸收频率为 $\nu = (E_q - E_0)/h$ 的光，跃迁到高能态 E_q。因此，原子吸收光谱的谱线也取决于元素的原子结构，每一种元素有其特征的吸收光谱线。

每一种元素的原子不仅可以发射一系列特征谱线，也可以吸收与发射线波长相同的特征谱线。当光源发射的某一特征波长的光通过原子蒸气时，即入射辐射的频率等于原子中的电子由基态跃迁到较高能态（一般情况下都是第一激发态）所需要的能量频率时，原子中的外层电子将选择性地吸收其同种元素所发射的特征谱线，使入射光减弱。特征谱线因吸收而减弱的程度称吸光度 A，与被测元素的含量成正比：$A = abc$。式中，a 为吸光系数，L·g^{-1}·cm^{-1}；b 为光在样本中经过的距离（通常为比色皿的厚度），cm，c 为溶液浓度，g·L^{-1}。按上式可从所测未知试样的吸光度，对照着已知浓度的标准系列曲线进行定量分析。

由于原子能级是量子化的，因此，在所有的情况下，原子对辐射的吸收都是有选择性的。由于各元素的原子结构和外层电子的排布不同，元素从基态跃迁至第一激发态时吸收的能量不同，因而各元素的共振吸收线具有不同的特征。原子吸收光谱位于光谱的紫外区和可见区。

基态原子吸收其共振辐射，外层电子由基态跃迁至激发态而产生原子吸收光谱。原子吸收光谱位于光谱的紫外区和可见区。

原子吸收光谱线并不是严格几何意义上的线（几何线无宽度），而是有相当窄的频率或波长范围，即有一定的宽度。一束不同频率强度为 I_0 的平行光通过厚度为 l 的原子蒸气，一部分光被吸收，吸收光的强度 I_ν 服从吸收定律

$$I_\nu = I_0 \exp(-k_\nu l)$$

式中，k_ν 是基态原子对频率为 ν 的光的吸收系数。不同元素原子吸收不同频率的光，以透过光强度对吸收光频率作图。

原子吸收光谱线中心波长由原子能级决定。半宽度是指在中心波长的地方，极大吸收系数一半处，吸收光谱线轮廓上两点之间的频率差或波长差。半宽度受到很多实验因素的影响。影响原子吸收谱线轮廓的两个主要因素是多普勒变宽和碰撞变宽；除此之外，影响谱线变宽的还有其他一些因素，例如场致变宽、自吸效应等。

原子吸收光谱是分析化学领域中一种极其重要的分析方法，已广泛用于冶金工业。原子

吸收光谱法是利用被测元素的基态原子特征辐射线的吸收程度进行定量分析的方法。既可进行某些常量组分测定，又能进行 ppm、ppb 级微量测定，可进行钢铁中低含量的 Cr、Ni、Cu、Mn、Mo、Ca、Mg、Als、Cd、Pb、Ad，原材料、铁合金中的 K_2O、Na_2O、MgO、Pb、Zn、Cu、Ba、Ca 等元素分析及一些纯金属（如 Al、Cu）中残余元素的检测。

5.6.3　X荧光光谱

　　X 荧光光谱分析也是一种重要的分析方法。元素的原子受到高能辐射激发而引起内层电子的跃迁，同时发射出具有一定特殊性波长的 X 射线，根据莫斯莱定律，荧光 X 射线的波长 λ 与元素的原子序数 Z 有关，其数学关系如下：$\lambda = [K(Z-S)]^{-2}$。式中，K 和 S 是常数。根据量子理论，X 射线可以看成由一种量子或光子组成的粒子流，每个光具有的能量为 $E = h\nu = hc/\lambda$。式中，E 为 X 射线光子的能量，keV；h 为普朗克常数；ν 为光波的频率；c 为光速。因此，只要测出荧光 X 射线的波长或者能量，就可以知道元素的种类，这就是荧光 X 射线定性分析的基础。此外，荧光 X 射线的强度与相应元素的含量有一定的关系，据此，可以进行元素定量分析。荧光 X 射线的产生见图 5.15。

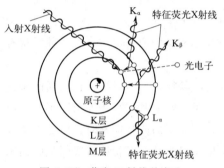

图 5.15　荧光 X 射线的产生

　　近年来，X 荧光光谱分析在各行业应用范围不断拓展，已广泛应用于冶金、地质、有色、建材、商检、环保、卫生等各个领域，特别是在 RoHS 检测领域应用得最多也最广泛。

　　大多数分析元素均可用其进行分析，可分析固体、粉末、熔珠、液体等样品，分析范围为 Be 到 U。并且具有分析速度快、测量范围宽、干扰小的特点。

5.6.4　X光电子能谱

　　X 射线光子的能量在 $1000 \sim 1500 \mathrm{eV}$ 之间，不仅可使分子的价电子电离而且也可以把内层电子激发出来，内层电子的能级受分子环境的影响很小。同一原子的内层电子结合能在不同分子中相差很小，故它是特征的。光子入射到固体表面激发出光电子，利用能量分析器对光电子进行分析的实验技术称为光电子能谱。

　　XPS 的原理是用 X 射线去辐射样品，使原子或分子的内层电子或价电子受激发射出来。被光子激发出来的电子称为光电子。可以测量光电子的能量，以光电子的动能/束缚能 [binding energy，$E_b = h\nu$（光能量）$- E_k$（动能）$- w$（功函数）] 为横坐标，相对强度（脉冲·s^{-1}）为纵坐标可作出光电子能谱图。从而获得试样有关信息。X 射线光电子能谱因对化学分析最有用，因此被称为化学分析用电子能谱。

　　对固体样品的元素成分进行定性、定量或半定量及价态分析。固体样品表面的组成、化学状态分析，广泛应用于元素分析、多相研究、化合物结构鉴定、富集法微量元素分析、元素价态鉴定。此外可对氧化、腐蚀、摩擦、润滑、燃烧、粘接、催化、包覆等微观机理进行研究；污染化学、尘埃粒子研究等的环保测定；分子生物化学以及三维剖析如界面及过渡层的研究等方面也有所应用。

5.6.5 红外光谱

红外光谱法实质上是一种根据分子内部原子间的相对振动和分子转动等信息来确定物质分子结构和鉴别化合物的分析方法。将分子吸收红外光的情况用仪器记录下来，就得到红外光谱图。

红外光谱的产生条件如下。

（1）对称性选择定则

能级的跃迁过程必须有偶极矩的变化，这样才能使振动的电荷分布改变而产生变电场与电磁辐射的振荡电场相耦合。只有能产生偶极矩变化的振荡方式，才能吸收红外辐射，产生红外吸收，这种振动方式称为红外活性的。相反，振动过程中不发生偶极矩变化的振动，不能吸收红外辐射，不产生红外吸收，称为非红外活性振动。

（2）能量相当原则（即光谱选律）

振动量子力学理论：分子中各种振动是量子化的，处于不同的能级上，只有红外辐射的能量和振动能量相等时，才会引起能级间的跃迁，即 $E = h\nu$。

红外光谱图是记录物质对红外光的吸收（或透过）程度与波长（或波数）的关系图。记录的波数范围一般在 $4500 \sim 400 \text{cm}^{-1}$，绝大多数有机化合物的化学键振动频率出现于此范围内。红外光谱图的纵坐标是光吸收量，用透过率或吸光度表示。两者关系为：$A = \lg(1/T)$。

红外谱图的横坐标也有两种表示方法，波长 λ 和波数 ν，它们之间的关系为 $\nu = 1/\lambda$，λ 的单位为 μm，ν 的单位为 cm^{-1}。

$10000 \sim 100 \text{cm}^{-1}$ 范围内的红外辐射照射样品，样品吸收能量并转化成分子振动能，这样通过样品池的红外辐射在一定范围内发生吸收，产生吸收峰（又叫吸收谱带），而得到红外光谱。红外光谱中吸收谱带都对应着分子和分子中各基团的振动形式，吸收谱带数目、位置及强度是判断一个分子结构的最主要依据。

5.6.6 拉曼光谱

光照射到物质上发生弹性散射和非弹性散射。弹性散射的散射光是与激发光波长相同的成分，非弹性散射的散射光有比激发光波长长的和短的成分，统称为拉曼效应。

拉曼效应起源于分子振动（和点阵振动）与转动，因此从拉曼光谱中可以得到分子振动能级（点阵振动能级）与转动能级结构的知识。

设散射物分子原来处于声子基态，当受到入射光照射时，散射光中既有与入射光频率相同的谱线，也有与入射光频率不同的谱线，前者称为瑞利线，后者称为拉曼线。在拉曼线中，又把频率小于入射光频率的谱线称为斯托克斯线，而把频率大于入射光频率的谱线称为反斯托克斯线（图5.16）。

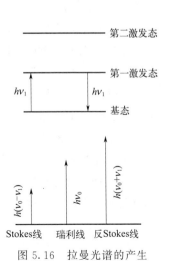

图 5.16　拉曼光谱的产生

5.7 纳米材料中的量子论

各种元素的原子具有特定的光谱线，如钠原子具有黄色的光谱线。原子模型已用能级的概念进行了合理的解释。由无数的原子构成固体时，单独原子的能级就并合成能带，由于电子数目很多，能带中能级的间距很小，因此可以看作是连续的，从能带理论出发成功地解释了大块金属、半导体、绝缘体之间的联系与区别。对介于原子、分子与大块固体之间的超微颗粒而言，大块材料中连续的能带将分裂为分立的能级；能级间的间距随颗粒尺寸减小而增大。当热能、电场能或者磁场能比平均的能级间距还小时，就会呈现一系列与宏观物体截然不同的反常特性，称之为量子尺寸效应。例如，导电的金属在超微颗粒时可以变成绝缘体，磁矩的大小和颗粒中电子是奇数还是偶数有关，比热容亦会反常变化，光谱线会产生向短波长方向的移动，这就是量子尺寸效应的宏观表现。因此，对超微颗粒在低温条件下必须考虑量子效应，原有宏观规律已不再成立。电子具有粒子性又具有波动性，因此存在隧道效应。人们发现一些宏观物理量，如微颗粒的磁化强度、量子相干器件中的磁通量等亦显示出隧道效应，称之为宏观的量子隧道效应。量子尺寸效应、宏观量子隧道效应将会是未来微电子、光电子器件的基础，或者它确立了现存微电子器件进一步微型化的极限，当微电子器件进一步微型化时必须要考虑上述的量子效应。例如，在制造半导体集成电路时，当电路的尺寸接近电子波长时，电子就通过隧道效应而溢出器件，使器件无法正常工作，经典电路的极限尺寸大概在 $0.25\mu m$。量子共振隧道晶体管就是利用量子效应制成的新一代器件。

（1）量子点

量子点（quantum dot）是尺度在 10 nm 以内的纳米颗粒，或在三个空间方向上束缚住的半导体纳米结构，有时被称为"人造原子""超晶格""超原子"或"量子点原子"，是 20 世纪 90 年代提出来的一个新概念。量子点具有分离的量子化的能谱。所对应的波函数在空间上位于量子点中，但延伸于数个晶格周期中。一个量子点具有少量的（1~100 个）整数个的电子、空穴或电子空穴对，其所带的电量是元电荷的整数倍。

量子点一般为球形或类球形，其直径常在 1~10nm 之间。常见的量子点由Ⅳ、Ⅱ-Ⅵ，Ⅳ-Ⅵ或Ⅲ-Ⅴ元素组成。具体的例子有硅量子点、锗量子点、硫化镉量子点、硒化镉量子点、碲化镉量子点、硒化锌量子点、硫化铅量子点、硒化铅量子点、磷化铟量子点和砷化铟量子点等。

量子点是一种纳米级别的半导体，通过对这种纳米半导体材料施加一定的电场或光压，它们便会发出特定频率的光，而发出的光的频率会随着这种半导体的尺寸的改变而变化，因而通过调节这种纳米半导体的尺寸就可以控制其发出的光的颜色，由于这种纳米半导体拥有限制电子和电子空穴的特性，这一特性类似于自然界中的原子或分子，因而被称为量子点。

量子点独特的性质基于它自身的量子效应，当颗粒尺寸进入纳米量级时，尺寸限域将引起尺寸效应、量子限域效应、宏观量子隧道效应和表面效应，从而派生出纳米体系具有常观体系和微观体系不同的低维物性，展现出许多不同于宏观体材料的物理化学性质，在非线性光学、磁介质、催化、医药及功能材料等方面具有极为广阔的应用前景，同时将对生命科学和信息技术的持续发展以及物质领域的基础研究产生深刻的影响。

（2）量子尺寸效应

通过控制量子点的形状、结构和尺寸，就可以方便地调节其能隙宽度、激子束缚能的大小以及激子的能量蓝移等电子状态。随着量子点尺寸的逐渐减小，量子点的光吸收谱出现蓝移现象。尺寸越小，则谱蓝移现象也越显著，这就是人所共知的量子尺寸效应。

金属费米能级附近的电子能级是准连续的。平均能级间距为：$\delta = 4E_F/3N$。式中，E_F 为费米能；N 是颗粒内总价电子数。可以看出，随粒径的减小，能级间隔增大。

当微粒的能隙 δ 大于电子的平均动能 $k_B T$ 时，热运动不能使电子跃过能隙，电子的状态受到限制，即表现出量子效应。

以金属 Ag 为例，计算一下在 $T = 1K$ 时出现量子尺寸效应的临界粒径：

Ag 的电子密度 $n = 6 \times 10^{22} \cdot cm^{-3}$，当 $\delta > k_B T$ 时出现量子尺寸效应，此时从金属变为绝缘体。由久保公式可得：$d = 14nm$。即当粒径小于 14nm 时，银纳米颗粒呈现量子尺寸效应，反映在电学性质上的显著变化，变为绝缘体。

 小知识

隧道二极管

隧道二极管又称为江崎二极管，它是以隧道效应电流为主要电流分量的晶体二极管。隧道二极管是采用砷化镓（GaAs）和锑化镓（GaSb）等材料混合制成的半导体二极管，其优点是开关特性好，速度快，工作频率高；缺点是热稳定性较差。一般应用于某些开关电路或高频振荡等电路中。隧道二极管通常是在重掺杂 N 型（或 P 型）的半导体片上用快速合金工艺形成高掺杂的 PN 结而制成；其掺杂浓度必须使 PN 结能带图中费米能级进入 N 型区的导带和 P 型区的价带；PN 结的厚度还必须足够薄（150Å 左右），使电子能够直接从 N 型层穿透 PN 结势垒进入 P 型层。这样的结又称隧道结。隧道二极管的主要特点是它的正向电流-电压特性具有负阻。这种负阻是基于电子的量子力学隧道效应，所以隧道二极管开关速度达皮秒量级，工作频率高达 100GHz。隧道二极管还具有小功耗和低噪声等特点。隧道二极管可用于微波混频、检波（这时应适当减轻掺杂，制成反向二极管）、低噪声放大、振荡等。由于功耗小，所以适用于卫星微波设备。还可用于超高速开关逻辑电路、触发器和存储电路等。

研究不同半导体材料制成的隧道二极管的基本特性，还能深入了解半导体中的能带结构和一些与量子力学有关的物理问题。

量子点激光器

量子点激光器是对注入载流子具有三维量子限制结构的半导体激光器。

器件的有源区被宽带隙势垒区分割为许多小体积，其线度在三维方向上均接近或小于载流子的德布罗意波长，对载流子在空间所有方向上的运动均进行了量子限制。此时，半导体材料原有的能带结构被重新分裂为分立的能级。与量子阱和量子线激光器相比，量子点激光器在输出光谱纯度、阈值电流、温

度特性和调制性等方面的性能均可获得较大幅度的提高。

我国量子点研究已经达到国际先进水平。中国科学院上海微系统与信息技术研究所研究人员开展的自组织生长量子点研究在低维半导体物理、材料、器件以及缺陷物理研究等方面，已获得一系列国际领先的科研发现，取得激光器材料和器件研究的新突破。

在通常情况下，块状材料中的电子能朝前后、左右、上下做自由三维运行。当它在仟一运动方向上受阻，一些新的物理现象就随之产生。此时，电子就会表现出量子特性，电子能量不再似水般连续流出，而如机枪的子弹，跳跃式地叠加。而封松林研究的量子点，则是上下、前后、左右3个方向都受到约束，不能自由运动的电子。

研究人员对量子点从电子材料生长、物性分析和器件制备等多个方面进行了系统的研究，突破了国际上局限于提高量子点横向均匀性的传统方法，发展了一种通过控制量子点纵向尺寸来提高量子点受限能级一致性的新途径。通过这种途径形成的量子点，如同水中等间距分布的大小相同的气泡，十分均匀。而以往传统方法形成的量子点的均匀性很难达到这个程度，以至于在应用时影响了电流出光和热力不平衡，甚至有时出不了光，而微系统与信息技术研究所的这项研究可以大幅度提高量子点材料的发光特性。现今，已掌握了波长在 800～1300nm 范围内控制激光器波长的有效方法，并制作出了室温连续激射的量子点激光器。这些研究成果将对医学、军事、通信等领域产生重大的影响。

拓展

薛定谔方程——创造性思维的特征

薛定谔方程的建立过程体现了很多创造性思维的特征。从问题"具有波粒二象性的粒子运动的基本规律是什么"的提出，引发发散思维：

① 建立方程需要选择物理量，要用什么物理量来描述具有波粒二象性的粒子的运动以及其物理意义是什么？

② 建立方程的形式应基于哪一基本类型？这个方程的解是什么？

③ 建立方程中的自变量是什么？

④ 被描述的实物粒子所处的环境将又怎样描述？

由此，薛定谔展开联想思维，从德布罗意和爱因斯坦那里吸收了关于电子波动和物质具有波动性的思想，提出用波函数描述电子的状态；从哈密顿的分析力学中悟出经典力学与几何光学类似的思想；从玻尔理论得到能量是分立的，从而注意到数学中偏微分方程的本征值；考虑到实物粒子一定要处于一个环境之中，因此描述实物粒子的环境应是经典力学中粒子所处场中的势能。

因此，从薛定谔身上可以学到科学的思维方式和学习态度。薛定谔作为概率波动力学的创始人，并不只是因为他在物理知识上的贡献，还因为他具备值得我们学习的思维方式和学习态度。自从德布罗意假说被实验所证实，薛定谔就开始尝试用一个波动方程去描述这种量子行为，期间他通过发散思维找出自己应该解决的问题，借鉴了众多前人的研究成果与经验尽量解决每一个疑问，并且一步步完善自己的理论。所以薛定谔方程的成功提出并不是偶然，而是薛定谔日复一日得辛苦付出后的成果。

薛定谔科学的思维方式和学习态度对我们后人具有巨大的启示作用。对于一个并不知道结果的问题，真正的学习态度是得像薛定谔那样深入地挖掘问题内在的含义，不断通过调研解决问题。

推荐阅读资料

[1] 周世勋.量子力学简明教程[M].北京:人民教育出版社,1979.

[2] 杨志伊.纳米科技[M].北京:机械工业出版社,2007.

[3] DaeMann Kim.量子力学应用纳米技术[M].Wiley,2015.

[4] 康振辉,刘阳,毛宝东.量子点的合成与应用[M].北京:科学出版社,2018.

参考文献

[1] 陈鹏,刘育梁.量子点激光器[J].纳米器件与技术,2005,7:311-317.

[2] 宁永强,王立军.半导体量子点激光器的发展[J].光机电信息,2002,4:26-30.

[3] Eliseev P G,et al. Transitiondipolemomentof InAs/InGaAs quantum dotsfrom experimentsonultralow—thresholdlaserdiodes[J].Appl PhysLett,2000,77(2):262-264.

思考题

1.什么是束缚态?它有何特征?束缚态是否必为定态?定态是否必为束缚态?

2.线性谐振子的零点能有何意义?

3.原子吸收光谱分析较原子发射光谱分析有哪些优缺点?为什么?

4.什么是 X 射线荧光分析? X 射线怎样分光?

习题

一、选择题

1.在一维无限深势阱中运动的粒子,其体系的（　　）。

A.能量是量子化的,而动量是连续变化的

B.能量和动量都是量子化的

C.能量和动量都是连续变化的

D.能量连续变化而动量是量子化的

2.线性谐振子的能级为（　　）。

A. $(n+1/2)\hbar\omega(n=0,1,2,\cdots)$ 　　　　　 B. $(n+1)\hbar\omega(n=0,1,2,\cdots)$

C. $(n+1/2)\hbar\omega(n=1,2,3,\cdots)$ 　　　　　 D. $(n+1)\hbar\omega(n=1,2,3,\cdots)$

3.在极坐标系下,氢原子体系在不同球壳内找到电子的概率为（　　）。

A. $R_{nl}^2(r)r$ 　　　　 B. $R_{nl}^2(r)r^2$ 　　　　 C. $R_{nl}^2(r)r\mathrm{d}r$ 　　　　 D. $R_{nl}^2(r)r^2\mathrm{d}r$

4. 在极坐标系下，氢原子体系在不同方向上找到电子的概率为（　　　）。

A. $Y_{lm}(\theta,\varphi)$　　　　B. $|Y_{lm}(\theta,\varphi)|^2$　　　　C. $Y_{lm}(\theta,\varphi)\mathrm{d}\Omega$　　　　D. $|Y_{lm}(\theta,\varphi)|^2\mathrm{d}\Omega$

5. 氢原子的能量本征函数 $\psi_{nlm}(r,\theta,\varphi)=R_{nl}(r)Y_{lm}(\theta,\varphi)$（　　　）。

A. 只是体系能量算符、角动量平方算符的本征函数，不是角动量 Z 分量算符的本征函数

B. 只是体系能量算符、角动量 Z 分量算符的本征函数，不是角动量平方算符的本征函数

C. 只是体系能量算符的本征函数，不是角动量平方算符、角动量 Z 分量算符的本征函数

D. 是体系能量算符、角动量平方算符、角动量 Z 分量算符的共同本征函数

6. 下列各量子数中，哪一组可以描述原子中电子的状态？（　　　）

A. $n=2$，$l=2$，$m_1=0$，$m_s=1/2$　　　　B. $n=3$，$l=1$，$m_1=-1$，$m_s=-1/2$

C. $n=1$，$l=2$，$m_1=1$，$m_s=1/2$　　　　D. $n=1$，$l=0$，$m_1=1$，$m_s=-1/2$

7. 设原子的两个价电子是 p 电子和 d 电子，在 L-S 耦合下可能的原子态有（　　　）。

A. 4 个　　　　　　B. 9 个　　　　　　C. 12 个　　　　　　D. 15 个

习题解答

二、问答及计算题

1. 原子内电子的量子态由 n，l，m_1 及 m_s 四个量子数表征。当 n，l，m_1 一定时，不同的量子态数目为（　　　），当 n，l 一定时，不同的量子态数目为（　　　），当 n 一定时，不同的量子态数目为（　　　）。

2. 试计算氢原子 $\Psi_{3\mathrm{Pz}}$ 态的能量 E、角动量、角动量在磁场方向的分量？（He^+、Li^{2+}）

3. 设氢原子处于状态

$$\psi(r,\theta,\varphi)=\frac{1}{2}R_{21}(r)Y_{10}(\theta,\varphi)-\frac{\sqrt{3}}{2}R_{21}(r)Y_{1-1}(\theta,\varphi)$$

求氢原子能量、角动量平方及角动量 Z 分量的可能值，这些可能值出现的概率和这些力学量的平均值。

4. 设在一维无限深势阱中运动的粒子的状态用

$$\Psi(x)=\frac{4}{\sqrt{a}}\sin\frac{\pi x}{a}\cos^2\frac{\pi x}{a}$$

描述，求粒子能量的可能值及相应的概率。

5. 设质量为 m 的粒子在下述势阱中运动：

$$V(x)=\begin{cases}\infty & (x<0)\\[2mm]\dfrac{1}{2}m\omega^2x^2 & (x>0)\end{cases}$$

求粒子的能级。

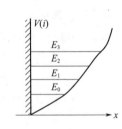

6. 证明：$L=\sqrt{6}\hbar$，$L=\pm\hbar$ 的氢原子中的电子，在 $\theta=45°$ 和 $135°$ 的方向上被发现的概率最大。

7. 用式 $r^*=\dfrac{n^2}{Z^*}a_0$ 计算 Na 原子和 F 原子的 3s 和 2p 轨道的有效半径 r^*。式中 n 和 Z^* 分别是轨道的主量子数和该轨道上的电子所感受到的有效核电荷。

8. 写出 Li^{2+} 的薛定谔方程，说明该方程中各符号及各项的意义，写出 Li^{2+} 1s 态的波函数并计算或回答：

（a）比较 Li^{2+} 的 2s 和 2p 态能量的高低；

（b）Li 原子的第一电离能（按斯莱特屏蔽常数算有效核电荷）。

9. 当无磁场时，在金属中的电子的势能可近似视为

$$U(x) = \begin{cases} 0 & x \leqslant 0 \text{（在金属内部）} \\ U_0 & x \geqslant 0 \text{（在金属外部）} \end{cases}$$

其中 $U_0 > 0$，求电子在均匀场外电场作用下穿过金属表面的透射系数。

10. 链型共轭分子 $CH_2CHCHCHCHCHCHCH_2$ 在长波方向 160nm 处出现第一个强吸收峰，试按一维势箱模型估算其长度。

11. 已知氢原子，$\varphi_{2p_z} = \dfrac{1}{4\sqrt{2\pi a_0^3}} \left(\dfrac{r}{a_0}\right) \exp\left[\dfrac{r}{a_0}\right] \cos\theta$，试回答下列问题：

（a）原子轨道能 $E = ?$

（b）轨道角动量 $|M| = ?$ 轨道磁矩 $|\mu| = ?$

（c）轨道角动量 M 和 z 轴的夹角是多少度？

（d）概率密度极大值的位置在何处？

薛定谔方程应用（Ⅱ）

第 6 章 PPT

 导读

对于简单的量子力学问题，薛定谔方程完全可以精确求解。但对于复杂力学体系问题，怎么办？答案是近似方法，例如描述光与材料的相互作用的量子力学方法以及求解实际材料中的多粒子（原子核与电子）体系的薛定谔方程。因此，在处理复杂的实际问题时，量子力学求问题近似解的方法（简称近似方法）就显得特别重要。最常见的近似方法包括：微扰理论（有两种形式，时间无关和时间相关）；紧束缚近似；变分法；计算机数值求解。这些方法都提供了对具体物理问题的一些见解，每种方法都有适用范围。

微扰的基本思想就是以逐步近似的精神求解薛定谔方程。该技术的一个关键特征是将问题分解为"可解决"和"扰动"两部分。在物理上往往先把哈密顿中的次要因素忽略掉，然后再逐步把次要因素加进来，使所求的解精确化，但前提是要求微扰 H' 非常小。

变分法是根据实际问题的物理分析，选择含有待定参量 α 的尝试波函数，然后计算积分的极值。变分法的优点在于运用它求解不受什么限制，但是由于结果的好坏完全取决于尝试波函数的选择，会使结果的任意性大。

密度泛函理论的主要目标就是用电子密度取代波函数作为研究的基本量。

6.1 时间无关微扰理论

量子力学如何描述当某个微观系统受其他系统干扰或相互作用时体系的状态演化？上一章中利用量子力学本征方程求解了氢原子的本征态与本征值。在弱电场微扰作用下，氢原子能级怎样变化？在微扰理论中，一般只讨论小扰动。外部小扰动引起对体系的本征态与本征值修正。在数学上将小微扰场的影响视为校正，例如，氢原子能级可能会因电场作用而发生移动（称为斯塔克效应）。

微扰理论是建立在这样一个假设的基础上的，即在某种意义上，我们想要解决的问题与可以精确解决的问题只是略有不同。在两个问题之间的偏差很小的情况下，微扰理论适用于计算与此偏差相关的贡献；这个贡献作为对哈密顿量的能量和波函数的修正。所以微扰理论建立在已知的精确解的基础上从而得到体系的近解。

微扰理论中，一种典型方法是时间无关微扰理论（也称为定态微扰理论）。这种方法本质上是一种逐次逼近方法。虽然它通常不是计算给定问题的数值结果的最佳方法，尤其是当前在计算机技术飞速发展及广泛应用的情况下，但它在概念上是一种非常有用的求解方法，并且是弄清系统与外界相互作用时的物理过程的一种有效的方法。

6.1.1　非简并定态微扰理论

假设体系的哈密顿算符 H 不显含时间，所以体系有确定的能量。而且，体系的哈密顿量可分为两部分：一部分是 $\hat{H}(0)$，表示体系未受微扰的哈密顿算符，其对应的薛定谔方程通常是比较容易解析求解；另一部分是 $\hat{H}'$，是加于 $\hat{H}^{(0)}$ 上的微扰项，它对体系的能量本征值与本征函数的影响非常小，例如作用在系统上的弱电场与磁场。这时，体系的哈密顿写为

$$\hat{H} = \hat{H}^{(0)} + \hat{H}' \tag{6.1}$$

以 $\psi_n^{(0)}$ 和 $E_n^{(0)}$ 表示 $\hat{H}^{(0)}$ 的本征函数与相应的本征值。对未受扰的体系，其薛定谔方程为

$$\hat{H}^{(0)} \psi_n^{(0)} = E_n^{(0)} \psi_n^{(0)} \tag{6.2}$$

且对应解是已知的或是容易解析求解的。对于含微扰的体系有

$$\hat{H} \psi_n = E_n \psi_n$$

或

$$(\hat{H}^{(0)} + \hat{H}') \psi_n = E_n \psi_n \tag{6.3}$$

引入一个无量纲的参数 λ，此时，微扰项写为

$$\hat{H}' = \lambda \hat{H}^{(1)} \tag{6.4}$$

利用式（6.4），则式（6.3）可写成：

$$(\hat{H}^{(0)} + \lambda \hat{H}^{(1)}) \psi_n = E_n \psi_n \tag{6.5}$$

由于 ψ_n、E_n 都和微扰有关，当 λ 为一个小量时，可把它们看作是表征微扰程度参数 λ 的函数，且可以将它们展为 λ 的幂级数。

$$E_n = E_n^{(0)} + \lambda E_n^{(1)} + \lambda^2 E_n^{(2)} + \cdots \tag{6.6}$$

$$\psi_n = \psi_n^{(0)} + \lambda \psi_n^{(1)} + \lambda^2 \psi_n^{(2)} + \cdots \tag{6.7}$$

式中，$E_n^{(0)}$、$\psi_n^{(0)}$ 依次是体系未受微扰时的精确本征能量和本征波函数，称为零级近似能量和零级近似波函数；$\lambda E_n^{(1)}$ 和 $\lambda \psi_n^{(1)}$ 是能量和波函数的一级修正等。当微扰项非常小，一级或者二级修正就可以很好地描述体系的物理性质。接下来的任务就是如何计算能量与波函数的修正项。

将式（6.6）、式（6.7）代入式（6.5）中，得

$$(\hat{H}^{(0)} + \lambda \hat{H}^{(1)})(\psi_n^{(0)} + \lambda \psi_n^{(1)} + \lambda^2 \psi_n^{(2)} + \cdots)$$

$$= (E_n^{(0)} + \lambda E_n^{(1)} + \lambda^2 E^{(2)} + \cdots)(\psi_n^{(0)} + \lambda \psi_n^{(1)} + \lambda^2 \psi_n^{(2)} + \cdots) \tag{6.8}$$

等式两边 λ 同次幂的系数应相等，由此得到下面一系列方程

λ^0 :
$$(\hat{H}^{(0)} - E_n^{(0)})\psi_n^{(0)} = 0 \tag{6.9}$$

λ^1 :
$$(\hat{H}^{(0)} - E_n^{(0)})\psi_n^{(1)} = -(\hat{H}^{(1)} - E_n^{(1)})\psi_n^{(0)} \tag{6.10}$$

λ^2 :
$$(\hat{H}^{(0)} - E_n^{(0)})\psi_n^{(2)} = -(\hat{H}^{(1)} - E_n^{(1)})\psi_n^{(1)} + E_n^{(2)}\psi_n^{(0)} \tag{6.11}$$

将 λ 省去，为此在式（6.4）中令 $\lambda = 1$，得出 $\hat{H}^{(1)} = \hat{H}'$，故把 $E_n^{(1)}$、$\psi_n^{(1)}$ 理解为能量和波函数的一级修正。

（1）一级修正

为了求 $E_n^{(1)}$，以 $\psi_n^{(0)}$ 左乘式（6.10）两边，并对整个空间积分

$$\int \psi_n^{(0)*}(\hat{H}^{(0)} - E_n^{(0)})\psi_n^{(1)} \, d\tau$$

$$= E_n^{(1)} \int \psi_n^{(0)*} \psi_n^{(0)} \, d\tau - \int \psi_n^{(0)*} \hat{H}' \psi_n^{(0)} \, d\tau \tag{6.12}$$

注意 $\hat{H}^{(0)}$ 是厄密算符，$E_n^{(0)}$ 是实数，则上式左边

$$\int \psi_n^{(0)*}(\hat{H}^{(0)} - E_n^{(0)})\psi_n^{(1)} \, d\tau = \int [(\hat{H}^{(0)} - E_n^{(0)})\psi_n^{(0)}]^* \psi_n^{(1)} \, d\tau = 0 \tag{6.13}$$

由于 $\psi_n^{(0)}$ 的正交归一性，于是由式（6.12）得到

$$E_n^{(1)} = \int \psi_n^{(0)*} \hat{H}' \psi_n^{(0)} \, d\tau = H_{nn}' \tag{6.14}$$

即能量的一级修正值 $E_n^{(1)}$ 等于 $\hat{H}'$ 在 $\psi_n^{(0)}$ 态中的平均值。

已知 $E_n^{(1)}$，由式（6.10）可求得 $\psi_n^{(1)}$。为此我们将 $\psi_n^{(1)}$ 按 $\hat{H}^{(0)}$ 的本征函数系展开

$$\psi_n^{(1)} = \sum_l a_l^{(1)} \psi_l^{(0)} \tag{6.15}$$

在上式中，若确定 $a_l^{(1)}$，便可求得 $\psi_n^{(1)}$。为此，将上式代入式（6.10），并注意 $\hat{H}^{(0)}\psi_l^{(0)} = E_l^{(0)}\psi_l^{(0)}$，得

$$\sum_l a_l^{(1)}(E_l^{(0)} - E_n^{(0)})\psi_l^{(0)} = (E_n^{(1)} - \hat{H}')\psi_n^{(0)} \tag{6.16}$$

以 $\psi_m^{(0)}$（$m \neq n$）左乘式（6.16）两边后，对整个空间积分，并注意到 $\psi_l^{(0)}$ 的正交归一性

$$\int \psi_m^{(0)*} \psi_l^{(0)} \, d\tau = \delta_{ml} = \begin{cases} 0 & \text{当} \ m \neq l \\ 1 & m = l \end{cases}$$

得到

$$a_m^{(1)}(E_m^{(0)} - E_n^{(0)}) = -\int \psi_m^{(0)*} \hat{H}' \psi_n^{(0)} \, d\tau \tag{6.17}$$

令

$$\int \psi_m^{(0)*} \hat{H}' \psi_n^{(0)} \, d\tau = H_{mn}' \tag{6.18}$$

H'_{mn} 称为微扰矩阵元，于是由式（6.17）可得

$$a_m^{(1)} = \frac{H'_{mn}}{E_n^{(0)} - E_m^{(0)}} \quad (m \neq n) \tag{6.19}$$

代入式（6.15），得

$$\psi_n^{(1)} = \sum_m{}' \frac{H'_{mn}}{E_n^{(0)} - E_m^{(0)}} \psi_m^{(0)} \tag{6.20}$$

上式求和号上角加撇表示求和时除去 $m = n$ 的项。

（2）二级修正

为了求得量的二级修正，类似求一级微扰的方法，二级修正波函数按照本征函数系展开

$$\psi_n^{(2)} = \sum_l a_l^{(2)} \psi_l^{(0)} \tag{6.21}$$

将式（6.21）代入式（6.11）

$$\sum_l a_l^{(2)} E_l^{(0)} \psi_l^{(0)} - E_n^{(0)} \sum_l a_l^{(2)} \psi_l^{(0)} = -H' \sum_l a_l^{(1)} \psi_l^{(0)} + H'_{nn} \sum_l a_l^{(1)} \psi_l^{(0)} + E_n^{(2)} \psi_n^{(0)} \tag{6.22}$$

用 $\psi_k^{(0)*}$ 乘式（6.22）两边后，对整个空间积分得

$$a_k^{(2)} E_k^{(0)} - E_n^{(0)} a_k^{(2)} = -\sum_{l \neq n} a_l^{(1)} H'_{kl} + H'_{nn} a_k^{(1)} + E_n^{(2)} \delta_{kn} \tag{6.23}$$

为了保证 $\psi_n^{(1)}$ 和 $\psi_n^{(1)}$ 归一性，即 $\langle \psi_n^{(1)} | \psi_n^{(1)} \rangle = 1$，那么 $a_n^{(1)} = 0$。当 $k = n$ 时，由式（6.20）与式（6.23）得

$$E_n^{(2)} = \sum_l{}' \frac{H'_{ln} H'_{nl}}{E_n^{(0)} - E_l^{(0)}} = \sum_l{}' \frac{|H'_{nl}|^2}{E_n^{(0)} - E_l^{(0)}} \tag{6.24}$$

上式求和号上角加撇表示求和时要除去 $l = n$ 的项，最后一步是因为 $\hat{H}^{(1)}$ 是厄密算符，由式（6.18）有 $H'_{ln} = H'_{nl}{}^*$。

当 k 不等于 n 时

$$a_k^{(2)} = \sum_{l \neq n} \frac{H'_{kl} H'_{ln}}{(E_n^{(0)} - E_k^{(0)})(E_n^{(0)} - E_l^{(0)})} - \frac{H'_{kn} H'_{nn}}{(E_n^{(0)} - E_k^{(0)})^2} \tag{6.25}$$

对于 $a_n^{(2)}$，由波函数归一化条件有

$$\langle \psi_n | \psi_n \rangle = \langle (\psi_n^{(0)} + \lambda \psi_n^{(1)} + \lambda^2 \psi_n^{(2)}) | (\psi_n^{(0)} + \lambda \psi_n^{(1)} + \lambda^2 \psi_n^{(2)}) \rangle = 1$$

$$\langle \psi_n^{(0)} | \psi_n^{(2)} \rangle + \langle \psi_n^{(2)} | \psi_n^{(0)} \rangle + \langle \psi_n^{(1)} | \psi_n^{(1)} \rangle = 0 \tag{6.26}$$

$$a_n^{(2)} + a_n^{(2)*} + \sum_{m,n} a_m^{(1)*} a_n^{(1)} \delta_{mn} = 0$$

那么有

$$a_n^{(2)} = -\frac{1}{2} \sum_{m \neq n} |a_m^{(1)}|^2 = -\frac{1}{2} \sum_{m \neq n} \frac{|H'_{mn}|^2}{(E_n^{(0)} - E_m^{(0)})^2} \tag{6.27}$$

精确到二级近似条件下，体系的能量与波函数分别为

$$E_n = E_n^{(0)} + H'_{nn} + \sum_{l \neq n} \frac{|H'_{nl}|^2}{E_n^{(0)} - E_l^{(0)}}$$

$$\psi_n = \psi_n^{(0)} + \sum_{k \neq n} \frac{H'_{kn}}{E_n^{(0)} - E_k^{(0)}} \psi_k^{(0)} +$$

$$\sum_{k \neq n} \left\{ \sum_{i \neq n} \frac{H'_{kl} H'_{ln}}{(E_n^{(0)} - E_k^{(0)})(E_n^{(0)} - E_l^{(0)})} - \frac{H'_{kn} H'_{nn}}{(E_n^{(0)} - E_k^{(0)})^2} \right\} \psi_k^{(0)} -$$

$$\frac{1}{2} \sum_{m \neq n} \frac{|H'_{mn}|^2}{(E_n^{(0)} - E_m^{(0)})^2} \psi_n^{(0)} \tag{6.28}$$

正如人们所期望的那样，微扰理论对于涉及系统小扰动的计算特别有用。它可以给出涉及弱相互作用的各种效应的简单解析公式和系数值。它在概念上也有助于理解一般的交互作用。即使我们没有进行实际的微扰理论计算，我们也可以使用微扰理论来判断对于一个有限基子集是否起作用。如果给定的能级在能量上相距很远和/或与某个更近的能级相比具有较小的矩阵元素，我们可以忽略该给定能级，因为能量差会出现在扰动项的分母中。我们这里只展示了一阶和二阶微扰公式。通常，扰动计算对于第一级非零阶校正最有用。特定效应有时需要更高阶的计算。例如，不同类型的非线性光学效应与特定阶次的扰动理论计算相关（尽管它们是时间相关的扰动计算）。线性光学基于一阶微扰理论；线性电光效应、二次谐波产生和光参量产生使用二阶微扰；非线性折射需要三阶微扰计算。

关于我们上面提到的波函数公式的一个小问题是它们没有完全归一化；我们只是对式 (6.2) 中的原始波函数进行修正。对于小的修正来说，这不是一个重要的问题。如果这很重要，那么对校正后的波函数进行归一化也非常简单。

微扰理论是一种逐次逼近的理论。可以看出，我们使用零阶波函数来计算一阶能量校正，而我们在计算二阶波函数校正时使用一阶能量校正。即使使用相对较差的波函数，近似方法也可以相当准确地计算能量，这是非常普遍的。在微扰理论中，能量的第 n 次近似只需要波函数的第 $(n-1)$ 次近似。

【例 6.1】 电荷为 q、质量为 m 的粒子在频率为 ω 的一维谐波势阱中运动，并受到 x 方向的弱电场 ε 作用。

① 找到能量的精确表达式。

② 计算第一阶非零校正的能量，并将其与①中获得的精确结果进行比较。

解： 振荡电荷和外部电场之间的相互作用产生了一个附加项 $\hat{H}_p = q\varepsilon\hat{X}$，该项需要添加到粒子的哈密顿量中，则体系总的哈密顿量为

$$\hat{H} = \hat{H}_0 + \hat{H}_p = -\frac{\hbar}{2m} \times \frac{\mathrm{d}^2}{\mathrm{d}x^2} + \frac{1}{2} m\omega^2 \hat{x}^2 + q\varepsilon\hat{x}$$

① 引入坐标变换 $\hat{y} = \hat{x} + q\varepsilon/(m\omega^2)$，则体系哈密顿量变为

$$\hat{H} = -\frac{\hbar^2}{2m} \times \frac{\mathrm{d}^2}{\mathrm{d}y^2} + \frac{1}{2} m\omega^2 \hat{y}^2 - \frac{q^2\varepsilon^2}{2m\omega^2}$$

其精确能量本征值为

$$E_n = \left(n + \frac{1}{2}\right)\hbar\omega - \frac{q^2\varepsilon^2}{2m\omega^2}$$

当外电场比较小时，其附加能量 $q^2\varepsilon^2\omega^2/(2m)$ 作为一个小量对标准谐振子的能级进行修正。因此，该模型可以用于精确解与微扰近似解之间的对比。

② 对于体系能级的一级修正项 $E_n^{(1)} = q\varepsilon\langle n|\hat{x}|n\rangle$ 等于零；对于二级修正有

$$E_n^{(2)} = q^2\varepsilon^2 \sum_{m\neq n} \frac{|\langle m|\hat{x}|n\rangle|^2}{E_n^{(0)} - E_m^{(0)}}$$

对于未微扰的能量本征态 $E_n^{(0)} = \left(n + \frac{1}{2}\right)\hbar\omega$，并利用谐振子粒子数表象的性质有

$$\langle n+1|\hat{x}|n\rangle = \sqrt{n+1}\sqrt{\frac{\hbar}{2m\omega}}, \quad \langle n-1|\hat{x}|n\rangle = \sqrt{n}\sqrt{\frac{\hbar}{2m\omega}}$$

$$E_n^{(0)} - E_{n-1}^{(0)} = \hbar\omega, \quad E_n^{(0)} - E_{n+1}^{(0)} = -\hbar\omega$$

因此二级能量修正可以简化为

$$E_n^{(2)} = q^2\varepsilon^2 \left[\frac{|\langle n+1|\hat{x}|n\rangle|^2}{E_n^{(0)} - E_{n+1}^{(0)}} + \frac{|\langle n-1|\hat{x}|n\rangle|^2}{E_n^{(0)} - E_{n-1}^{(0)}}\right]$$

$$= -\frac{q^2\varepsilon^2}{2m\omega^2}$$

这时系统总能量（考虑二级修正）为

$$E_n = E_n^{(0)} + E_n^{(1)} + E_n^{(2)} = \left(n + \frac{1}{2}\right)\hbar\omega - \frac{q^2\varepsilon^2}{2m\omega^2}$$

与精确求解的能量相比，完全一致。

类似地可以得到一级修正波函数

$$|\psi_n^{(1)}\rangle = \frac{q\varepsilon}{\hbar\omega}\sqrt{\frac{\hbar}{2m\omega}}\langle\sqrt{n}|n-1\rangle - \sqrt{n+1}|n+1\rangle\rangle$$

$$|\psi_n\rangle = |n\rangle + \frac{q\varepsilon}{\hbar\omega}\sqrt{\frac{\hbar}{2m\omega}}\langle\sqrt{n}|n-1\rangle - \sqrt{n+1}|n+1\rangle\rangle$$

【例 6.2】 ① 讨论沿 z 轴方向的外均匀弱电 $\boldsymbol{\varepsilon} = \varepsilon e_z$ 对氢原子基态的影响；忽略自旋自由度。

② 求出氢原子极化率的近似值。

解：

① 外电场对原子能级的影响称为斯塔克效应。在没有电场的情况下，氢原子的（未扰动）哈密顿量（CGS 单位）为

$$\hat{H}_0 = \frac{\hat{p}^2}{2\mu} - \frac{e^2}{r}$$

哈密顿量对应的本征函数 $\psi_{nlm}(r)$ 为

$$\psi_{nlm}(r,\theta,\varphi) = R_{nl}(r)Y_{lm}(\theta,\varphi)$$

当电场作用在氢原子上时，原子和电场之间的相互作用产生一项 $\hat{H}_p = e\boldsymbol{\varepsilon} \cdot \boldsymbol{r} = e\varepsilon\hat{z}$ 需要添加到 $\hat{H}_0$ 中。因为氢原子的激发态是简并的，而基态不是，所以非简并微扰理论只适用于基态，$\psi_{100}(r)$ 忽略自旋自由度，该系统的二阶微扰的能量如下

$$E_{100} = E_{100}^{(0)} + e\varepsilon\langle 100|\hat{z}|100\rangle + e^2\varepsilon^2 \sum_{nlm \neq 100} \frac{|\langle nlm|\hat{z}|100\rangle|^2}{E_{100}^{(0)} - E_{nlm}^{(0)}}$$

其中下式等于零（因为 z 与 $\psi_{100}(r)$ 的奇偶性）。

$$\langle 100|\hat{Z}|100\rangle = \int |\psi_{100}(r)|^2 z \, \mathrm{d}^3 r = 0$$

这意味着能量不可能有与电场成比例的修正项，因此不存在线性斯塔克效应。这背后的物理基础是，当氢原子处于基态时，它没有永久的电偶极矩。我们只剩下能量对电场的二次依赖关系。这就是所谓的二次斯塔克效应。这种修正称为能量移动 ΔE

$$\Delta E = e^2\varepsilon^2 \sum_{nlm \neq 100} \frac{|\langle nlm|\hat{z}|100\rangle|}{E_{100}^{(0)} - E_{nlm}^{(0)}}$$

② 现在我们来估计氢原子的极化率。极化率 α 受电场 $\boldsymbol{\varepsilon}$ 作用，原子能量修正 Δ 下，其极化率为（推导省略）

$$\alpha = -2\frac{\Delta E}{\varepsilon^2}$$

则氢原子基态极化率为

$$\alpha = -2e^2 \sum_{nlm \neq 100} \frac{|\langle nlm|\hat{z}|100\rangle|^2}{E_{100}^{(0)} - E_{nlm}^{(0)}}$$

对于 n 大于 2 情况下

$$E_{100}^{(0)} - E_{nlm}^{(0)} \leqslant E_{100} - E_{200} = \frac{e^2}{2a_0}\left(-1 + \frac{1}{4}\right) = -\frac{3e^2}{8a_0}$$

因此

$$\alpha \leqslant \frac{16a_0}{3} \sum_{nlm \neq 100} |\langle nlm|\hat{z}|100\rangle|^2$$

其中

$$\sum_{lm \neq 100} |\langle nlm|\hat{z}|100\rangle|^2 = \sum_{\text{all } nlm} |\langle nlm|\hat{z}|100\rangle|^2$$

$$= \langle 100|\hat{z}(\sum_{\text{all } nlm}|nlm\rangle\langle nlm|)\hat{z}|100\rangle$$

$$= \langle 100|\hat{z}^2|100\rangle$$

利用 $\langle 100 | \hat{z} | 100 \rangle = 0$，同时 $|nlm\rangle$ 为完全集，而

$z = r\cos\theta$ 和 $\langle r\theta\varphi | 100 \rangle = R_{10}(r)Y_{00}(\theta,\varphi) = R_{10}(r)/\sqrt{4\pi}$，那么有

$$\langle 100 | \hat{z}^2 | 100 \rangle = \frac{1}{4\pi}\int_0^\infty r^4 R_{10}^2(r)\,\mathrm{d}r \int_0^\pi \sin\theta\cos^2\theta\,\mathrm{d}\theta \int_0^{2\pi}\mathrm{d}\varphi = a_0^2$$

可以得到氢原子极化率的上限为

$$\alpha \leqslant \frac{16}{3}a_0^3$$

这是利用微扰理论得到的氢原子极化率，与精确值 $\alpha = \frac{9}{2}a_0^3$ 相吻合。

6.1.2 简并定态微扰理论

上述讨论了"非简并"情况下的微扰方法近似求解体系定态能量与波函数。一般情况下，对于给定的本征值，体系可能有一个以上的本征函数，即简并态。这种简并态在量子力学中并不少见，特别是在非常对称的体系中。例如，一个氢原子的三个不同的 p 轨道，分别对应于 x、y 和 z 方向的一个不同的轨道，它们都具有相同的能量。理解这种情况下的微扰理论是非常重要的，因为一般小的扰动，例如电场，会消除能级简并，使一些状态具有不同的能量，并明确地确定这些不同的本征函数。下面我们将考虑一阶微扰理论下简并态的能量与波函数修正。

对于满足本征方程 $\hat{H}|\psi_n\rangle = (\hat{H}^{(0)} + \hat{H}')|\psi_n\rangle = E_n|\psi_n\rangle$ 对应的体系，其零级近似的能级 $E_n^{(0)}$ 是 f 重简并，也就是存在一组不同的波函数 $|\phi_{n_\alpha}\rangle$，其中 $\alpha = 1, 2, \cdots, f$，对应相同的本征值 $E_n^{(0)}$，那么有

$$\hat{H}_0|\phi_{n_\alpha}\rangle = E_n^{(0)}|\phi_{n_\alpha}\rangle \quad (\alpha = 1, 2, \cdots, f) \tag{6.29}$$

α 代表一组量子数，且能量本征值与 α 无关。零级近似波函数可以写为 $|\phi_{n_\alpha}\rangle$ 的线性组合

$$|\psi_n\rangle = \sum_{\alpha=1}^f a_\alpha|\phi_{n_\alpha}\rangle \tag{6.30}$$

由于 $|\phi_{n_\alpha}\rangle$ 之间正交，即 $\langle\phi_{n_\alpha}|\phi_{n_\beta}\rangle = \delta_{\alpha,\beta}$，同时 $|\psi_n\rangle$ 归一，即 $\langle\psi_n|\psi_n\rangle = 1$，那么有如下关系

$$\langle\psi_n|\psi_n\rangle = \sum_{\alpha,\beta}a_\alpha^* a_\beta\delta_{\alpha,\beta} = \sum_{\alpha=1}^f |a_\alpha|^2 = 1 \tag{6.31}$$

接下来求解波函数展开系数与能量的一级修正（即简并消除，或者部分消除简并）。

将零级本征方程式（6.29）与线性展开的零波函数式（6.30）代入体系本征方程有

$$\sum_\alpha [E_n^{(0)}|\phi_{n_\alpha}\rangle + \hat{H}'|\phi_{n_\alpha}\rangle]a_\alpha = E_n\sum_\alpha a_\alpha|\phi_{n_\alpha}\rangle \tag{6.32}$$

方程两边同时乘以 $\langle\phi_{n_\beta}|$，并利用 $\langle\phi_{n_\beta}|\phi_{n_\alpha}\rangle = \delta_{\beta,\alpha}$ 得

$$\sum_\alpha a_\alpha[E_n^{(0)}\delta_{\alpha,\beta} + \langle\phi_{n_\beta}|\hat{H}'|\phi_{n_\alpha}\rangle] = E_n\sum_\alpha a_\alpha\delta_{\alpha,\beta} \tag{6.33}$$

或者写为

$$a_\beta E_n = a_\beta E_n^{(0)} + \sum_{a=1}^f a_a \langle \phi_{n_\beta} | \hat{H}' | \phi_{n_a} \rangle \tag{6.34}$$

写成关于展开系数 a_a 的线性方程为

$$\sum_{a=1}^f (\hat{H}_{\beta a} - E_n^{(1)} \delta_{a,\beta}) a_a = 0 \quad (\beta = 1, 2, \cdots, f) \tag{6.35}$$

其中：$\hat{H}_{\beta a}' = \langle \phi_{n_\beta} | \hat{H}_p | \phi_{n_a} \rangle$，$E_n^{(1)} = E_n - E_n^{(0)}$。

若 a_a 展开系数有非零解，则式（6.35）中系数行列式等于零，即

$$\begin{vmatrix} \hat{H}_{11}' - E_n^{(1)} & \hat{H}_{12}' & \hat{H}_{13}' & \cdots & \hat{H}_{1f}' \\ \hat{H}_{21}' & \hat{H}_{22}' - E_n^{(1)} & \hat{H}_{23}' & \cdots & \hat{H}_{2f}' \\ \vdots & \vdots & \vdots & \ddots & \vdots \\ \hat{H}_{f1}' & \hat{H}_{f2}' & \hat{H}_{f3}' & \cdots & \hat{H}_{ff}' - E_n^{(1)} \end{vmatrix} = 0 \tag{6.36}$$

通常来说，$E_n^{(1)}$ 有 f 个不同的解。即得到体系 H 对应的零级能量本征值 $E_n^{(0)}$ 一级能量修正。另外，通过求解展开系数即可以得到零级近似下对应的体系波函数。

综上所述，为了从微扰理论确定 f 度简并能级的一阶修正本征值和零阶本征态，我们需要进行如下操作：

第一，对于 f 重简并能级，得到 $f \times f$ 微扰矩阵

$$\hat{H}_{\beta a}' = \begin{pmatrix} \hat{H}_{11}' & \hat{H}_{12}' & \cdots & \hat{H}_{1f}' \\ \hat{H}_{21}' & \hat{H}_{22}' & \cdots & \hat{H}_{2f}' \\ \vdots & \vdots & \ddots & \vdots \\ \hat{H}_{f1}' & \hat{H}_{f2}' & \cdots & \hat{H}_{ff}' \end{pmatrix} \tag{6.37}$$

第二，对角化矩阵，得到 f 个能量本征值 $E_{n_a}^{(1)}$（$\alpha = 1, 2, \cdots, f$）和本征矢量

$$a_a = \begin{pmatrix} a_{a_1} \\ a_{a_2} \\ \vdots \\ a_{a_f} \end{pmatrix} \quad (\alpha = 1, 2, \cdots, f) \tag{6.38}$$

最后，得到体系的一级修正的能量本征值一级修正本征态

$$E_{n_a} = E_n^{(0)} + E_{n_a}^{(1)} \quad (\alpha = 1, 2, \cdots, f) \tag{6.39}$$

$$|\psi_{n_a}\rangle = \sum_{\beta=1}^f a_{a\beta} |\phi_{n\beta}\rangle$$

【例 6.3】 一系统仅有三个相互线性独立的本征态。假设哈密顿量的矩阵形式为：

$$H = V_0 \begin{pmatrix} (1-\varepsilon) & 0 & 0 \\ 0 & 1 & \varepsilon \\ 0 & \varepsilon & 2 \end{pmatrix}$$

其中，V_0 为常数，ε 为一小量（$\varepsilon \ll 1$）。

① 求出无微扰（$\varepsilon=0$）时哈密顿量的本征态和本征值。

② 严格求解 H 的本征值。结果展开为 ε 的幂级数，展开到 ε 的二次项。

③ 利用非简并微扰理论的一级和二级修正公式，求出由 H^0 的非简并本征态所生成态的近似本征值。同④中的精确结果比较。

④ 利用简并微扰理论，找出两个原来简并的本征值的一级修正。同精确结果比较。

解：① 由题意得：$\chi_1=\begin{pmatrix}1\\0\\0\end{pmatrix}$，本征值为 V_0；$\chi_2=\begin{pmatrix}0\\1\\0\end{pmatrix}$，本征值为 V_0；$\chi_3=\begin{pmatrix}0\\0\\1\end{pmatrix}$，本征值

为 $2V_0$。

② 特征方程：$\det(H-\lambda)=\begin{bmatrix}[V_0(1-\varepsilon)-\lambda] & 0 & 0\\ 0 & [V_0-\lambda] & \varepsilon V_0\\ 0 & \varepsilon V_0 & [2V_0-\lambda]\end{bmatrix}=0$

$$[V_0(1-\varepsilon)-\lambda][(V_0-\lambda)(2V_0-\lambda)-(\varepsilon V_0)^2]=0\Rightarrow\lambda_1=V_0(1-\varepsilon)$$

$$(V_0-\lambda)(2V_0-\lambda)-(\varepsilon V_0)^2=0\Rightarrow\lambda^2-3V_0\lambda+(2V_0^2-\varepsilon^2V_0^2)=0\Rightarrow$$

$$\lambda=\frac{3V_0\pm\sqrt{9V_0^2-4(2V_0^2-\varepsilon^2V_0^2)}}{2}=\frac{V_0}{2}[3\pm\sqrt{1+4\varepsilon^2}]\approx\frac{V_0}{2}[3\pm(1+2\varepsilon^2)]$$

$$\lambda_2=\frac{V_0}{2}(3-\sqrt{1+4\varepsilon^2})\approx V_0(1-\varepsilon^2);\ \lambda_3=\frac{V_0}{2}(3+\sqrt{1+4\varepsilon^2})\approx V_0(2+\varepsilon^2)$$

③ $H'=\varepsilon V_0\begin{pmatrix}-1 & 0 & 0\\ 0 & 0 & 1\\ 0 & 1 & 0\end{pmatrix}$

$$E_3^1=\langle\chi_3\mid H'\mid\chi_3\rangle=\varepsilon V_0(0\ \ 0\ \ 1)\begin{pmatrix}-1 & 0 & 0\\ 0 & 0 & 1\\ 0 & 1 & 0\end{pmatrix}\begin{pmatrix}0\\0\\1\end{pmatrix}=\varepsilon V_0(0\ \ 0\ \ 1)\begin{pmatrix}0\\1\\0\end{pmatrix}=0\quad（一级修正为零）$$

$$E_3^2=\sum_{m=1,2}\frac{|\langle\chi_m\mid H'\mid\chi_3\rangle|^2}{E_3^0-E_m^0}$$

$$\langle\chi_1\mid H'\mid\chi_3\rangle=\varepsilon V_0(1\ \ 0\ \ 0)\begin{pmatrix}-1 & 0 & 0\\ 0 & 0 & 1\\ 0 & 1 & 0\end{pmatrix}\begin{pmatrix}0\\0\\1\end{pmatrix}=\varepsilon V_0(1\ \ 0\ \ 0)\begin{pmatrix}0\\1\\0\end{pmatrix}=0$$

$$\langle\chi_2\mid H'\mid\chi_3\rangle=\varepsilon V_0(0\ \ 1\ \ 0)\begin{pmatrix}0\\0\\1\end{pmatrix}=\varepsilon V_0$$

$E_3^0-E_2^0=2V_0-V_0=V_0$，$E_3^2=(\varepsilon V_0)^2/V_0=\varepsilon^2V_0$，二阶修正条件下

$E_3=E_3^0+E_3^1+E_3^2=2V_0+0+\varepsilon^2V_0=V_0(2+\varepsilon^2)$　　［与（2）中的 λ_3 一致］

④

$$H'_{11} = \langle \chi_1 | H' | \chi_1 \rangle = \varepsilon V_0 (1 \quad 0 \quad 0) \begin{pmatrix} -1 & 0 & 0 \\ 0 & 0 & 1 \\ 0 & 1 & 0 \end{pmatrix} \begin{pmatrix} 1 \\ 0 \\ 0 \end{pmatrix} = \varepsilon V_0 (1 \quad 0 \quad 0) \begin{pmatrix} -1 \\ 0 \\ 0 \end{pmatrix} = -\varepsilon V_0$$

$$H'_{22} = \langle \chi_2 | H' | \chi_2 \rangle = \varepsilon V_0 (0 \quad 1 \quad 0) \begin{pmatrix} -1 & 0 & 0 \\ 0 & 0 & 1 \\ 0 & 1 & 0 \end{pmatrix} \begin{pmatrix} 0 \\ 1 \\ 0 \end{pmatrix} = \varepsilon V_0 (0 \quad 1 \quad 0) \begin{pmatrix} 0 \\ 0 \\ 1 \end{pmatrix} = 0$$

$$H'_{12} = \langle \chi_1 | H' | \chi_2 \rangle = \varepsilon V_0 (1 \quad 0 \quad 0) \begin{pmatrix} -1 & 0 & 0 \\ 0 & 0 & 1 \\ 0 & 1 & 0 \end{pmatrix} \begin{pmatrix} 0 \\ 1 \\ 0 \end{pmatrix} = \varepsilon V_0 (1 \quad 0 \quad 0) \begin{pmatrix} 0 \\ 0 \\ 1 \end{pmatrix} = 0$$

从而有

$$E^1_{\pm} = \frac{1}{2} \left[-\varepsilon V_0 + 0 \pm \sqrt{\varepsilon^2 V_0^2 + 0} \right] = \frac{1}{2} (-\varepsilon V_0 \pm \varepsilon V_0) = \{0, -\varepsilon V_0\}$$

一级近似下有，$E_1 = V_0 - \varepsilon V_0$，$E_2 = V_0$，与（2）中的一级幂级数展开一致。

6.1.3 氢原子的一级斯塔克效应

原子或分子存在固有电偶极矩，在外电场作用下引起附加能量，造成能级分裂，裂矩与电场强度成正比，称为一级斯塔克效应；不存在固有电偶极矩的原子或分子受电场作用，产生感生电矩，在电场中引起能级分裂，与电场强度平方成正比，称为二级斯塔克效应，一般二级效应比一级效应小得多。斯塔克分裂的谱线是偏振的。对斯塔克效应的圆满解释是早期量子力学的重大胜利。1919 年诺贝尔物理学奖授予德国格雷复斯瓦尔大学的斯塔克（Johnnes Stark，1874—1957），以表彰他在极遂射线中发现了多普勒效应和电路中发现了分裂的谱线。

由前面知道，氢原子主量子数 n 有 n^2 度简并，下面讨论外电场作用下，氢原子对称势场遭到破坏，能级将发生分裂，简并度将消除。

在没有电场的情况下，氢原子的（未扰动）哈密顿量（以 CGS 为单位）为

$$\hat{H}_0 = \frac{\hat{p}^2}{2\mu} - \frac{e^2}{r} \tag{6.40}$$

当 $n = 2$ 时，第一激发态，氢原子的本征值为

$$E_2^{(0)} = -\frac{\mu e_s^4}{2\hbar^2 n^2} = -\frac{\mu e_s^4}{8\hbar^2} = -\frac{e_s^2}{8a_0} \tag{6.41}$$

其中，$R_y = \mu e_s^4 / (2\hbar^2) = 13.6\text{eV}$，是 Rydberg 常数。

$a_0 = \dfrac{\hbar^2}{\mu e_s^2}$，为第一玻尔轨道半径。对应的本征波函数为：

$$\psi_{nlm}(r, \theta, \varphi) = R_{nl}(r) Y_{lm}(\theta, \varphi) \tag{6.42}$$

$n = 2$ 的四个简并能级对应的波函数为

$$\phi_1 \equiv \psi_{200} = R_{20}(r)Y_{00}(\theta,\varphi)$$

$$= \frac{1}{4\sqrt{2\pi}}\left(\frac{1}{a_0}\right)^{\frac{3}{2}}\left(2 - \frac{r}{a_0}\right)e^{-\frac{r}{2a_0}}$$

$$\phi_2 \equiv \psi_{210} = R_{21}(r)Y_{10}(\theta,\varphi)$$

$$= \frac{1}{4\sqrt{2\pi}}\left(\frac{1}{a_0}\right)^{\frac{3}{2}}\left(\frac{r}{a_0}\right)e^{-\frac{r}{3a_0}}\cos\theta \qquad (6.43)$$

$$\phi_3 \equiv \psi_{211} = R_{21}(r)Y_{11}(\theta,\varphi)$$

$$= \frac{1}{8\sqrt{\pi}}\left(\frac{1}{a_0}\right)^{\frac{3}{2}}\left(\frac{r}{a_0}\right)e^{-\frac{r}{2a_0}}\sin\theta e^{i\varphi}$$

$$\phi_4 \equiv \psi_{21-1} = R_{21}(r)Y_{1-1}(\theta,\varphi)$$

$$= \frac{1}{8\sqrt{\pi}}\left(\frac{1}{a_0}\right)^{\frac{3}{2}}\left(\frac{r}{a_0}\right)e^{-\frac{r}{2a_0}}\sin\theta e^{-i\varphi}$$

外电场 $\boldsymbol{\varepsilon} = \varepsilon\boldsymbol{k}$ 与电子偶极矩之间的相互作用为微扰项，即

$$H' = -\boldsymbol{d}\cdot\boldsymbol{\varepsilon} = e\boldsymbol{r}\cdot\boldsymbol{\varepsilon} = e\varepsilon\hat{Z} \qquad (6.44)$$

为了计算本征能值，我们需要确定 4×4 矩阵，然后对角化元素

$$H' : \langle 2l'm'|\hat{H}_p|2lm\rangle = e\varepsilon\langle 2l'm'|\hat{Z}|2lm\rangle \qquad (6.45)$$

球坐标系下，$z = r\cos\theta$，与角度 φ 无关，因此，矩阵元 $\langle 2l'm'|\hat{Z}|2lm\rangle$ 当 $m'=m$ 时才不等于零。又由 Z 与球原函数的奇偶性可知，$\langle 2l'm'|\hat{Z}|2lm\rangle$ 不等于零。只有那些耦合 2s 和 2p 态的矩阵元素才是非零矩阵元素，也就是 $|200\rangle$ 与 $|210\rangle$ 之间的微扰矩阵元不等于 0。

$$\langle 200|\hat{Z}|210\rangle = \int_0^\infty R_{20}^*(r)R_{21}(r)r^2\mathrm{d}r\int Y_{00}^*(\Omega)zY_{10}(\Omega)\mathrm{d}\Omega$$

$$= \sqrt{\frac{4\pi}{3}}\int_0^\infty R_{20}(r)R_{21}(r)r^3\mathrm{d}r\int Y_{00}^*(\Omega)Y_{10}^2(\Omega)\mathrm{d}\Omega$$

$$= -3a_0 \qquad (6.46)$$

既然 $z = r\cos\theta = \sqrt{4\pi/3}\,rY_{10}(\Omega)$，$\langle\boldsymbol{r}|200\rangle = R_{20}(r)Y_{00}(\Omega)$，$\langle\boldsymbol{r}|210\rangle = R_{21}(r)Y_{10}(\Omega)$，$\mathrm{d}\Omega = \sin\theta\mathrm{d}\theta\mathrm{d}\phi_\varphi$；$a_0 = \hbar^2/(\mu e^2)$ 为玻尔半径。记作：$|1\rangle = |200\rangle$，$|2\rangle = |211\rangle$，$|3\rangle = |210\rangle$，$|4\rangle = |21-1\rangle$。H_p 矩阵可以写为

$$H' = \begin{pmatrix} \langle 1|H'|1\rangle & \langle 1|H'|2\rangle & \langle 1|H'|3\rangle & \langle 1|H'|4\rangle \\ \langle 2|H'|1\rangle & \langle 2|H'|2\rangle & \langle 2|H'|3\rangle & \langle 2|H'|4\rangle \\ \langle 3|H'|1\rangle & \langle 3|H'|2\rangle & \langle 3|H'|3\rangle & \langle 3|H'|4\rangle \\ \langle 4|H'|1\rangle & \langle 4|H'|2\rangle & \langle 4|H'|3\rangle & \langle 4|H'|4\rangle \end{pmatrix} \qquad (6.47)$$

$$H' = -3e\varepsilon a_0\begin{pmatrix} 0 & 0 & 1 & 0 \\ 0 & 0 & 0 & 0 \\ 1 & 0 & 0 & 0 \\ 0 & 0 & 0 & 0 \end{pmatrix} \qquad (6.48)$$

对角化后有

$$E_{21}^{(1)} = -3e\varepsilon a_0, E_{22}^{(1)} = E_{23}^{(1)} = 0, \quad E_{24}^{(1)} = 3e\varepsilon a_0$$

那么对于 $n=2$ 的态，在非简并一级能量近似下，得到了三个能量不等的能级：

$$E_{21} = -\frac{R_y}{4} - 3e\varepsilon_0, \quad E_{22} = E_{23}, = -\frac{R_y}{4}, E_{24} = -\frac{R_y}{4} + 3e\varepsilon a_0$$

对应的零级近似下，本征函数为

$$|\psi_2\rangle_1 = \frac{1}{\sqrt{2}}(|200\rangle + |210\rangle), \quad |\psi_2\rangle_2 = |211\rangle$$

$$|\psi_2\rangle_3 = |21-1\rangle, \quad |\psi_2\rangle_4 = \frac{1}{\sqrt{2}}(|200\rangle - |210\rangle)$$

这种微扰只部分地消除了 $n=2$ 能级的简并性。对于 $|211\rangle$ 和 $|21-1\rangle$ 仍然有相同的能量，$E_3 = E_4 = -R_y/4$。

6.2 变分法

对于存在哈密顿量已知的系统，但它们不能精确求解或用微扰方法求解。也就是说，由于哈密顿量不能够分解成已知的精确求解的哈密顿量与微扰项，不存在可以用微扰理论近似求解的密切相关的哈密顿量。一种适合于求解这类问题的近似方法是变分法，也称为瑞利-里茨（Rayleigh-Ritz）法。这种方法不需要更简单的哈密顿量的知识，可以精确求解。对于哈密顿量已知而本征值和本征态未知的系统，变分法可用于确定本征能量的上限值。它对于确定基态特别有用，而确定激发态的能级变得相当麻烦。

6.2.1 变分法确定基态

在变分法的框架下，人们并不试图解决本征值问题，而是用变分法从变分方程中求出近似的本征能量和本征函数。

$$\hat{H}|\psi\rangle = E|\psi\rangle \tag{6.49}$$

能量变分方程为

$$\delta E(\psi) = 0 \tag{6.50}$$

能量平均值为

$$E(\psi) = \frac{\langle \psi | \hat{H} | \psi \rangle}{\langle \psi | \psi \rangle} \tag{6.51}$$

那么当能量变分方程满足时，求得体系的近似本征值与本征态。通常，给定的体系波函数依赖一组参数，那么能量也依赖这组参数。根据变分原理，能量对参数 α 求变分得到体现最低能量状态。变分方法对于确定基态能量及其本征态特别有用，而无实际求解薛定谔方程。

可以证明，用任意波函数 ψ 算出 $\hat{H}$ 的平均值总是大于体系基态能量，而只有当 ψ 恰好是

体系的基态波函数 ϕ_0 时，$\hat{H}$ 的平均值才等于 E_0。即

$$E = \frac{\langle \psi \mid H \mid \psi \rangle}{\langle \psi \mid \psi \rangle} \geqslant E_0 \tag{6.52}$$

假设试探波函数 ψ 用哈密顿量 $\hat{H}$ 的精确本征态展开

$$|\psi\rangle = \sum_n a_n |\phi_n\rangle \tag{6.53}$$

其中：

$$H |\psi\rangle = E_n |\phi_n\rangle \tag{6.54}$$

对于非简并的束缚态系统，因为 $E_0 \geqslant E_n$，那么有

$$E = \frac{\langle \psi \mid H \mid \psi \rangle}{\langle \psi \mid \psi \rangle} = \frac{\sum_n |a_n|^2 E_n}{\sum_n |a_n|^2} \geqslant \frac{E_0 \sum_n |a_n|^2}{\sum_n |a_n|^2} = E_0 \tag{6.55}$$

利用变分法计算基态能量，我们需要通过以下四个步骤。

① 首先，基于物理直觉，对考虑基态所有物理性质的波函数进行有根据的猜测。给出试探波函数 $|\psi_0\rangle = |\psi_0(\alpha_1, \alpha_2, \cdots)\rangle$，可调参数包含各种未知的物理性质。根据具体问题的特点，选数学形式上较简单，物理上也较合理的试探波函数。

② 算出平均能量，得出依赖可调参数的能量表达式。

$$E_0(\alpha_1, \alpha_2, \cdots) = \frac{\langle \psi_0(\alpha_1, \alpha_2, \cdots) \mid \hat{H} \mid \psi_0(\alpha_1, \alpha_2, \cdots) \rangle}{\langle \psi_0(\alpha_1, \alpha_2, \cdots) \mid \psi_0(\alpha_1, \alpha_2, \cdots) \rangle} \tag{6.56}$$

③ 对能量平均值求变分，求出其极小值条件下参数的值。

$$\frac{\partial E_0(\alpha_1, \alpha_2, \cdots)}{\partial \alpha_i} = \frac{\partial}{\partial \alpha_i} \times \frac{(\psi_0(\alpha_1, \alpha_2, \cdots) \mid \hat{H} \mid \psi_0(\alpha_1, \alpha_2, \cdots))}{\langle \psi_0(\alpha_1, \alpha_2, \cdots) \mid \psi_0(\alpha_1, \alpha_2, \cdots) \rangle} = 0 \tag{6.57}$$

④ 对应能量最低条件下求得参数 $(\alpha_{1_0}, \alpha_{2_0}, \cdots)$，代入式（6.56），求得基态能量与波函数。

原则上，变分法可以估算任何其他激发态。然而，当我们处理高激发态时，变分过程变得越来越复杂。因此，该方法主要用于确定基态。

【例 6.4】 用变分方法估计氢原子的基态能量。

解： 氢原子的基态波函数没有节点，在无穷远处消失，可以设为

$$\psi(r, \theta, \phi) = e^{-r/a}$$

α 为不确定参数；既然氢原子基态电子波函数是球对称的，则 $\psi(r)$ 无角度项，那么体系能量为

$$E(\alpha) = \frac{\langle \psi \mid \hat{H} \mid \psi \rangle}{\langle \psi \mid \psi \rangle} = -\frac{\langle \psi \mid (\hbar^2/2m)\nabla^2 + e^2/r \mid \psi \rangle}{\langle \psi \mid \psi \rangle}$$

其中

$$\langle \psi \mid \psi \rangle = \int_0^{+\infty} r^2 e^{-2r/a} \, dr \int_0^{\pi} \sin\theta \, d\theta \int_0^{2\pi} d\phi = \pi a^3$$

同时

$$-\left\langle\psi\left|\frac{e^2}{r}\right|\psi\right\rangle = -4\pi e^2\int_0^{+\infty} r e^{-2r/\alpha}\,\mathrm{d}r = -\pi e^2\alpha^2$$

其中动能项为

$$-\left\langle\psi\left|\frac{\hbar^2}{2m}\nabla^2\right|\psi\right\rangle = \frac{\hbar^2}{2m}\int(\nabla\psi^*(r))\cdot(\nabla\psi(r))\mathrm{d}^3r$$

对于梯度算符

$$\nabla\psi^*(r) = \nabla\psi(r) = \frac{\mathrm{d}\psi(r)}{\mathrm{d}r}\boldsymbol{r} = -\frac{1}{\alpha}e^{-r/\alpha}\boldsymbol{r}$$

因此

$$-\left\langle\psi\left|\frac{\hbar^2}{2m}\nabla^2\right|\psi\right\rangle = \frac{4\pi}{\alpha^2}\times\frac{\hbar^2}{2m}\int_0^{+\infty} r^2 e^{-2r/\alpha}\,\mathrm{d}r = \frac{\hbar^2\pi}{2m}\alpha$$

最后能量表达式可以写为

$$E(\alpha) = \frac{\hbar^2}{2m\alpha^2} - \frac{e^2}{\alpha}$$

对 α 变分取极小 $\mathrm{d}E(\alpha)/\mathrm{d}\alpha = -\hbar^2/(m\alpha_0^3) + e^2/\alpha_0^2 = 0$，可以得到 $\alpha_0 = \hbar^2/(me^2)$，对应的能量为

$$E(\alpha_0) = -\frac{me^4}{2\hbar^2}$$

这是氢原子的正确基态能量。由于试探波函数恰好与精确的基态波函数相同，变分法可以给出正确的能量。请注意，参数 $\alpha_0 = \hbar^2/(me^2)$ 具有长度尺寸，它等于玻尔半径。

【例 6.5】 对于一维谐振子，取基态试探波函数形式为 $e^{-\lambda x^2}$，λ 为参数，用变分法求基态能量，并与已知精确解比较。

解： 设基态波函数 $\psi = Ce^{-\lambda x^2}$，归一化得

$$\int_{-\infty}^{\infty}\left|Ce^{-\lambda x^2}\right|^2\mathrm{d}x = |C|^2\int_{-\infty}^{\infty}e^{-2\lambda x^2}\,\mathrm{d}x = |C|^2\left(\frac{\pi}{2\lambda}\right)^{\frac{1}{2}} = 1$$

取 $C = \left(\frac{2\lambda}{\pi}\right)^{\frac{1}{4}}$，所以 $\psi = \left(\frac{2\lambda}{\pi}\right)^{\frac{1}{4}}e^{-\lambda x^2}$。

一维谐振子哈密顿量为：$H(x) = -\frac{\hbar^2}{2u}\times\frac{\mathrm{d}^2}{\mathrm{d}x^2} + \frac{1}{2}u\omega^2x^2$，那么能量平均值可以写为

$$E(\lambda) = \int_{-\infty}^{+\infty}\psi^*\hat{H}\psi\mathrm{d}x = \left(\frac{2\lambda}{\pi}\right)^{1/2}\int_{-\infty}^{+\infty}e^{-\lambda x^2}\left(-\frac{\hbar^2}{2u}\times\frac{\mathrm{d}^2}{\mathrm{d}x^2} + \frac{1}{2}u\omega^2x^2\right)e^{-\lambda x^2}\,\mathrm{d}x$$

$$= \left(\frac{2\lambda}{\pi}\right)^{\frac{1}{2}}\left[\frac{\lambda\hbar^2}{u}\int_{-\infty}^{+\infty}e^{-2\lambda x^2}(1-2\lambda x)\mathrm{d}x + \frac{1}{2}u\omega^2\int_{-\infty}^{+\infty}e^{-2\lambda x^2}x^2\,\mathrm{d}x\right]$$

$$=\frac{\lambda\hbar^2}{2u}+\frac{u\omega^2}{8\lambda}$$

能量对 λ 变分 $\frac{\partial E(\lambda)}{\partial\lambda}=\frac{\hbar^2}{2u}-\frac{u\omega^2}{8\lambda^2}=0$，得 $\lambda=\pm\frac{u\omega}{2\hbar}$。考虑 $\psi(x)$ 在 $x\to\infty$ 处要求有限的条件，取 $\lambda=\frac{u\omega}{2\hbar}=\frac{1}{2}\alpha^2$

代入得谐振子（一维）基态能量

$$E_0=\frac{1}{2}\hbar\omega$$

与精确解求得的结果完全一致。

6.2.2 氦原子的基态

氦原子是最简单的多体系统，由包含两个质子的原子核与围绕核运动的两个电子组成，如图 6.1 所示。仅考虑动能与库仑作用时（经典相互作用），氦原子体系的哈密顿量可以写为：

$$H=-\frac{\hbar^2}{2m}(\nabla_1^2+\nabla_2^2)-\frac{Ze^2}{r_1}+\frac{Ze^2}{r_2}+\frac{e^2}{|\boldsymbol{r}_1-\boldsymbol{r}_2|}=H_0+\frac{e^2}{\boldsymbol{r}_{12}} \tag{6.58}$$

如何求解其本征态与本征能量？与氢原子体系不同，由于哈密顿量里面包含两个电子之间库仑相互作用的耦合性，无法解析求解其薛定谔本征方程而得到其基态原子能量。变分法可以用来近似求解氦原子的基态。

如何忽略两个电子之间的库仑作用？氦原子体系可以看作两个类氢原子哈密顿量之和，其波函数可以看作是氢原子基态波函数的乘积：$|\psi_0\rangle=|100\rangle_1|100\rangle_2$。类氢原子的基态

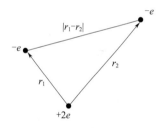

图 6.1　氦原子中原子核与电子、电子与电子之间的相互作用示意

$$|100\rangle_i=\left(\frac{Z^3}{\pi a^3}\right)^{\frac{1}{2}}\exp\left(-\frac{Z}{a}r_i\right) \tag{6.59}$$

所以

$$|\psi_0\rangle=\frac{Z^3}{\pi a^3}\exp\left[-\frac{Z}{a}(r_1+r_2)\right] \tag{6.60}$$

式中，a 为类氢离子的玻尔半径。由于电子之间存在排斥作用，等效于电子与原子核之间库仑作用的屏蔽，此时原子核的有效电荷不再是 $Z=2$，而是小于 2 的未知参数。因此可以把核电荷数当作变分参数，并令为 λ。体系哈密顿量 H 在试探波函数中的平均值可以写为

$$\overline{H(\lambda)}=\langle\psi_0|\hat{H}|\psi_0\rangle=\langle\psi_0|\hat{H}_0|\psi_0\rangle+\langle\psi_0|\frac{e^2}{r_{12}}|\psi_0\rangle \tag{6.61}$$

其中

$$\langle \psi_0 | \hat{H}_0 | \psi_0 \rangle = \frac{\lambda^2 e^2}{a} - \frac{4\lambda e^2}{a} \tag{6.62}$$

由于

$$\frac{1}{r_{12}} = \frac{1}{r_1} \sum_{l=0}^{\infty} \left(\frac{r_2}{r_1} \right)^l P_l(\cos\theta) \quad (r_1 > r_2) \tag{6.63}$$

$$\frac{1}{r_{12}} = \frac{1}{r_2} \sum_{l=0}^{\infty} \left(\frac{r_1}{r_2} \right)^l P_l(\cos\theta) \quad (r_1 < r_2) \tag{6.64}$$

其中 $P_l(\cos\theta)$ 为勒让德多项式。所以:

$$\langle \psi_0 \left| \frac{e^2}{r_{12}} \right| \psi_0 \rangle = \frac{5\lambda e^2}{8a} \tag{6.65}$$

那么有

$$\overline{H(\lambda)} = \frac{\lambda^2 e^2}{a} - \frac{4\lambda e^2}{a} + \frac{5\lambda e^2}{8a} = \frac{\lambda^2 e^2}{a} - \frac{27\lambda e^2}{8a} \tag{6.66}$$

上式进行对 λ 变分并取极值有

$$\frac{\partial}{\partial \lambda} \overline{H(\lambda)} = \frac{2e^2}{a}\lambda - \frac{27e^2}{8a} = 0 \tag{6.67}$$

由此

$$\lambda_0 = \frac{27}{16} \tag{6.68}$$

从而基态能量为

$$E_0 \approx \overline{H(\lambda_0)} = -\left(\frac{27}{16} \right)^2 \frac{e^2}{a} = -77.09676(\text{eV}) \tag{6.69}$$

实验值约为 -78.62eV。

基态近似波函数为

$$| \psi_0 \rangle \approx \left(\frac{27}{16} \right)^3 \frac{1}{\pi a^3} \exp\left[-\frac{27}{16a}(r_1 + r_2) \right] \tag{6.70}$$

6.3 含时间微扰理论

前面两节讨论的近似求解方法都是针对定态问题,得到的薛定谔方程近似解不会随时间变化,体系的能量是个守恒量。对于体系受到一个与时间有关的微扰时,体系将会发生量子态之间的跃迁。这时必须发展新的理论处理这类问题。含时间微扰理论是理解量子力学系统如何及时响应环境变化的最有用的方法之一。它对于理解随时间周期性变化的微扰项作用体系状态的变化特别有用。一个典型的例子是理解光场作用下量子力学系统如何响应。光通常可以有效地近似为周期性振荡的电磁场。我们将在本节中讨论瞬态微扰理论，包括物质与光相互作用的一些具体应用。

6.3.1 含时微扰

对于含时问题，我们通常会对存在一些瞬态扰动 $\hat{H}'(t)$ 的情况感兴趣，体系总的哈密顿量为

$$\hat{H} = \hat{H}_0 + \hat{H}'(t) \tag{6.71}$$

$\hat{H}_0$ 与时间无关，仅微扰部分 $\hat{H}'(t)$ 与时间有关。为了处理这种情况，需要求解时间相关的薛定谔方程。

$$i\hbar \frac{\partial}{\partial t} | \Psi \rangle = \hat{H} | \Psi \rangle \tag{6.72}$$

这时，波函数 $| \Psi \rangle$ 随时间变化。一般来说，通过式（6.72）精确求解体系的波函数是非常困难的。与前面一样，含时间薛定谔方程的解也可以用与时间无关的哈密顿量 $\hat{H}_0$ 的本征函数进行近似求解。令 $| \psi_n \rangle$ 和 E_n 为方程

$$\hat{H}_0 | \psi_n \rangle = E_n | \psi_n \rangle \tag{6.73}$$

的解。将 $| \Psi \rangle$ 展开为

$$| \Psi \rangle = \sum_n a_n(t) \exp(-iE_n t/\hbar) | \psi_n \rangle \tag{6.74}$$

这时，将时间有关的因子 $\exp(-iE_n t/\hbar)$ 直接包含在 $| \Psi \rangle$ 的展开多项式中。将式（6.74）代入式（6.72）有

$$\sum_n (i\hbar \dot{a}_n + a_n E_n) \exp(-iE_n t/\hbar) | \psi_n \rangle = \sum_n a_n (\hat{H}_0 + \hat{H}'(t)) \exp(-iE_n t/\hbar) | \psi_n \rangle \tag{6.75}$$

其中

$$\dot{a}_n \equiv \frac{\partial a_n}{\partial t} \tag{6.76}$$

用 $E_n | \psi_n \rangle$ 替换 $\hat{H}_0 | \psi_n \rangle$，并在式（6.75）两边乘 $\langle \psi_q |$ 得

$$i\hbar \dot{a}_q(t) \exp(-iE_q t/\hbar) = \sum_n a_n(t) \exp(-iE_n t/\hbar) \langle \psi_q | \hat{H}'(t) | \psi_n \rangle \tag{6.77}$$

未引入任何近似，式（6.72）变换成式（6.77）。

现在我们考虑一个微扰级数，以一种类似于我们为时间无关问题定义的级数的方式。我们引入了展开参数 γ 为了数学处理方便，就像以前一样，现在把我们的扰动写成 $\gamma \hat{H}^{(1)}(t)$。就像时间无关的微扰理论一样，我们可以在最后把这个参数设为 1。同时展开系数表示为幂级数的形式

$$a_n = a_n^{(0)} + \gamma a_n^{(1)} + \gamma^2 a_n^{(2)} + \cdots \tag{6.78}$$

将式（6.78）代入式（6.77），并且用 $\gamma \hat{H}^{(1)}(t)$ 替换 $\hat{H}'(t)$。既然等式右边无 γ^0 项，

那么

$$\dot{a}_q^{(0)}(t)=0 \tag{6.79}$$

零级项对应非微扰情况的解。对于一级修正项有

$$\dot{a}_q^{(1)}(t)=\frac{1}{i\hbar}\sum_n a_n^{(0)}\exp(i\omega_{qn}t)\langle\psi_q|\hat{H}'(t)|\psi_n\rangle \tag{6.80}$$

其中

$$\omega_{qn}=(E_q-E_n)/\hbar \tag{6.81}$$

$a_n^{(0)}$ 是不随时间改变的常数项，定义为 $t=0$ 时的初始态。那么如果知道了初始态，微扰项 $\hat{H}'(t)$，非微扰状态的本征值与本征函数，式（6.80）右边在任意时刻的值都可以得到。对其积分就可以得到时间依赖的一级修正项 $a_q^{(1)}(t)$。那么展开系数可以写为

$$a_q\approx a_q^{(0)}+a_q^{(1)}(t) \tag{6.82}$$

从而可以确定体系的波函数。一级近似下，假设 $t=0$ 时刻，体系处于 ψ_n 态（此时 $a_n^{(0)}=1$），那么 $|a_q^{(1)}|^2$ 表示体系从 $t=0$ 时刻的 ψ_n 态到 $t=t_0$ 时刻跃迁到 ψ_q 态的概率，一般称 $a_q^{(1)}(t)$ 为跃迁概率振幅，$|a_q^{(1)}(t)|^2$ 为跃迁概率，记作 $W_{n\rightarrow q}$：$W_{n\rightarrow q}=|a_q^{(1)}(t)|^2$，其中

$$a_q^{(1)}(t)=\frac{1}{i\hbar}\int_0^{t_0}\langle\psi_q|\hat{H}'(t)|\psi_n\rangle\exp(i\omega_{qn}t_1)\,\mathrm{d}t_1 \tag{6.83}$$

在这个含时微扰理论中，我们可以进行到更高的阶。一般来说，我们把逐次高阶的幂等分，得到

$$\dot{a}_q^{(p+1)}(t)=\frac{1}{i\hbar}\sum_n a_n^{(p)}\exp(i\omega_{qn}t)\langle\psi_q|\hat{H}'(t)|\psi_n\rangle \tag{6.84}$$

因此，这个含时微扰理论也是一种逐次逼近的方法，就像时间无关的微扰理论一样。根据前面的修正计算每个高阶修正。

与时间无关的微扰理论一样，时间相关的微扰理论在计算某些过程到最低非零阶时通常是最有用的。高阶含时微扰理论对于理解非线性光学过程是非常有用的。一阶含时微扰理论给出了材料的普通线性光学性质。高阶含时微扰理论被用来计算非线性光学中的二次谐波产生和双光子吸收等过程，例如，现代激光器的高光强度。

6.3.2 跃迁概率

为了计算展开系数与含时微扰下体系的跃迁概率，在有限时间内引入微扰哈密顿量。为了简化，假设微扰项在 $t=0$ 引入，在 $t=t_0$ 时结束。那么有

$$\begin{aligned}\hat{H}'(t)&=0,\quad t<0\\&=\hat{H}_0'[\exp(-i\omega t)+\exp(i\omega t)],\quad 0<t<t_0\\&=0,\quad t>t_0\end{aligned} \tag{6.85}$$

在 $t=0$ 之前，体系处于本征态 $|\psi_m\rangle$ 之中。利用含时微扰理论，可以预测在含时微扰作用下体系不同态之间的跃迁概率。体系初始态 $|\psi_m\rangle$ 对应 $a_m^{(0)}=1$，其他系数等于 0。此时，

一级微扰近似下，有

$$\dot{a}_q^{(1)}(t) = \frac{1}{i\hbar} \exp(i\omega_{qm}t) \langle \psi_q | \hat{H}'(t) | \psi_m \rangle \tag{6.86}$$

对于单色电磁波与材料的相互作用，微扰项在时间上呈正弦变化的情况，这种正弦扰动也称为谐波扰动。只考虑电场部分沿 z 方向谐波分量，对于电子，由电偶极作用有如下微扰项

$$\hat{H}'(t) = eE(t)z = \hat{H}_0' \left[\exp(-i\omega t) + \exp(i\omega t) \right] \tag{6.87}$$

将式（6.85）代入式（6.86）有

$$
\begin{aligned}
a_q^{(1)}(t > t_0) &= \frac{1}{i\hbar} \int_0^{t_0} \langle \psi_q | \hat{H}'(t_1) | \psi_m \rangle \exp(i\omega_{qm}t_1) \mathrm{d}t_1 \\
&= \frac{1}{i\hbar} \langle \psi_q | \hat{H}_0' | \psi_m \rangle \int_0^{t_0} \{ \exp[i(\omega_{qm}-\omega)t_1] + \exp[i(\omega_{qm}+\omega)t_1] \} \mathrm{d}t_1 \\
&= -\frac{1}{\hbar} \langle \psi_q | \hat{H}_0' | \psi_m \rangle \left\{ \frac{\exp(i(\omega_{qm}-\omega)t_0)-1}{\omega_{qm}-\omega} + \frac{\exp(i(\omega_{qm}+\omega)t_0)-1}{\omega_{qm}+\omega} \right\} \\
&= \frac{t_0}{i\hbar} \langle \psi_q | \hat{H}_0' | \psi_m \rangle \left\{ \begin{aligned} &\exp[i(\omega_{qm}-\omega)t_0/2] \frac{\sin[(\omega_{qm}-\omega)t_0/2]}{(\omega_{qm}-\omega)t_0/2} \\ &+ \exp[i(\omega_{qm}+\omega)t_0/2] \frac{\sin[(\omega_{qm}+\omega)t_0/2]}{(\omega_{qm}+\omega)t_0/2} \end{aligned} \right\}
\end{aligned} \tag{6.88}
$$

因此，$t > t_0$ 时新的波函数为

$$|\Psi\rangle = \exp(-iE_m t/\hbar)|\psi_m\rangle + \sum a_q^{(1)}(t > t_0) \exp(-iE_q t/\hbar)|\psi_q\rangle \tag{6.89}$$

以上的讨论中，选择系统最初处于能量本征态 $|\psi_m\rangle$。微扰的引入这个状态会随时间发生演化，接下来想知道：如果在微扰结束后测量（即对于 $t > t_0$），系统在其他状态 $|\psi_j\rangle$ 被发现的概率是多少？也就是说，从 $|\psi_m\rangle$ 态到 $|\psi_j\rangle$ 态的跃迁概率。对于小扰动（对波函数修正不影响其归一化），则体系处于状态 $|\psi_j\rangle$ 的概率 $W(j)$ 是

$$W(j) = |a_j^{(1)}|^2 \tag{6.90}$$

即

$$W(j) = \frac{t_0^2}{\hbar^2} |\langle \psi_j | \hat{H}_0' | \psi_m \rangle|^2 \left\{ \begin{aligned} &\left[\frac{\sin[(\omega_{jm}-\omega)t_0/2]}{(\omega_{jm}-\omega)t_0/2} \right]^2 + \left[\frac{\sin[(\omega_{jm}+\omega)t_0/2]}{(\omega_{jm}+\omega)t_0/2} \right]^2 \\ &+ 2\cos(\omega t_0) \frac{\sin[(\omega_{jm}-\omega)t_0/2]}{(\omega_{jm}-\omega)t_0/2} \times \frac{\sin[(\omega_{jm}+\omega)t_0/2]}{(\omega_{jm}+\omega)t_0/2} \end{aligned} \right\}$$

$$\tag{6.91}$$

由函数 $\mathrm{sinc}(x) \equiv (\sin x)/x$ 的性质，当 x 趋于无限大时，趋近于 0；$x = 0$ 附近，函数出现主极大峰，且 $x = 0$，函数值等于 1。所以，t_0 足够大时，式（6.91）的 sinc 函数项趋近于 0。对于任意 ω，乘积项必有一项逼近于 0，则可得到

$$W(j) \approx \frac{t_0^2}{\hbar^2} |\langle \psi_j | \hat{H}_0' | \psi_m \rangle|^2 \left\{ \left[\frac{\sin[(\omega_{jm}-\omega)t_0/2]}{(\omega_{jm}-\omega)t_0/2} \right]^2 + \left[\frac{\sin[(\omega_{jm}+\omega)t_0/2]}{(\omega_{jm}+\omega)t_0/2} \right]^2 \right\} \tag{6.92}$$

可以看到，这个概率取决于初态和终态之间的扰动矩阵元的模平方。对于式（6.92）中两项分别对应的物理意义展开讨论如下。

当 $\omega_{jm} \approx \omega$ 即 $\hbar\omega \approx E_j - E_m$ 时，式（6.92）中的第一项是主要贡献项。既然 ω 大于零，此时体系通过吸收能量为 $\hbar\omega$ 的光子从低能态 $|\psi_m\rangle$ 跃迁到高能态 $|\psi_j\rangle$。相反，当 $\omega_{jm} \approx -\omega$，即 $\hbar\omega \approx E_m - E_j$ 时，体系发射一个光子，从高能态 $|\psi_m\rangle$ 跃迁到低能态 $|\psi_j\rangle$，对应着受激辐射（激光过程）。

这里只考虑光吸收过程，对应从低能到高能态的跃迁过程。那么有

$$W(j) \approx \frac{t_0^2}{\hbar^2} |\langle \psi_j | \hat{H}_0' | \psi_m \rangle|^2 \left[\frac{\sin[(\omega_{jm} - \omega)t_0/2]}{(\omega_{jm} - \omega)t_0/2} \right]^2 \tag{6.93}$$

当时间变得任意大，只有 $\omega_{jm} \approx \omega$ 时候 sinc 平方项的形式变得任意尖锐 ω，除非我们得到准确的频率，否则我们不会得到吸收。对于任何特定的 ω，在数学上不完全等于 ω_{jm}，如果我们让微扰保持足够长的时间，$W(j)$ 保持不变（此处加对应于原子体系的能量不确定性）。

对于固体材料，电子的能级是准连续的，它们有能量上非常接近的可能跃迁状态集合。所有这些跃迁在任何给定的小能量范围内都具有相当相似的性质，所有的矩阵元素基本相同。对于频率为 ω 的光子，在光子能量附近有一组能级可能发生跃迁。能量 ω 光子导致电子从初态跃迁到 $E_j \approx E_m + \hbar\omega$，在此能量范围内，电子状态密度为 $\rho(\hbar\omega_{jm})$，那么将吸收跃迁的所有概率相加，就得到了这组跃迁吸收的总概率

$$W_{tot} = \frac{t_0^2}{\hbar^2} |\langle \psi_j | \hat{H}_0' | \psi_m \rangle|^2 \int \left[\frac{\sin[(\omega_{jm} - \omega)t_0/2]}{(\omega_{jm} - \omega)t_0/2} \right]^2 \rho(\hbar\omega_{jm}) d\hbar\omega_{jm} \tag{6.94}$$

在比较小的能量范围内，一般来说 $\rho(\hbar\omega_{jm})$ 函数随能量变化比较平滑，可以移到积分符号的外面。令 $x = (\omega_{jm} - \omega)t_0/2$ 则有

$$W_{tot} \approx \frac{t_0^2}{\hbar^2} |\langle \psi_j | \hat{H}_0' | \psi_m \rangle|^2 \frac{2\hbar}{t_0} g_j(\hbar\omega) \int \left(\frac{\sin x}{x} \right)^2 dx \tag{6.95}$$

利用数学关系

$$\int_{-\infty}^{\infty} \left(\frac{\sin x}{x} \right)^2 dx = \pi \tag{6.96}$$

有

$$W_{tot} \approx \frac{2\pi t_0}{\hbar} |\langle \psi_j | \hat{H}_0' | \psi_m \rangle|^2 \rho(\hbar\omega_{jm}) \tag{6.97}$$

现在我们看到，跃迁总的概率是与时间 t_0 成比例的。那么，光子的吸收速率

$$w = \frac{2\pi}{\hbar} |\langle \psi_j | \hat{H}_0' | \psi_m \rangle|^2 \rho(\hbar\omega_{jm}) \tag{6.98}$$

这个结果被称为"费米黄金法则"。它是含时微扰理论中最有用的结果之一，为计算固体的光吸收光谱或许多散射过程奠定了基础。对于分离能级体系，此公式又可以写为

$$w = \frac{2\pi}{\hbar} |\langle \psi_j | \hat{H}_0' | \psi_m \rangle|^2 \delta(E_{jm} - \hbar\omega) \tag{6.99}$$

【例 6.6】 基态的氢原子受到沿 z 轴方向电场的作用，$E = E_0 e^{-t/\tau}$，$t > 0$，τ 是一个常数。试计算当时间趋于无穷时，（200）与（210）态之间的跃迁概率。

解： 体系哈密顿量为

$$H = -\mu E = -\mu E \cos\theta = erE_0 e^{-t/\tau} \cos\theta$$

$$\psi_{100} = \left(\frac{1}{\pi a_0^3}\right)^{1/2} e^{-r/a_0}$$

$$\psi_{200} = \frac{1}{\pi^{1/2}} \left(\frac{1}{2a_0}\right)^{3/2} \left(1 - \frac{r}{2a_0}\right) e^{-r/a_0}$$

$$\psi_{210} = \frac{1}{\pi^{1/2}} \left(\frac{1}{2a_0}\right)^{5/2} r e^{-r/2a_0} \cos\theta$$

$n \to k$ 态的跃迁概率为

$$P_{n \to k} = \frac{1}{\hbar^2} \left| \int_0^t H'_{kn}(r, t) \exp(i\omega_{kn} t) dt \right|^2 \quad \omega_{kn} = \frac{E_k - E_n}{\hbar}$$

（100）到（200）跃迁

$$H'_{21}(t) = \langle 200 | H' | 100 \rangle = \int \psi_{200}(erE_0 e^{-t/\tau} \cos\theta) \psi_{100} d\tau$$

θ 角度部分积分

$$\int_0^\pi \cos\theta \sin\theta d\theta = 0$$

因此，H_{21} 等于 0，则 $P_{n \to k} = 0$，（100）到（210）跃迁

$$H'_{21}(t) = \langle 200 | H' | 100 \rangle = \frac{eE_0 e^{-t/\tau}}{\pi 2^{5/2} a_0^4} \int_0^\infty r^4 e^{-3r/2a_0} dr \int_0^\pi \cos^2\theta \sin\theta d\theta \int_0^{2\pi} d\phi$$

令 $y = \cos\theta$，$dy = -\sin\theta d\theta$，有

$$\int_0^\pi \cos^2\theta \sin\theta d\theta = -\int_1^{-1} y^2 dy = \frac{2}{3}$$

$$H_{21}(t) = \frac{eE_0 e^{-t\tau}}{\pi 2^{5/2} a_0^4} \times \frac{4!}{(3/2a_0)^5} \times \frac{2}{3} \times 2\pi$$

$$= \frac{256 eE_0 a_0 e^{-t/\tau}}{243 \times \sqrt{2}} = A e^{-t\tau}$$

其中

$$A = \frac{256 eE_0 a_0}{243 \times \sqrt{2}}$$

$$\int_0^t H'_{21} e^{i\omega_{21} t} dt = A \int_0^t e^{-t/\tau} e^{i\omega_{21} t} dt = A \int_0^t e^{-t/\tau} (\cos\omega_{21} t + 1\sin\omega_{21} t) dt$$

当 t 无穷大时，积分区间为 $0 \sim \infty$，那么

$$\int_0^\infty H'_{21} e^{j\omega_{21}t}\,dt = A\left(\frac{1/\tau}{(1/\tau^2)+\omega_{21}^2} + i\,\frac{\omega_{21}}{(1/\tau^2)+\omega_{21}^2}\right)$$

$$P_{1\to2} = \frac{A^2}{\hbar^2}\left(\frac{1/\tau}{(1/\tau^2)+\omega_{21}^2} + i\,\frac{\omega_{21}}{(1/\tau^2)+\omega_{21}^2}\right)\left(\frac{1/\tau}{(1/\tau^2)+\omega_{21}^2} - i\,\frac{\omega_{21}}{(1/\tau^2)+\omega_{21}^2}\right)$$

$$= \frac{A^2}{\hbar^2}\left(\frac{(1/\tau)^2}{[(1/\tau^2)+\omega_{21}^2]^2} + i\,\frac{\omega_{21}^2}{[(1/\tau^2)+\omega_{21}^2]^2}\right)$$

$$= \frac{A^2}{\hbar^2}\left(\frac{1}{(1/\tau^2)+\omega_{21}^2}\right)$$

并不是所有能级都能发生跃迁，t 趋于无穷时候，跃迁概率不变。

6.4 辐射与物质的相互作用

电磁频谱的不同部分对与物质的相互作用有着非常不同的影响。从低频无线电波开始，人体相当透明（你可以在家里听你的便携式收音机，因为电波可以自由地穿过你房子的墙壁，甚至穿过你身边的人）。当你通过微波和红外线向上移动到可见光时，你的吸收越来越强。在较低的紫外线范围内，所有来自太阳的紫外线都会被皮肤的一层薄薄的外层吸收。当你进一步向上移动到光谱的 X 射线区域时，你又变得透明了，因为大多数的吸收机制都消失了。然后你只吸收一小部分的辐射，但这种吸收涉及更剧烈的电离事件。电磁光谱的每一部分都有适合于激发某些物理过程的量子能量。原子和分子水平上的所有物理过程的能级都是量子化的，如果没有可用的量子化能级，其间距与入射辐射的量子能量相匹配，那么材料对该辐射是透明的，它将通过。如果电磁能被吸收，但不能从材料的原子中射出电子，那么它被归类为非电离辐射，通常只会加热材料。

含时微扰理论的一个重要应用是研究原子中电子与外界电磁辐射的相互作用。这样的应用揭示了原子的众多性质，如原子光谱线结构。为简单起见，我们假设只有一个原子电子参与相互作用，电子自旋被忽略。我们还假设原子核是无限重的（绝热近似）。原子与光发生作用后会发生吸收、受激辐射与自发辐射等过程。为了用微扰论计算辐射与吸收系数，首先介绍爱因斯坦发射与吸收系数。

6.4.1 光的发射与吸收系数

对于原子与光相互作用时，当光子能量等于两个能级之间的能量差 $\varepsilon_m = \varepsilon_k \pm \hbar\omega$ 时发生跃迁，因此，两态之间的跃迁概率可以写成

$$w_{k\to m} = \frac{dW_{k\to m}}{dt} = \frac{2\pi}{\hbar}\,|F_{mk}|^2\,\delta(\varepsilon_m - \varepsilon_k \pm \hbar\omega) \tag{6.100}$$

上式由式（6.99）得到，假设量子化能级间跃迁，其中，$F_{mk} = \langle\psi_j\,|\,\hat{H}'_0\,|\,\psi_m\rangle$。

对于可见光，只考虑电场部分，且

$$E = E_0 \cos(\omega t - \boldsymbol{k} \cdot \boldsymbol{r}) \tag{6.101}$$

对于可见光，波长约为 $400 \sim 700\text{nm}$，远大于玻尔半径，$\boldsymbol{k} \cdot \boldsymbol{r} \propto \dfrac{2\pi}{\lambda}a \ll 1$，那么近似有

$$E = E_0 \cos\omega t \tag{6.102}$$

对于原子中的电子，对应的能量微扰项为

$$H' = e\boldsymbol{E} \cdot \boldsymbol{r} = e E_0 r \cos\omega t = -\boldsymbol{D} \cdot \boldsymbol{E}_0 \cos\omega t \tag{6.103}$$

其中 $\boldsymbol{D} = -e\boldsymbol{r}$，表示电偶极矩。由式（6.85），则取：$F = -\dfrac{\boldsymbol{D} \cdot \boldsymbol{E}_0}{2}$。

由式（6.100）那么

$$\begin{aligned}
w_{k \to m} &= \frac{2\pi}{\hbar} \mid F_{mk} \mid^2 \delta(\varepsilon_m - \varepsilon_k \pm \hbar\omega) \\
&\qquad\qquad\qquad\qquad\qquad\qquad （只考虑光吸收） \tag{6.104} \\
&= \frac{\pi}{2\hbar} \mid \boldsymbol{D} \cdot \boldsymbol{E}_0 \mid_{mk}^2 \delta(\varepsilon_m - \varepsilon_k - \hbar\omega)
\end{aligned}$$

令 $\boldsymbol{D}$ 与 $\boldsymbol{E}_0$ 之间的夹角为 θ，则

$$w_{k \to m} = \frac{\pi}{2\hbar} \mid D_{mk} \mid^2 E_0^2 \cos^2\theta \, \delta(\varepsilon_m - \varepsilon_k - \hbar\omega)$$

对 $\cos^2\theta$ 平方取空间平均有

$$\overline{\cos^2\theta} = \frac{1}{4\pi} \int \cos^2\theta \, \mathrm{d}\Omega = \frac{1}{4\pi} \int_0^{2\pi} \mathrm{d}\varphi \int_0^{\pi} \cos^2\theta \sin\theta \, \mathrm{d}\theta = \frac{1}{3}$$

得到：$w_{k \to m} = \dfrac{\pi}{6\hbar} \mid \boldsymbol{D}_{mk} \mid^2 E_0^2 \delta(\varepsilon_m - \varepsilon_k - \hbar\omega)$

如果入射光是非单色光，则有

$$\begin{aligned}
I(\omega) &= \frac{1}{8\pi} \overline{E^2 + B^2} \approx 4 \, \frac{1}{\pi} \overline{E^2} \\
&= \frac{1}{4\pi} \frac{E_0^2}{T} \left(\int_0^T \cos^2\omega t \, \mathrm{d}t \right) \\
&= \frac{E_0^2}{4\pi} \times \frac{\omega}{2\pi} \times \frac{\pi}{\omega} = \frac{E_0^2}{8\pi} \tag{6.105}
\end{aligned}$$

式中，B 为磁场强度。最后可以得到单位时间内电子能级之间的跃迁概率为

$$\begin{aligned}
w_{k \to m} &= \int \frac{\pi}{6\hbar^2} \mid \boldsymbol{D}_{mk} \mid^2 8\pi I(\omega) \delta(\omega_{mk} - \omega) \mathrm{d}\omega \\
&= \frac{4\pi^2}{3\hbar^2} \mid \boldsymbol{D}_{mk} \mid^2 I(\omega_{mk}) \\
&= \frac{4\pi^2 e^2}{3\hbar^2} \mid \boldsymbol{r}_{mk} \mid^2 I(\omega_{mk}) \tag{6.106}
\end{aligned}$$

上式说明原子中电子的能级跃迁速率与入射光频率为 ω_{mk} 的光强 $I(\omega_{mk})$ 成正比，而其他

频率的光子对此能级跃迁无贡献。

定义 受激吸收系数

$$B_{km} = \frac{4\pi^2 e^2}{3\hbar^2} |\boldsymbol{r}_{mk}|^2 \tag{6.107}$$

由于跃迁矩阵 $\boldsymbol{r}_{mk}$ 的性质有

$$B_{km} = B_{mk} \tag{6.108}$$

那么，从 k 态到 m 态的吸收系数与从 m 态到 k 态的受激辐射系数相等，且只取决于跃迁矩阵。

6.4.2 选择定则

式（6.106）中，如跃迁矩阵 $\boldsymbol{r}_{mk}$ 等于零，则跃迁概率等于零，这时从 k 态到 m 态的跃迁被禁止。要实现两个态之间的跃迁，必须满足跃迁矩阵元不等于 0。假设原子中电子在中心力场中运动，原子中的电子波函数近似为

$$\psi_{nlm}(r,\theta,\varphi) \approx R_{nl} Y_{lm} \tag{6.109}$$

式中，R_{nl} 为径向函数；Y_{lm} 为球谐函数。球坐标系下有

$$x = r\sin\theta\cos\varphi = \frac{r}{2}\sin\theta(e^{i\varphi} + e^{-i\varphi})$$

$$y = r\sin\theta\sin\varphi = \frac{r}{2}\sin\theta(e^{i\varphi} - e^{-i\varphi}) \tag{6.110}$$

$$z = r\cos\theta$$

利用式（6.109）的波函数，先计算 z_{mk} 矩阵元。设初态的量子数为 n、l、m，末态的量子数为 n'、l'、m'。

利用球谐函数的关系式

$$\cos\theta Y_{lm} = \sqrt{\frac{(l+1)^2 - m^2}{(2l+1)(2l+3)}} Y_{l+1,m} - \sqrt{\frac{l^2 - m^2}{(2l-1)(2l+1)}} Y_{l-1,m} \tag{6.111}$$

$$e^{\pm i\varphi}\sin\theta Y_{lm} = \mp\sqrt{\frac{(l\pm m+1)(l\pm m+2)}{(2l+1)(2l+3)}} Y_{l+1,m\pm 1} \pm \sqrt{\frac{(l\mp m)(l\mp m-1)}{(2l-1)(2l+1)}} Y_{l-1,m\pm 1} \tag{6.112}$$

那么，由球谐函数的正交性知，当

$$l' = l\pm 1, \quad m' = m, \quad m\pm 1 \tag{6.113}$$

即

$$\Delta l = l' - l = \pm 1, \quad \Delta m = m' - m = 0, \quad \pm 1 \tag{6.114}$$

时，跃迁矩阵元才不全为零，此时发生从 k 态到 m 态的跃迁，此即偶极跃迁的选择定则。偶极跃迁与主量子数无关。以上忽略了式（6.101）中 $\boldsymbol{k} \cdot \boldsymbol{r}$ 的贡献，对于可见光，紫外光成立，其波长远远大于原子半径。但对于 X 射线等波长更短的电磁波，此项不能忽略，此时选择定则要做相应调整。

【例6.7】 具有电荷为 q 的离子，在其平衡位置附近做一维简谐振动，在光的照射下发生跃迁。设入射光的能量为 $I(\omega)$。其波长较长，求：

① 原来处于基态的离子，单位时间内跃迁到第一激发态的概率。

② 讨论跃迁的选择定则。

提示：利用积分关系 $\displaystyle\int_0^\infty x^{2n}e^{-ax^2}\mathrm{d}x=\dfrac{1\times3\times5\times\cdots\times(2n-1)}{2^{n+1}}\sqrt{\dfrac{\pi}{a}}$。

解： $\omega_{0\to1}=\dfrac{4\pi^2q_s^2}{3\hbar^2}\,|x_{10}|^2\,I(\omega)=\dfrac{2\pi^2q_s^2}{3\mu\hbar\omega}I(\omega)$

仅当 $\Delta m=\pm1$ 时，$xmk\neq0$，所以谐振子的偶极跃迁的选择定则是 $\Delta m=\pm1$。

$$\hat{F}=\frac{1}{2}q\varepsilon_0 x \quad (e\to q)$$

$$\omega_{k\to m}=\frac{4\pi^2q^2}{3\times4\pi\varepsilon_0\hbar^2}\,|r_{mk}|^2\,I(\omega_{mk})$$

$$=\frac{4\pi^2q_s^2}{3\hbar^2}\,|r_{mk}|^2\,I(\omega_{mk}) \quad \left(\diamondsuit\; q_s^2=\frac{q^2}{4\pi\varepsilon_0}\right)$$

$$\omega_{0\to1}=\frac{4\pi^2q_s^2}{3\hbar^2}\,|x_{10}|^2\,I(\omega)$$

（对于一维线性谐振子 $r_n\sim xi$）

其中 $x_{10}=\displaystyle\int\psi_1^*\,x\,\psi_0\,\mathrm{d}x$

一维线性谐振子的波函数为

$$\psi_n(x)=\sqrt{\frac{\alpha}{\pi^{1/2}2^n n!}}\,e^{-\frac{1}{2}a^2x^2}H_n(\mathrm{d}x)$$

$$\psi_{10}=\int_{-\infty}^\infty\left(\sqrt{\frac{\alpha}{2\sqrt{\pi}}}\times2\alpha x\,e^{-\frac{1}{2}a^2x^2}\right)x\sqrt{\frac{\alpha}{2\sqrt{\pi}}}\,e^{-\frac{1}{2}a^2x^2}\mathrm{d}x$$

$$=\sqrt{\frac{2}{\pi}}\,\alpha^2\int_{-\infty}^\infty x^2\,e^{-\frac{1}{2}a^2x^2}\mathrm{d}x$$

$$=\sqrt{\frac{2}{\pi}}\times\frac{2}{\alpha}\int_0^\infty y^2\,e^{-y^2}\mathrm{d}y$$

$$=\sqrt{\frac{2}{\pi}}\times\frac{1}{\alpha}\left[(-ye^{-y^2})\Big|_0^\infty+\int_0^\infty e^{-y^2}\mathrm{d}y\right]$$

$$=\sqrt{\frac{2}{\pi}}\times\frac{1}{\alpha}\times\frac{\sqrt{\pi}}{\alpha}=\frac{1}{\sqrt{2}\,\alpha}$$

$$\omega_{0\to1}=\frac{4\pi^2q_s^2}{3\hbar^2}\left|\frac{1}{\sqrt{2}\,\alpha}\right|^2 I(\omega)=\frac{2\pi^2q_s^2}{3\alpha^2\hbar^2}I(\omega)=\frac{2\pi^2q_s^2}{3\mu\omega\hbar}I(\omega)$$

跃迁概率 $\alpha\,|x_{mk}|^2$，当 $x_{mk}=0$ 时的跃迁为禁戒跃迁。

$$x_{mk} = \int_{-\infty}^{\infty} \psi_m^* x \psi_k \, dx$$

$$= \int_{-\infty}^{\infty} \psi_m^* \frac{1}{\alpha} \left(\sqrt{\frac{k+1}{2}} \psi_{k+1} + \sqrt{\frac{k}{2}} \psi_{k-1} \right) dx$$

$$= \begin{cases} \neq 0, & m = k \pm 1 \quad (\text{即 } \Delta m = \pm 1 \text{ 时}) \\ = 0, & m \neq k \pm 1 \quad (\text{即 } \Delta m \neq \pm 1 \text{ 时}) \end{cases}$$

可得：所讨论的选择定则为 $\Delta m = \pm 1$。

6.4.3　爱因斯坦 A 和 B 系数

在前面的理论中，电磁辐射用经典的电磁场理论处理，没有考虑电磁场的量子化效应，即光子的产生与湮灭。根据量子力学的定态理论，没有外界微扰情况下，体系是不可能从一个定态跃迁到另外一个定态。我们已经知道电磁辐射可以刺激电子态之间的跃迁。除了受激跃迁，从高能态到低能态的自发跃迁也是可能的。激发态自发辐射的存在是驱动系统回到热平衡的一种机制。爱因斯坦证明，对于处于热平衡的系统，受激跃迁率和自发跃迁率是相互关联的。为了处理自发辐射，爱因斯坦假设体系同时存在自发辐射与受激辐射。但体系与辐射场达到平衡后，通过热力学平衡条件建立自发辐射与受激辐射之间的关系，通过量子力学含时微扰求出受激辐射系数，通过平衡条件求出原子体系的自发辐射系数。

假设原子具有一系列能级 $\varepsilon_1, \varepsilon_2, \cdots, \varepsilon_k, \cdots, \varepsilon_m, \cdots$，且 $\varepsilon_1 < \varepsilon_2 < \cdots < \varepsilon_k < \cdots < \varepsilon_m < \cdots < 0$。对于从 m 态到 k 态受激跃迁和自发跃迁将发射能量为 $\hbar\omega_{mk} = \varepsilon_m - \varepsilon_k$ 的光子。相反，从 k 态到 m 态必须吸收相应能量的光子。定义三个系数，即 A_{mk}，B_{mk} 和 B_{km}，分别对应 m 到 k 能级的自发辐射系数，受激辐射系数，以及 k 态到 m 态的吸收系数。其物理意义为：对于频率范围为 $\omega \rightarrow \omega + d\omega$ 的光场的能量密度为 $I(\omega)d\omega$，那么在单位时间内原子从 m 跃迁到 k 能级，并发射出能量为 $\hbar\omega_{mk}$ 的光子的概率是 $B_{mk}I(\omega_{mk})$，原子从 k 能级跃迁到 m 能级，并吸收能量为 $\hbar\omega_{mk}$ 的概率为 $B_{km}I(\omega_{mk})$。

在热平衡条件下，发生从 m 到 k 跃迁与 k 到 m 跃迁的原子数目相等，设某一时刻处于 k 与 m 态的原子数目分别为 N_k 与 N_m，则有

$$N_m[A_{mk} + B_{mk}I(\omega_{mk})] = N_k B_{km}I(\omega_{km}) \tag{6.115}$$

根据热力学统计规律（麦克斯韦-玻尔兹曼分布律），N_k 与 N_m 可以写为

$$N_k \propto e^{-\varepsilon_k/kT}, \quad N_m \propto e^{-\varepsilon_m/kT} \tag{6.116}$$

$$\frac{N_k}{N_m} = e^{-\frac{\varepsilon_k - \varepsilon_m}{kT}} = e^{\hbar\omega_{mk}/kT} \tag{6.117}$$

由式（6.117）与式（6.115）可以得

$$I(\omega_{mk}) = \frac{A_{mk}}{\dfrac{N_k}{N_m}B_{km} - B_{mk}} = \frac{A_{mk}}{B_{km}e^{\hbar\omega_{mk}/kT} - B_{mk}} \tag{6.118}$$

由黑体辐射知

$$\rho(\nu)\mathrm{d}\nu = \frac{8\pi h\nu^3}{c^3} \times \frac{1}{\mathrm{e}^{\frac{h\nu}{kT}} - 1}\mathrm{d}\nu \tag{6.119}$$

$$\rho(\nu) = 2\pi I(\omega) \tag{6.120}$$

那么

$$\frac{A_{mk}}{B_{mk}} \times \frac{1}{\mathrm{e}^{\hbar\omega_{mk}/kT} - \frac{B_{mk}}{B_{km}}} = \frac{4h\nu_{mk}^3}{c^3}\frac{1}{\mathrm{e}^{\frac{h\nu_{mk}}{kT}} - 1} \tag{6.121}$$

其中，$\hbar\omega_{mk} = h\nu_{mk}$ 可以得到爱因斯坦关系

$$A_{mk} = \frac{4h\nu_{mk}^3}{c^3}B_{mk} = \frac{\hbar\omega_{mk}^3}{c^3\pi^2}B_{mk} \tag{6.122}$$

在偶极近似下，由式（6.107）可知

$$A_{mk} = \frac{4e^2\omega_{mk}^3}{3\hbar c^3}|\boldsymbol{r}_{mk}|^2 \tag{6.123}$$

由上面讨论知道，自发辐射与受激辐射之比为

$$\frac{A_{mk}}{B_{mk}I(\omega_{mk})} = \mathrm{e}^{\frac{n-n}{k}t} - 1 \tag{6.124}$$

当 $\omega_{mz} = \frac{kT}{\hbar}\ln 2$ 时，二者相等。若 $T = 300\mathrm{K}$，则 $\omega_{mk} = 2.9 \times 10^{13}\,\mathrm{s}^{-1}$，对应的波长是 $0.00006\mathrm{m}$，远大于可见光的波长，而波长越小，ω 越大，A_{mk} 将远大于 $B_{mk}I(\omega_{mk})$。因此，在可见光区间，自发辐射远大于受激辐射。

由自发辐射系数可求得单位时间内原子以光子形式辐射的能量为

$$\frac{\mathrm{d}E}{\mathrm{d}t} = \hbar\omega_{mk}A_{mk} = \frac{4e^2\omega_{mk}^4}{3c^3}|\boldsymbol{r}_{mk}|^2 \tag{6.125}$$

若处于激发态 m 的原子数为 N_m，则辐射频率为 ω_{mk} 光子的总强度为

$$J_{mk} = N_m\frac{\mathrm{d}E}{\mathrm{d}t} = N_m\frac{4e^2\omega_{mk}^4}{3c^3}|\boldsymbol{r}_{mk}|^2 \tag{6.126}$$

处于激发态 m 自发跃迁到 k 态的数目为

$$\mathrm{d}N_m = -A_{mk}N_m\mathrm{d}t \tag{6.127}$$

积分有

$$N_m = N_m^{(0)}\mathrm{e}^{-A_{mk}t} = N_m^{(0)}\mathrm{e}^{-\frac{t}{\tau_{mk}}} \tag{6.128}$$

其中

$$\tau_{mk} = \frac{1}{A_{mk}} \tag{6.129}$$

令 $\tau_m = \sum_k \tau_{mk} = \sum_k \dfrac{1}{A_{mk}}$ ，表示原子处于 m 态的寿命。受激原子自发跃迁到比 m 能级更低的能级中，$N_m^{(0)}$ 表示 $t=0$ 时刻，处于 m 能态的原子。

【例 6.8】 计算氢原子由第一激发态到基态的自发发射系数及其自发辐射的时间（处于激发态的寿命）。

解：

$$A_{mk} = \frac{4e_s^2 \omega_{mk}^3}{3\hbar c^3} |\boldsymbol{r}_{mk}|^2$$

由选择定则 $\Delta l = \pm 1$，知 $2s \to 1s$ 是禁戒的，故只需计算 $2p \to 1s$ 的概率。

$$\omega_{21} = \frac{E_2 - E_1}{\hbar} = \frac{\mu e_s^4}{2\hbar^3}\left(1 - \frac{1}{4}\right) = \frac{3}{8} \times \frac{\mu e_s^4}{\hbar^3}$$

而　$|\boldsymbol{r}_{21}|^2 = |x_{21}|^2 + |y_{21}|^2 + |z_{21}|^2$

$2p$ 有三个状态，即 ψ_{210}，ψ_{211}，ψ_{21-1}。

① 先计算 z 的矩阵元 $z = r\cos\theta$

$$(z)_{21m,100} = \int_0^\infty R_{21}^*(r) R_{10}(r) r^3 \mathrm{d}r \int \psi_{1m}^* \cos\theta Y_{00} \mathrm{d}\Omega$$

$$= f \int Y_{1m}^* \frac{1}{\sqrt{3}} Y_{00} \mathrm{d}\Omega$$

$$= f \frac{1}{\sqrt{3}} \delta_{m0}$$

$$\Rightarrow (z)_{210,100} = \frac{1}{\sqrt{3}} f$$

$$(z)_{211,100} = 0$$

$$(z)_{21-1,100} = 0$$

② 计算 x 的矩阵元 $x = r\sin\theta\cos\varphi = \dfrac{r}{2}\sin\theta(e^{i\varphi} + e^{-i\varphi})$

$$(x)_{21m,100} = \frac{1}{2}\int_0^\infty R_{21}^*(r) R_{10}(r) r^3 \mathrm{d}r \int Y_{1m}^* \sin\theta(e^{i\varphi} + e^{-i\varphi}) Y_{00} \mathrm{d}\Omega$$

$$= \frac{1}{2} f \sqrt{\frac{2}{3}} \int Y_{1m}^* (-Y_{11} + Y_{1-1}) \mathrm{d}\Omega$$

$$= \frac{1}{\sqrt{6}} f(-\delta_{m1} + \delta_{m-1})$$

由 $Y_{11} = -\sqrt{\dfrac{3}{8\pi}}\sin\theta e^{i\varphi}$，$Y_{1-1} = \sqrt{\dfrac{3}{8\pi}}\sin\theta e^{-i\varphi}$，$Y_{00} = \dfrac{1}{\sqrt{4\pi}}$ 得：

$$(x)_{210,100} = 0, \quad (x)_{211,100} = -\frac{1}{\sqrt{6}} f, \quad (x)_{21-1,100} = \frac{1}{\sqrt{6}} f$$

③ 计算 y 的矩阵元

$$y = r\sin\theta\sin\varphi = \frac{1}{2i}r\sin\theta(e^{i\varphi} - e^{-i\varphi})$$

$$(y)_{21m,100} = \frac{1}{2i}\int_0^\infty R_{21}^*(r)R_{10}(r)r^3\mathrm{d}r\int Y_{1m}^*\sin\theta(e^{i\varphi} - e^{-i\varphi})Y_{00}\mathrm{d}\Omega$$

$$= \frac{1}{2i}f\sqrt{\frac{2}{3}}\ (-\delta_{m1} - \delta_{m-1})$$

$$= \frac{1}{i\sqrt{6}}f\ (-\delta_{m1} - \delta_{m-1})$$

$$\Rightarrow (y)_{210,100} = 0$$

$$(y)_{211,100} = \frac{i}{\sqrt{6}}f$$

$$(y)_{21-1,100} = \frac{i}{\sqrt{6}}f$$

$$\Rightarrow |\boldsymbol{r}_{2\mathrm{p}\to1\mathrm{s}}|^2 = \left(2\times\frac{f^2}{6} + 2\times\frac{f^2}{6} + \frac{1}{3}f^2\right) = f^2$$

④ 计算 f

$$f = \int_0^\infty R_{21}^*(r)R_{10}(r)r^3\mathrm{d}r = \frac{256}{81\sqrt{6}}a_0$$

$$= \left(\frac{1}{2a_0}\right)^{3/2}\frac{2}{\sqrt{3}\,a_0}\left(\frac{1}{a_0}\right)^{3/2}\int_0^\infty r^4 e^{-\frac{3}{2a_0}r}\mathrm{d}r$$

$$= \frac{1}{\sqrt{6}}\times\frac{1}{a_0^4}\times\frac{4!\times2^5}{3^5}a_0^5 = \frac{256}{81\sqrt{6}}a_0 = a_0\frac{2^7}{3^4}\sqrt{\frac{2}{3}}$$

$$f^2 = \frac{2^{15}}{3^9}a_0^2$$

那么有：

$$A_{2\mathrm{p}\to1\mathrm{s}} = \frac{4e_s^2\omega_{21}^3}{3\hbar c^3}|\boldsymbol{r}_{21}|^2$$

$$= \frac{4e_s^2}{3\hbar c^3}\times\left(\frac{3}{8}\times\frac{\mu e_s^4}{\hbar^3}\right)^3\times\frac{2^{15}}{3^9}a_0^2$$

$$= \frac{2^8}{3^7}\times\frac{\mu^3 e_s^{14}}{\hbar^{10}c^3}\times\left(\frac{\hbar^2}{\mu e_s^2}\right)^2$$

$$= \frac{2^8}{3^7}\times\frac{\mu e_s^{10}}{\hbar^6 c^3} = 1.91\times10^9(\mathrm{s}^{-1})$$

$$\tau = \frac{1}{A_{21}} = 5.23\times10^{-10}\mathrm{s} = 0.52\times10^{-9}\mathrm{s}$$

6.5 材料第一性原理计算

固体是具有约 10^{23} 数量级粒子的多粒子系统，具体应用量子理论时会导致物理方程过于复杂以至于无法求解，所以将量子理论应用于固体系统必须采用一些近似和简化。绝热近似［玻恩-奥本海默（Born-Oppenheimei）近似］将电子的运动和原子核的运动分开，从而将多粒子系统简化为多电子系统。哈特里-福克（Hartree-Fock）近似将多电子问题简化为仅与以单电子波函数（分子轨道）为基本变量的单粒子问题。但是其中波函数的行列式表示使得求解需要非常大的计算量；对于研究分子体系，可以作为一个很好的出发点，但是不适于研究固态体系。1964 年，霍恩贝格（Hohenberg）和科恩（Kohn）提出了严格的密度泛函理论（density functional theory，DFT）。它建立在非均匀电子气理论基础之上，以粒子数密度作为基本变量。1965 年，科恩（Kohn）和沈吕九（Sham）提出科恩-沈吕九（Kohn-Sham）方程将复杂的多电子问题及其对应的薛定谔方程转化为相对简单的单电子问题及单电子科恩-沈吕九方程。将精确的密度泛函理论应用到实际，需要对电子间的交换关联作用进行近似。局域密度近似（LDA）、广义梯度近似（GGA）等的提出，以及以密度泛函理论为基础的计算方法［赝势方法、全电子线形缀加平面波方法（FLAPW）等］的提出，使得密度泛函理论在化学和固体物理中的电子结构计算取得了广泛的应用，从而使得固体材料的研究取得长足的进步。

6.5.1 多粒子体系薛定谔方程

物质世界有四种基本的作用力：电磁作用力，引力，以及作用于在原子核内部的强与弱相互作用力。对材料的研究，我们只需要关心第一种相互作用力。尽管如此，材料体系是由原子核与电子构成的多粒子体系。

物质物理和化学性质的微观描述是一个复杂的问题。一般来说，我们处理的是一组相互作用的原子，它们也可能受到一些外场的影响。这组粒子可以是气相（分子和团簇），也可以是凝聚相（固体、表面、金属丝），它们可以是固体、液体或无定形、均质或非均质（溶液中的分子、界面、表面上的吸附质）。然而，在所有情况下，我们都可以通过许多原子核和电子通过库仑（静电）力相互作用来明确地描述系统。针对材料体系，如何构建相互作用多粒子体系的薛定谔方程，是第一性原理计算的基本出发点。我们可以用以下一般形式写出这样一个系统的哈密顿量

$$H = \sum_p -\frac{h^2}{2M_p}\nabla_p^2 + \frac{1}{8\pi\varepsilon_0}\sum_{p\neq q}\frac{Z_pZ_qe^2}{|R_p-R_q|} + \sum_i -\frac{h^2}{2m}\nabla_i^2 +$$
$$\frac{1}{8\pi\varepsilon_0}\sum_{i\neq j}\frac{e^2}{|r_i-r_j|} - \frac{1}{4\pi\varepsilon_0}\sum_{i,p}\frac{Ze^2}{|r_i-R_p|} \tag{6.130}$$

式中，$R=\{R_I\}$，$I=1\cdots P$ 是一组 P 核坐标，$r=\{r_i\}$，$i=1\cdots N$ 是一组 N 电子坐标。Z_I 和 M_I 分别是 P 核电荷和质量。电子是费米子，所以总的电子波函数对于两个电子的交换必须是反对称的。根据所研究的具体问题，原子核可以是费米子、玻色子或可分辨的粒子。所有成分都是众所周知的，原则上，所有性质都可以通过求解多体薛定谔方程 $\hat{H}\Psi_i(r,$

$R)=E_i\Psi_i(r,R)$ 得出。其哈密顿量包含：粒子的动能；粒子间的相互作用能；粒子与外势场的作用。在实践中，这个问题几乎不可能在一个完整的量子力学框架中处理。只有在少数情况下，才能获得完整的解析解，而数值解也仅限于极少量的粒子。有几个特性导致了这一困难。首先，这是一个多组分多体系统，其中每个组分（每个核物种和电子）都服从特定的统计。其次，由于库仑关联，整个波函数不容易分解。换句话说，完整的薛定谔方程不能很容易地解耦成一组独立的方程，因此，一般来说，我们必须处理（$3P+3N$）耦合自由度。动力学是一个更加困难的问题，很少有和有限的数值技术被设计来解决它。通常的选择是采用一些合理的近似值。文献中提出的大多数计算是基于：核和电子自由度的绝热分离（绝热近似），以及核的经典处理。

6.5.2　绝热近似与单粒子近似

为了求解式（6.130）哈密顿量的本征方程，第一性原理计算通常采用绝热近似。在固体体系中，由于原子核的质量是电子质量的 $10^3 \sim 10^5$ 倍，所以体系中电子的运动速度比原子核快得多。可以认为，当核发生一个微小扰动时，迅速运动的电子可瞬时调整，达到新的平衡。因而在求解电子问题时，可近似认为原子核固定在给定的位置，这就是所谓的绝热近似（Born-Oppenheimer 近似）。本着这种精神，在量子力学的早期，有人提出，电子可以适当地描述为瞬间跟随原子核的运动，始终处于电子哈密顿量的相同稳态。由于两组自由度的库仑耦合，这种稳态在时间上会发生变化，但如果电子处于基态，它们将永远留在那里。这意味着，当原子核遵循其动力学时，电子会根据原子核波函数即时调整其波函数。这种近似忽略了不同电子本征态之间存在非辐射跃迁的可能性。跃迁只能通过与外部电磁场的耦合产生，并涉及含时薛定谔方程的解。这已经实现，特别是在线性响应区，但在强激光场中分子的非微扰框架中。

绝热近似下，可以认为原子核是固定在给定位置，将原子核的坐标作为参数，而不是变量。这样将体系的薛定谔方程中的变量数目大大减少，同时体系哈密顿量的形式也得到简化。由于原子核的质量远大于电子的质量，原子核的运动速度要比电子慢很多，因此可以认为电子运动在固定不动的原子核的势场中，所以原子核的动能为零，而势能为一个常数。中子/质子的质量是电子质量的约 1835 倍，即电子的运动速率比核的运动速率要高 3 个数量级，因此可以实现电子运动方程和核运动方程的近似脱耦。这样，电子可以看作是在一组准静态原子核的平均势场下运动。

经过绝热近似得到的多电子体系的薛定谔方程 $[h^e\Phi_m(R,r)=\varepsilon_m\Phi_m(R,r)]$ 中，由于哈密顿量中包含多体相互作用项（即 V^{e-e}），该项不能分离变量，因而方程难以直接解析求解。根据玻恩-奥本海默近似，可以将原子核的运动和电子的运动分开来处理。经过简化，电子与原子核相互作用项，可以用晶格势场 $\sum_i V(r_i)$ 替代，因此多电子电子系统的哈密顿量简化为

$$H = \sum_i \nabla_i^2 + \frac{1}{2}\sum_{i,j}\frac{1}{|r_i-r_j|} + \sum_i V(r_i) \quad （采用原子单位） \tag{6.131}$$

通过绝热近似，把电子的运动与原子核的运动分开，得到了多电子薛定谔方程

$$\left[-\sum_i \nabla_{r_i}^2 + \sum_i V(r_i) + \frac{1}{2}\sum_{i,i'}'\frac{1}{|r_i-r_{i'}|}\right]\phi = \left[\sum_i H_i + \sum_{i,i'} H_{ii'}\right]\phi = E\phi$$

$$\tag{6.132}$$

已采用原子单位：$e^2=1$，$h=1$，$2m=1$。为方便起见，上式写成单粒子算符 H 和双粒子算符 $H_{ii'}$ 的形式。解这个方程的困难在于电子之间的相互作用项 $H_{ii'}$。为了求解多电子薛定谔方程，需要引入单电子近似：对于含有 N 个电子的多体系统，假设每个电子都近似看成是在原子核及其他 $N-1$ 个电子所形成的平均有效势场 $V_{\mathrm{eff}}^{\sigma}(\boldsymbol{r})$ 中运动。这样就将多体问题简化成了多个单体问题，如图 6.2。这时多电子薛定谔方程简化为

$$\sum_i H_i\phi=E\phi \tag{6.133}$$

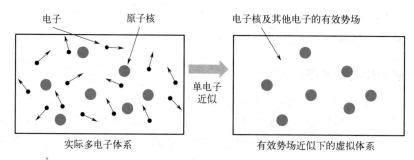

图 6.2　单粒子近似示意

6.5.3　哈特里近似

在单电子平均场近似下，对于一个 n 电子系统，每个电子都不会将其他电子识别为单个实体，而是将其视为一个平均场。因此，n 电子系统成为一组非相互作用的单电子，其中每个电子在原子核和其他电子的平均效应下运动。在平均场理论下，哈特里 1928 年提出一次处理一个电子的方案，并引入了一个称为自洽场法的程序来求解电子的波动方程。

在单电子近似下，哈特里将多电子体系的波函数写为每个单电子波函数的乘积，即

$$\phi(r)=\varphi_1(r_1)\varphi_2(r_2)\cdots\varphi_n(r_n) \tag{6.134}$$

由于电子是独立的，总能量是 n 个单电子能量的总和

$$E=E_1+E_2+\cdots+E_n \tag{6.135}$$

将式（6.134）与式（6.135）代入式（6.133），得到单电子方程

$$H_i\varphi_i(r_i)=E_i\varphi_i(r_i) \tag{6.136}$$

这就是哈特里近似下单电子薛定谔方程。单粒子哈密顿量写为

$$H_i=-\frac{1}{2}\nabla^2+V(r)+V_{\mathrm{H}}(r) \tag{6.137}$$

式中，$V(r)$ 是电子和原子核之间的吸引力相互作用；$V_{\mathrm{H}}(r)$ 是来自每个电子和平均场之间的经典库仑排斥相互作用的哈特里势。哈特里近似下，描述多粒子体系的单电子方程，即哈特里方程可以写为

$$(-\nabla^2+V_{\mathrm{eff}}^{(i)}(R,r))\varphi_i(r)=E_i\varphi_i(r) \tag{6.138}$$

其中

$$V_{\text{eff}}^{(i)}(r) = V(r) + V_{\text{H}}(r) = + \int \frac{\sum_{j \neq i}^{N} \rho_j(r')}{|r - r'|} \mathrm{d}r' \tag{6.139}$$

且

$$\rho_j(r) = |\varphi_j(r)|^2 \tag{6.140}$$

由于电子的费米子特性，哈特里近似下，其体系的波函数不满足交换反对称，它不遵循量子力学的两个基本原理：反对称原理和泡利不相容原理。它没有计算来自实际系统的多电子特性所对应的电子交换和相关能量。有效势场仅仅描述了电子-电子之间的经典库仑作用。但它提供了如何将多粒子问题转换为单子方程求解的一种思路。由于氢原子中只有一个电子，哈特里近似下得到的基态能量与解析计算的精确基态能量完全吻合，为 $-13.6\mathrm{eV}$，与实验值完全相同。哈特里方法成为所有其他第一性原理方法的起点。然而，由于这些过于简单化，在其他复杂材料系统中，哈特里方法只能对多电子体系的能量进行粗略估计。

6.5.4　哈特里-福克近似

基于哈特里的单电子和平均场方法，福克（1930 年）将该方法提高到更高的完善程度。这一次，改进的关键在于波函数：采用更好的波函数形式，以便描述哈特里方法中的对电子-电子相互作用中缺失的量子起源的部分。考虑到电子是费米子，其波函数应满足反对称条件，即泡利不相容原理。可以将多粒子体系的波函数写成斯莱特行列式。

$$\phi = \frac{1}{\sqrt{N!}} \begin{vmatrix} \varphi_1(q_1) & \varphi_2(q_1) & \cdots & \varphi_N(q_1) \\ \varphi_1(q_2) & \varphi_2(q_2) & \cdots & \varphi_N(q_2) \\ \vdots & & & \\ \varphi_1(q_N) & \varphi_2(q_N) & \cdots & \varphi_N(q_N) \end{vmatrix} \tag{6.141}$$

式中，$\dfrac{1}{\sqrt{N!}}$ 是 n 电子系统的归一化因子。注意，对于偶数个电子的闭合壳层，一个斯莱特行列式足以充分描述波函数。对于奇数个电子的开壳层，需要两个以上的斯莱特行列式的线性组合。

由斯莱特确定的体系波函数来计算体系的能量期望值

$$E = \langle \phi | H | \phi \rangle = \sum_i \int \mathrm{d}\boldsymbol{r}_1 \varphi_i^*(\boldsymbol{q}_1) H_i \varphi_i(\boldsymbol{q}_1) + \frac{1}{2} \sum'_{i,i} \int \mathrm{d}\boldsymbol{r}_1 \mathrm{d}\boldsymbol{r}_2 \frac{|\varphi_i(\boldsymbol{q}_1)|^2 |\varphi'_i(\boldsymbol{q}_2)|^2}{|\boldsymbol{r}_1 - \boldsymbol{r}_2|} -$$

$$\frac{1}{2} \sum'_{i,i} \int \mathrm{d}\boldsymbol{r}_1 \mathrm{d}\boldsymbol{r}_2 \frac{\varphi_i^*(\boldsymbol{q}_1) \varphi_i(\boldsymbol{q}_2) \varphi_i^*(\boldsymbol{q}_2) \varphi_i(\boldsymbol{q}_1)}{|\boldsymbol{r}_1 - \boldsymbol{r}_2|} \tag{6.142}$$

通过变分原理可以得到单电子方程，即哈特里-福克方程

$$[-\nabla^2 + V(\boldsymbol{r})]\varphi_i(\boldsymbol{r}) + \sum_{i'(\neq i)} \int \mathrm{d}\boldsymbol{r}' \frac{|\varphi_i(\boldsymbol{r}')|^2}{|\boldsymbol{r} - \boldsymbol{r}'|} \varphi_i(\boldsymbol{r})$$

$$- \sum_{i'(\neq i)} \int \mathrm{d}\boldsymbol{r}' \frac{\varphi_i'^*(\boldsymbol{r}') \varphi_i(\boldsymbol{r}')}{|\boldsymbol{r} - \boldsymbol{r}'|} \varphi_i'(\boldsymbol{r}) = E_i \varphi_i(\boldsymbol{r}) \tag{6.143}$$

与哈特里方程相比，哈特里-福克方程多出了一项，该项称为交换相互作用项。

单粒子哈特里-福克算符是自洽的，即它决定于所有其他单粒子 H-F 方程的解，必须通过迭代计算来求解，具体操作如下：猜测试探波函数，构造所有算符，求解单粒子薛定谔方程，对于解出的新的波函数，重新构造哈特里-福克算符，重复以上循环，直到收敛（即前后迭代的结果相同）。自洽场（self consistent field，SCF）方法是求解材料电子结构问题的常用方法。哈特里-福特自洽场近似（一种求解全同多粒子系的定态薛定谔方程的近似方法）近似地用一个平均场来代替其他粒子对任一个粒子的相互作用，这个平均场又能用单粒子波函数表示，从而将多粒子系的薛定谔方程简化成单粒子波函数所满足的非线性方程组来解。这种解不能一步求出，要用迭代法逐次逼近，直到前后两次计算结果满足所要求的精度为止（即达到前后自洽），这时得到的平均场称为自洽场。单粒子哈特里-福克算符是自洽的，即它决定于所有其他单粒子 H-F 方程的解，必须通过迭代计算来求解，具体操作如下：①猜测试探波函数；②构造所有算符；③求解单粒子薛定谔方程；④对于解出的新的波函数，重新构造哈特里-福克算符；⑤重复以上循环，直到收敛（即前后迭代的结果相同）。这种方法就称为自洽场近似法。

通过哈特里-福特自洽场近似进行简化，其中包含了电子之间的交换能，但此方法计算的能量与系统的真实能量存在差值（关联能）。忽略电子-电子的关联相互作用，由于反对称要求，自旋电子彼此远离，H-F 处理通过交换能量充分计算了这种量子效应。不同自旋的电子也有通过它们所具有的相同电荷相互远离的趋势，这称为相关性。这种电子相关性在 H-F 方法中仍然缺失，将在我们处理 DFT 的下一节中说明。另请注意，H-F 方法的缩放比例大约为 $O(N^4)$，因此系统大小增加一倍将使计算机时间增加约 16 倍。哈特里-福克近似的重要意义是提出了平均场和单电子近似的概念，在求解过程中利用迭代自洽求解。这对于以后计算物理的发展起到了深远的影响。但是由哈特里-福克近似本身仅仅考虑了多体系统中的交换能，而忽略了相关能修正，所以不能作为具有相互作用的多电子体系采用单电子近似的严格理论依据。单电子近似的近代理论基础是在密度泛函理论基础上发展起来的。

6.5.5 密度泛函理论

薛定谔波动方程，绝对是基于物理学起源的天才之作。不幸的是，由于多体量子效应的潜在困难，该方程仅适用于最简单的系统。人们常说，第一性原理方法只需要一组输入数据，即原子数，不需要其他任何计算。这在原则上是正确的，但现实并不像这句话听起来那么简单。原因是波动方程是一个依赖于 n 个电子的 $3n$ 个坐标的偏微分方程。即使我们知道如何进行这样的计算，也没有能够处理如此庞大任务的计算机，无论未来计算机有多快，这都是事实。

正如我们在前一节中看到的，通过引入波函数的斯莱特行列式和平均场近似，哈特里-福克（H-F）方法能够简化计算并保持无参数性质。然而，它的实际应用仍然局限于具有几十个原子的小系统，这与材料的领域相去甚远。当霍恩贝格和科恩（1964 年）提出两个关于电子密度和能量泛函的定理时，这一突破终于发生了，科恩和沈吕九（1965 年）提出了一个非凡的方案，称为密度泛函理论（DFT）。

在量子力学理论中，电子态所需的所有信息都包含在波函数中。将进一步推广到用电子密度 $\rho(r)$ 来描述体系的量子信息，即电子密度决定了多电子量子系统中的一切物理信息。

因此，DFT理论中，首先介绍跟电子密度相关的DFT所基于的两个定理，即霍恩贝格-科恩定理。

电子密度在某种程度上可以在电子计算中发挥决定性作用。直到霍恩贝格和科恩（1964）最终用两个定理证明了它，它才受到形式验证，因此，为将电子密度指定为DFT中的关键参与者提供了良好的基础。因此，这些定理完成了电子密度、外部能量、哈密顿量和波函数之间的联系。如果能够证明，对于任意电子系统的基态电子密度的分布唯一地决定电子系统的情况，则基于一个计算电子结构的新的理论框架就可以建立起来，这就是表述密度泛函理论（density functional theory，DFT）的出发点。

定理1：外势可由基态电子密度加上一个无关紧要的常数确定。这样基态电子密度就可以确定系统基态的所有性质。$n(r)$是一个决定系统基态物理性质的基本变量。对于非简并体系的总能与电子密度一一对应。$n(r) \Rightarrow E \Rightarrow \psi$，$n(r)$：3个自由度。

定理1指出，存在唯一的外部电势U_{ext}，它完全由基态电子密度决定。让我们从众所周知的事实来看看电子密度和U_{ext}之间的关系有多密切。U_{ext}是电子与原子核相互作用的量度。

与原子核相互作用的电子数定义为电子密度的积分。因此，很明显电子密度和外部电位之间存在直接关系。请记住，U_{ext}中的术语"外部"指的是：从电子的角度来看，原子核的库仑吸引力是外部的。与系统无关的内禀势（电子动能与电子-电子相互作用）与外势无关，因此具有普遍性，这意味着一旦已知，它就可以应用于任何其他系统。

让我们总结一下这个第一定理的逻辑流程：

a.在给定的基态系统中，仅电子密度就可以定义外部电势，反之亦然。

b.由于内能是独立于系统的，不依赖于外势，密度相关的内能应该作为一个通用函数$F[n(r)]$存在，尽管其明确的公式未知。请注意，$F[n(r)]$的数学形式对于所有系统都应该是相同的，而外部电势因原子核的种类而异，从一个系统到另一个系统。

c.不同的哈密顿量仅因它们的外势而不同，如果有两个不同的外势产生相同的基态电子密度，就会导致明显的矛盾。

d.电子密度定义了外势、哈密顿量、波函数以及系统的所有基态属性。

结论很简单：不同的外部势场会产生不同的基态电子密度，如果只将我们的兴趣限制在系统的基态特性内，那么在给定外部势场下的电子密度的唯一条件就足以推导出总能量或任何其他属性。这是所有传统DFT计算的基础。

定理2：能量泛函$E[n]$在粒子数不变的条件下对某种粒子分布$n(r)$取极小值，等于基态能量在粒子（电子）数不变的条件下，能量泛函对电子密度函数的变分就得到系统基态的能量，即体系基态总能对应于基态电子密度，$E_0 = [n_0]$

定理2确定了一种寻找系统最小能量的方法，并证明了可以使用变分原理来搜索系统的基态。在给定的U_{ext}下，如果我们在电子密度变化的情况下尽可能地最小化系统能量，那么我们将达到能量的最底部，但不会低于它。这在DFT的框架中称为变分原理，最小化系统能量的电子密度就是基态电子密度ρ_0

$$E[\rho(r)] = F[\rho(r)] + E_{ext}[\rho(r)] \geqslant E_{gs} \tag{6.144}$$

该定理为我们提供了一种非常灵活和强大的方法来寻找基态能量（E_{gs}）和其他属性。

密度泛函理论的基本物理思想是体系的基态物理性质可以仅仅通过电子密度 $\rho(r)$ 来确定。由量子力学知道，由哈密顿 $\hat{H}$ 描述的电子体系的基态能量和基态波函数都可由能量泛函 $E[\Psi]=\langle\Psi|\hat{H}|\Psi\rangle/\langle\Psi|\Psi\rangle$ 取最小值来决定；而对于 N 电子体系，外部势能 $V(r)$ 完全确定了哈密顿 $\hat{H}$，因此 N 和 $V(r)$ 决定了体系基态的所有性质。

所以，当总粒子数 N 不变时，多电子体系的基态能量是基态密度的唯一泛函。接下来就是如何对能量泛函 $E[\rho]$ 做变分处理，并将多体问题严格转化为单电子问题。

6.5.6 科恩-沈吕九方法

早期在第一性原理计算中不使用任何波函数而采用电子密度构建体系哈密顿量与能量泛函的尝试并不是很成功，主要原因是电子动能的电子密度泛函无法处理。基于霍恩贝格和科恩（1964）的两个定理，1965 年柯恩又和沈吕九证明构建了一个虚构的单电子系统，从而一个多粒子体系的粒子密度函数可以通过一个简单的单粒子波动方程获得。这个单粒子波动方程现在被称作柯恩-沈（Kohn-Sham）方程。霍恩贝格、科恩和沈吕九的理论就是诺贝尔化学奖颁词所指的密度泛函理论，显然，密度泛函理论大大简化了应用量子力学探讨材料物理性质所涉及的数学问题。

一般来说，用完整的哈密顿量来求解 N 电子系统的与时间无关的薛定谔波动方程

$$\hat{H}=-\frac{1}{2}\sum_{i=1}^{n}\nabla_i^2-\sum_{I=1}^{N}\sum_{i=1}^{n}\frac{Z_I}{|r_i-r_I|}+\frac{1}{2}\sum_{i\neq j}^{n}\frac{1}{|r_i-r_j|} \tag{6.145}$$

式中，r_i 和 r_j 是电子的坐标；r_I 和 Z_I 是原子核的坐标和电荷。上式中，第一项代表动能，第二项代表外势，最后一项代表哈特里势，修正系数为 1/2 进行双重计数。最后一项的总和涵盖了 $i\neq j$ 以排除任何自交互的所有情况。一个主要的困难在于最后一项，即所有 N 个电子之间的耦合相互作用。最后一项包含各种难以在可计算方程中表述的相互作用。科恩和沈吕九（1965 年）显然别无选择，只能绕过这个问题。

由 H-F 方法，已经知道了相互作用的 N 电子体系的能量包括四部分，即动能、外能、哈特里能和交换能，这四个能量是 DFT 理论中的重要能量项，其近似主要围绕其中的两项（动能与关联能）展开。单电子的能量可以写为：

$$E=E_{kin}+E_{ext}+E_H+E_x \tag{6.146}$$

科恩和沈吕九首先假设每个电子都是非相互作用的，因为看不到任何解决方案，并进一步假设系统处于基态（具有相同的电子密度分布）。然后，他们将 N 电子的能量分解为 N 个单电子的能量。最终想出的是在给定的外部势场（一般为原子核的库仑作用）下将 N 电子系统（相互作用）映射到单电子系统（非相互作用）上。所有相互作用的影响按照如下方法确定

$$E_{kin}=E_{kin}^{non}+E_{kin}^{int}$$
$$E_H+E_x \rightarrow E_H+E_x+E_c^{int} \tag{6.147}$$

式中，E_{kin}^{non}，E_{kin}^{int} 分别代表非相互作用和相互作用动能。请注意，新的相关能量 E_c^{int}，在 H-F 方法中被忽略。

现在，将所有相互作用的项重新组合为一个新的能量项，称为交换相关能量 E_{xc}

$$E_{xc}=E_x+E_c^{int}+E_{kin}^{int}=E_x+E_c \tag{6.148}$$

值得注意的是，$E_c^{int}+E_{kin}^{int}$ 总和为科恩-沈吕九方法中的关联能 E_c，因为两者都是电子多粒子特性的关联能量。为清晰起见再次明确：E_x 是交换能，而 E_c 是表示动能和电子-电子相互作用项的相关部分的相关能。那么，DFT 框架中总能量的最终表达式由四个能量项组成

$$E=E_{kin}^{non}+E_{ext}+E_H+E_{xc}=F[\rho(r)]+E_{ext} \tag{6.149}$$

前三项相对容易计算，而最后一项是未知的，需要近似求得。最后，在科恩-奥本海默近似中，原子核之间的排斥相互作用能将作为常数添加到材料体系的总能中去。

科恩-沈吕九电子系统中的量子能量 E_{xc} 为负，经典静电能量 E_H 为正。最终变得接近真实和量子电子-电子相互作用能。对于未知的 E_{xc}，我们可能只是近似它，不去处理多电子的问题。事实上，这就是 DFT 理论关于能量泛函的近似理论基础的全部内容。此时，N 电子体系对应的哈密顿量为

$$\hat{H}_{KS}=E_{kin}^{non}+U_{ext}+U_H+U_{xc}=-\frac{1}{2}\nabla^2+U_{eff} \tag{6.150}$$

这里，U_{eff} 是有效势，包括三个势项。在有效势的作用下保证非相互作用系统的基态电子密度与真正相互作用系统的基态电子密度相同。

可以预见，这种将多电子问题转为单电子的方案将提供一种更容易和有效的计算方式，有利于利用现代计算机技术求解实际材料体系的电子结构性质。多年来已经证明，该方案实际上已经成功模拟出了体系真实的基态密度，能够非常准确地描述相互作用的实际材料体系的物性。为了数值求解科恩-沈吕九方法框架下电子的状态，接下来的任务是弄清楚如何用电子密度来表达体系能量泛函以及如何处理未知的交换-关联能量项 E_{xc}。

与利用变分法推导量子力学薛定谔本征方程类似，从 DFT 的能量泛函开始，利用相似的方法可以得到科恩-沈吕九方程

$$\left[-\frac{1}{2}\nabla^2+U_{eff}(\boldsymbol{r})\right]\phi_i(\boldsymbol{r})=\varepsilon_i\phi_i(\boldsymbol{r})\rightarrow\hat{H}_{KS}\phi_i(\boldsymbol{r})=\varepsilon_i\phi_i(\boldsymbol{r}) \tag{6.151}$$

有了这个等式，DFT 对应的由密度决定的理论框架就完成了。因此，对于给定的系统，实际计算是在这个辅助哈密顿量 $\hat{H}_{KS}$ 上进行的，并且需要同时求解 N 电子对应的科恩-沈吕九方程组。

自从 DFT 理论建立以来，与相应的实验值相比，计算得到数据非常准确，从而消除了对科恩-沈吕九形式主义的虚构性质的一些怀疑。看来，单电子重构的技巧实际上是对真实正电子世界的极好近似。请注意，假设 E_{XC} 泛函完全已知，则电子密度和总能量将通过构造精确，但科恩-沈吕九轨道及其能量仅对应于一组虚构的独立电子。

现在有了解决电子基态问题的实用方法，如果给定电子密度，则可以通过科恩-沈吕九方程计算任何所需的材料特性。由于科恩-沈吕九单电子模型，这已成为可能。现在，将面对在评估未知 E_{XC} 能量时采用这种虚构模型而不是真正的 N 电子模型的后果。

事实上，对未知 E_{XC} 能量的科恩-沈吕九方法目前采用的多种不同方案进行近似。这是科

恩和沈吕九在处理独自携带的未知 E_{xc} 能量时服用真正的 N 电子效应的全部负担。经典分子动力学（MD）模拟中，关注关于如何产生良好的原子间势，因为它们决定 MD 运行的准确性。在 DFT 计算中，面临类似的情况：如何构建或选择好的 E_{xc} 泛函，因为它们决定了多少 DFT 计算中会涉及错误。此外，如果一个 E_{xc} 函数准备不当，真正的 N 电子体系和单电子体系之间的映射关系消失。DFT 计算将给出错误的材料物性的错误描述，如在局域密度泛函近似下，对金属氧化物强关联体系电子结构描述的失败。基于量子力学理论，在 DFT 理论框架中，所有能量项都是精确的，除了交换-关联能量。通常，该能量小于大约占总能量的 10%，但它积极地涉及确定性材料特性，如键合、自旋极化和能带间隙形成，以及分子的表面吸附化学性质等。特别是在处理长程弱相互作用（范德华相互作用，常用的交换关联泛函遇到了极大的挑战。因此，我们必须近似这种能量尽可能准确。E_{xc} 能量的近似程度的准确性对于 DFT 计算的质量至关重要。

6.5.7　第一性原理计算软件与第一性原理高通量计算平台

即使确定了交换关联的泛函形式，求解多电子体系的科恩-沈吕九方程组也不是一件容易的事情。实际求解科恩-沈吕九方程时，有两个重要的方面需要解决的。第一、如何构建初始的波函数以及相应的初始电荷密度？另外，如何处理原子内层电子与原子核的相互作用势以及芯电子的波函数？在目前计算程序中，根据研究对象不同（包括，原子/分子，金属体系，金属氧化物体系等），选择不同的方案来构建科恩-沈吕九的轨道基组，如原子轨道线性组合法（LCAO）、正交平面波法（OPW）、缀加平面波法（LAPW）、Muffin-tin 轨道线性组合法（LMTO）等。具体求解方法在专业的计算材料教材中进行介绍。在这些方法中，科恩-沈吕九方程组的求解都是采用与 HF 自洽场方法类似的自洽计算流程。

材料科学界现在可以使用各种成熟的 DFT 代码。其中一些可以通过通用公共许可证访问，而另一些是专有的。这些代码基于基集、势函数、交换相关函数和求解薛定谔方程的算法的不同选择。目前有大量的赝势代码，所有这些代码都具有 LDA 和 GGA 泛函，能够使用玻恩-奥本海默或 Car-Parrinello 动力学进行静态电子结构和总能量计算以及从头算 MD 模拟。全电子 PAW 方法在 VASP 和 ABINIT 代码中实现。CPMD 和 VASP 的最新版本中实现了精确交换和混合函数。对于赝势码，重要的一点是所有元素都能获得经过彻底测试的、准确和有效的赝势。这些代码中的许多都带有由代码开发人员开发和推荐的赝势套件。

如今，用几十个原子进行计算的速度非常快，赝势和所有电子代码都是如此。对于包含几百个原子的晶胞计算，通常使用赝势和 PAW 代码，但对于大多数全电子代码来说，要求很高，甚至是遥不可及的。使用最有效的代码，涉及一千个或更多原子的非常精确的计算是可能的。线性标度计算可以扩展到数千个原子。

2011 年美国提出的材料基因组计划（MGI），旨在以比原先至少快两倍的速度开发和制造先进材料，且成本仅为原先的几分之一，这促使了材料第一性原理高通计算平台的快速发展。利用信息学技术在材料学，特别是基于量子力学原理的第一性原理材料设计中的应用，通过建设材料信息数据库、集成材料第一性原理计算软件，发展材料数据挖掘方法，构建材料设计的智能云设计平台，从而实现对材料大数据进行分析和预测，快速发现决定材料性能的"基因"，也就是材料成分-工艺组织-性能之间的定量关系，可以有效地加快材料研发设计。

高通量计算通常是指通过基于量子力学方法的海量计算，挑选出具有特殊性能的新材料。高通量计算结合了材料计算（第一性原理计算，热力学计算等）、材料信息数据库以及智能数据挖掘等。其基本概念为：首先，创建已有材料或目标材料的热力学及电子性质数据库，按照需要（特定的描述符 descriptors）的材料性能智能搜索数据库中的材料，从而发现满足工程需要的目标材料。高通量计算的特点必须是超大计算量同时满足自动流程。高通量计算包括三个相互关联的步骤：①材料的热力学及电子结构计算；②材料信息的智能存储；③材料性能分析，挑选具有特定性能的新材料，从而分析其新的物理机制。

目前较为著名的材料基因大规模计算平台有劳伦斯伯克利国家实验室与 MIT 联合的 Materials Project、Duke 大学的 AFLOW 以及 Northwestern 大学的 OQMD。中国科学院计算机网络信息中心组建的 Matcloud。比如，AFLOW 是美国基于 VASP 建立的高通量结构能量计算平台，并集成了超过 15 万行 C++代码的一系列软件工具，其主要特征是完全并行式和多线程。AFLOW 实现了以特定数据集或大的结构数据库为对象自动计算一系列可观测量，同时只需很少的人力进行数据输入、计算运行和输出数据整理。对于不需要高通量计算和建立数据库的用户，AFLOW 还提供了结构分析和处理工具。国内开化的 MatCloud 平台是基于"互联网＋"和云计算 SaaS/IaaS 理念而研发的，帮助支持材料基因工程的高通量材料集成计算平台。MatCloud 提供了支持高通量材料集成计算的关键技术、软件接口和规范，并形成软件框架。针对各科研课题组的高通量材料计算的实际需求，支持快速定制开发各类"插件"，满足个性化制定需求。MatCloud 旨在降低材料模拟软件（包括 VASP，ABINIT，CASTEP）使用门槛，支撑材料基因工程。MatCloud 直接与计算集群相连，提供图形化建模工具，支持复杂计算流程设计等。实现了作业在线提交和监控、结果分析，数据提取和数据管理自动化。

MatCloud 的应用可包括两个方面：①基本应用，在线的第一原理计算。只需浏览器，便可开展在线的第一性原理计算。无需购买任何服务器和计算集群，向"云端"定制你的专属环境；使用便捷和"傻瓜化"。仅需几个步骤，便可完成作业的生成、提交及动态在线监控；一旦计算完成，结构，物性数据等可实现自动可视化 分析和归档存储；大批量的第一原理计算作业平行运行，支持较复杂的结构筛选和性质计算。②高级应用，支持材料基因组工程。如前面所提到的，一些用于帮助新材料发现的方法和手段，如结构筛选、元素替代性能与成分优化等，均涉及到多通道，多任务，高并发的材料计算模拟。

高通量计算的一个具有挑战性，也是材料第一性原理计算的发展前沿。目前高通量计算应用领域：①合金的热力学；②环境能源材料；③核材料；④拓扑绝缘体材料；⑤热电材料；⑥催化材料；⑦电池材料等。结合智能数据挖掘技术，利用对已有高通量计算材料数据中描述符的演化特征，生成已有数据库以外的材料信息，从而预测新材料。

 拓展

薛定谔方程近似求解理论中的矛盾分析方法与系统分析方法

通过第 5 章的学习，我们所知道的就只有几个量子模型有精确解，像氢原子、线性谐振子、自由电子等。这些模型体系都太过理想化，无法用于描述大多数的量子系以及材料中的量子过程。比如，光与原子/材料的相互作用，多电子原子体系，以及实际材料体系等。对于这些复杂体系及过程对应的哈密顿量，很难找到其薛定谔方程的精确解。

当遇到这些比较复杂的量子系统时，借助矛盾辩证思维与系统辩证思维，将复杂的量子系统简单化或理想化，从整体出发，抓住问题主体，提炼出一个有精确解的量子力学系统，再应用理想化的量子系统的精确解，来求解复杂的量子问题/过程。其基本思路是：从一个具有精确解的理想化量子系统开始，这简单系统的哈密顿量里，引入一个很弱的微扰，变成了一个可以描述复杂问题/过程的哈密顿量。通常来说，微扰项不改变体系的模型量子体系的整体行为，这些复杂量子系统的物理性质（例如，能量本征值与波函数）可以近似为模型体系的物理性质加上一些多级修正。从而，理想化量子系统所得到的薛定谔方程的解，可以用于研究比较复杂的量子系统。这就是微扰理论的基本思想。从方法论角度来说，微扰论先是抓住主要矛盾（哈密顿量主要部分）解决问题（得到精确解），再处理次要矛盾（微扰）引起的各级影响，逐级考虑这些修正量，从而获取接近真实问题的近似解。

古人云"一叶障目，不见泰山""管中窥豹，可见一斑"。说的是只看到局部，而看不到整体，即使局部弄明白了，对整体的宏观特征和行为仍然看不清楚。要对事物的整体行为搞明白，应该从局部入手，去"解剖麻雀"，还要注意"局部"和"局部"之间的联系和相互作用。如果这种作用是线性的，则对局部了解清楚了，整体也就弄明白了；反之，如果联系是非线性的，则了解了局部，也未必对整体的行为搞明白。既然如此，如果对整体的宏观特性和行为弄明白了，也可以不管局部和局部之间的相互作用。

求解实际材料的量子力学问题时一般多达数百个原子，并且很容易包含数千个电子。那么对于这些 N 电子系统的多体问题计算就完全不可能了。借助矛盾论与系统论分析方法，我们可以将原子核与电子分为两个部分来处理。在绝热近似下，核运动和电子运动分离开来处理。在研究材料体系的量子行为时，电子的性质是矛盾的主体。原子核对电子行为的影响可以看作背景势场。由于电子-电子之间的相互作用仍然极其复杂，包括库仑作用，交换作用以及关联作用。我们必须以局部为着眼点，对于含有 N 个电子的多体系统，假设每个电子都近似看成是在原子核及其他 N− 1 个电子所形成的平均势场运动，这样就将多体问题简化成了多个单体问题。在平均场近似下，通过构造单电子的有效势场，我们既考虑整体宏观效应，又考虑到了局部的电子行为。基于单电子近似，需要解决的问题（主要矛盾）有两个：①如何精确描述电子的动能以及电子-电子之间的相互作用；②如何构造体系的波函数。这样就将一个复杂的非线性多电子问题转化为线性的单子问题。

得其大者可以兼其小。实际材料/工程问题的量子力学近似求解方法（微扰理论与平均场理论）是将一分为二、整体性、关联性、层次结构性等矛盾辩证思维与系统辩证思维在科学研究中的典型应用。

参考文献

[1] Landau L D，Lifshitz E M. Quantum Mechanics Non-Relativistic Theory[M]. 3ed. Woburn：Butter-
     worth-Heinemann，1981.

[2] Born M，Oppenheimer R. Zur Quantenthories der Molekeln[J]. Annalen der Physik，1927，389(20)：
     457-484.

[3] Szabo A，Ostlund N S. Modern Quantum Chemistry[M]. New York：Dover Publishing，1996.

思考题

1.试列举微扰理论在材料科学与工程问题中的应用案例。

2.试讨论绝热近似的局限性。

3.试分析 Kohn-Sham 方程与 Hatree-Fock 方程的主要差别。

4.试讨论第一性原理计算的优势与局限性。

习题

一、选择题

1.非简并定态微扰理论中第 n 个能级的表达式是（考虑二级近似）（　　）。

A. $E_n^{(0)} + H'_{nn} + \sum_m \dfrac{|H'_{mn}|^2}{E_n^{(0)} - E_m^{(0)}}$ 　　　　　B. $E_n^{(0)} + H'_{nn} + \sum_m{}' \dfrac{|H'_{mn}|^2}{E_n^{(0)} - E_m^{(0)}}$

C. $E_n^{(0)} + H'_{nn} + \sum_m{}' \dfrac{|H'_{mn}|^2}{E_m^{(0)} - E_n^{(0)}}$ 　　　　D. $E_n^{(0)} + H'_{nn} + \sum_m \dfrac{|H'_{mn}|^2}{E_m^{(0)} - E_n^{(0)}}$

2.非简并定态微扰理论中第 n 个能级的一级修正项为（　　）。

A. H'_{mn} 　　　　　B. H'_{nn} 　　　　　C. $-H'_{nn}$ 　　　　　D. H'_{nm}

3.非简并定态微扰理论中第 n 个能级的二级修正项为（　　）。

A. $\sum_m \dfrac{|H'_{mn}|^2}{E_n^{(0)} - E_m^{(0)}}$ 　　　　　B. $\sum_m{}' \dfrac{|H'_{mn}|^2}{E_n^{(0)} - E_m^{(0)}}$

C. $\sum_m{}' \dfrac{|H'_{mn}|^2}{E_m^{(0)} - E_n^{(0)}}$ 　　　　　D. $\sum_m \dfrac{|H'_{mn}|^2}{E_m^{(0)} - E_n^{(0)}}$

4.非简并定态微扰理论中第 n 个波函数一级修正项为（　　）。

A. $\sum_m \dfrac{H'_{mn}}{E_n^{(0)} - E_m^{(0)}} \psi_m^{(0)}$ 　　　　　B. $\sum_m{}' \dfrac{H'_{mn}}{E_n^{(0)} - E_m^{(0)}} \psi_m^{(0)}$

C. $\sum_m{}' \dfrac{H'_{mn}}{E_m^{(0)} - E_n^{(0)}} \psi_m^{(0)}$ 　　　　　D. $\sum_m \dfrac{H'_{mn}}{E_m^{(0)} - E_n^{(0)}} \psi_m^{(0)}$

5.沿 x 方向加一均匀外电场 ε，带电为 q 且质量为 μ 的线性谐振子的哈密顿为（　　）。

A. $\hat{H} = -\dfrac{\hbar^2}{2\mu} \times \dfrac{\mathrm{d}^2}{\mathrm{d}x^2} + \dfrac{1}{2}\mu\omega^2 x^2 + q\varepsilon x$ 　　　B. $\hat{H} = -\dfrac{\hbar^2}{2\mu} \times \dfrac{\mathrm{d}^2}{\mathrm{d}x^2} + \dfrac{1}{2}\mu\omega x^2 + q\varepsilon x$

C. $\hat{H} = -\dfrac{\hbar^2}{2\mu} \times \dfrac{\mathrm{d}^2}{\mathrm{d}x^2} + \dfrac{1}{2}\mu\omega x^2 - q\varepsilon x$ 　　　D. $\hat{H} = -\dfrac{\hbar^2}{2\mu} \times \dfrac{\mathrm{d}^2}{\mathrm{d}x^2} + \dfrac{1}{2}\mu\omega^2 x^2 - q\varepsilon x$

6.氢原子的一级斯塔克效应中，对于 $n=2$ 的能级由原来的一个能级分裂为（　　）。

A. 五个子能级 　　　　　　　　　　B. 四个子能级

C. 三个子能级 　　　　　　　　　　D. 两个子能级

7. 一体系在微扰作用下，由初态 Φ_k 跃迁到终态 Φ_m 的概率为（　　）。

A. $\dfrac{1}{\hbar^2}\left|\displaystyle\int_0^t H'_{mk}\exp(i\omega_{mk}t')\,\mathrm{d}t'\right|^2$　　　　B. $\left|\displaystyle\int_0^t H'_{mk}\exp(i\omega_{mk}t')\,\mathrm{d}t'\right|^2$

C. $\dfrac{1}{\hbar^2}\left|\displaystyle\int_0^t H_{mk}\exp(i\omega_{mk}t')\,\mathrm{d}t'\right|^2$　　　　D. $\left|\displaystyle\int_0^t H_{mk}\exp(i\omega_{mk}t')\,\mathrm{d}t'\right|^2$

习题解答

二、问答及计算题

1. 简述定态微扰论的基本理论框架。

2. 非简并定态微扰论的适用条件是什么？

3. 证明：非简并定态微扰中，基态能量的二级修正永为负值。

4. 简并态微扰与非简并态微扰的主要区别是什么？什么条件下，简并能级情况可用非简并态微扰处理？

5. 若总哈密顿量 $\hat H$ 在 $\hat H_0$ 表象中为非对角矩阵，物理上意味着什么？若 $\hat H$ 在 $\hat H_0$ 表象中为对角矩阵，又意味着什么？

6. 设 $H=H_0+H'$，$H_0=\begin{pmatrix} E_1^{(0)} & 0 \\ 0 & E_2^{(0)} \end{pmatrix}$，$H'=\begin{pmatrix} a & b \\ b & a \end{pmatrix}$（$a$，$b$ 为实数）

用微扰论求解能级修正（准到二级近似）。

7. 正交基 $|\phi_1\rangle$ 与 $|\phi_2\rangle$ 中未扰动哈密顿量（H^0）和扰动哈密顿量（H'）的矩阵为：

$$H^0=\begin{pmatrix} E_o+\varepsilon & 0 \\ 0 & E_o-\varepsilon \end{pmatrix},\quad H'=\begin{pmatrix} 0 & A \\ A & 0 \end{pmatrix}$$

求：（i）能量的一阶修正，（ii）能量的二阶修正，以及（iii）修正到一阶的波函数。

8. 一维无限深势阱（$0<x<a$）中的粒子受到微扰：

$$H'(x)=\begin{cases} 2\lambda\,\dfrac{x}{a} & \left(0<x<\dfrac{a}{2}\right) \\[2mm] 2\lambda\left(1-\dfrac{x}{a}\right) & (0<x<a) \end{cases}$$

的作用，如图。求基态能量的一级修正。

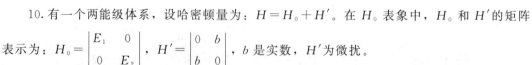

9. 设在 $\hat H^0$ 表象中，$\hat H$ 的矩阵表示为

$$H=\begin{pmatrix} E_1^0 & 0 & a \\ 0 & E_2^0 & b \\ a^* & b^* & E_3^0 \end{pmatrix}$$

其中 $E_1^0<E_2^0<E_3^0$，试用微扰论求能级二级修正

10. 有一个两能级体系，设哈密顿量为：$H=H_0+H'$。在 H_0 表象中，H_0 和 H' 的矩阵表示为：$H_0=\begin{vmatrix} E_1 & 0 \\ 0 & E_2 \end{vmatrix}$，$H'=\begin{vmatrix} 0 & b \\ b & 0 \end{vmatrix}$，$b$ 是实数，H' 为微扰。

（1）用微扰公式求能量至二级修正值；

（2）直接用求解能量本征方程的方法求能量的准确解，并与（1）的结果比较。

11.质量为 m 的粒子在无限一维方势阱中运动，其势阱的数

学形式为（如图）：

$$V(x)=\infty \qquad 当 x<0 \text{ 和 } x>a$$

$$V(x)=-V_0 \qquad 当 0<x<\frac{a}{3}$$

$$V(x)=0 \qquad 当 \frac{a}{3}<x<a$$

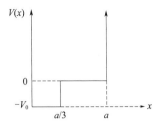

试利用微扰理论求解基态能量在一级修正下的解。

附录 I　物理常数表

真空光速：$c=2.997925(1)\times10^{8}\,\mathrm{m\cdot s^{-1}}$

电子电荷：$e=1.60210(2)\times10^{-19}\,\mathrm{C}$

阿伏伽德罗常数：$N_A=6.02252(9)\times10^{23}\,\mathrm{mol^{-1}}$

质量单位：$u=1.66043(2)\times10^{-27}\,\mathrm{kg}$

电子静止质量：$m_e=9.10908(13)\times10^{-31}\,\mathrm{kg}$

质子静止质量：$m_p=1.67252(3)\times10^{-27}\,\mathrm{kg}$

中子静止质量：$m_n=1.67482(3)\times10^{-27}\,\mathrm{kg}$

电子半径：$r_e=2.81777(4)\times10^{-15}\,\mathrm{m}$

玻尔半径：$a_0=5.29167(2)\times10^{-11}\,\mathrm{m}$

普朗克常数：$h=6.62559(16)\times10^{-34}\,\mathrm{J\cdot s}$

玻尔兹曼常数：$k_B=1.38054(6)\times10^{-23}\,\mathrm{J\cdot K}$

精细结构常数：$\alpha=7.29720(3)\times10^{-3}$

里德伯常数：$R_\infty=1.0973731(1)\times10^{7}\,\mathrm{m^{-1}}$

附录 II　量子力学常用积分公式

(1) $\int x^n e^{ax}\,\mathrm{d}x=\frac{1}{a}x^n e^{ax}-\frac{n}{a}\int x^{n-1}e^{ax}\,\mathrm{d}x\quad(n>0)$

(2) $\int e^{ax}\sin bx\,\mathrm{d}x=\frac{e^{ax}}{a^2+b^2}(a\sin bx-b\cos bx)$

(3) $\int e^{ax}\cos ax\,\mathrm{d}x=\frac{e^{ax}}{a^2+b^2}(a\cos bx+b\sin bx)$

(4) $\int x\sin ax\,\mathrm{d}x=\frac{1}{a^2}\sin ax-\frac{1}{a}x\cos ax$

(5) $\int x^2\sin ax\,\mathrm{d}x=\frac{2x}{a^2}\sin ax+\left(\frac{2}{a^2}-\frac{x^2}{a}\right)\cos ax$

(6) $\int x\cos ax\,\mathrm{d}x = \dfrac{1}{a^2}\cos ax + \dfrac{x}{a}\sin ax$

(7) $\int x^2\cos ax\,\mathrm{d}x = \dfrac{2x}{a^2}\cos ax + \left(\dfrac{x^2}{a} - \dfrac{2}{a^3}\right)\sin ax$

(8) $\int \sqrt{ax^2+c}\,\mathrm{d}x = \begin{cases} \dfrac{x}{2}\sqrt{ax^2+c} + \dfrac{c}{2\sqrt{a}}\ln(\sqrt{a}\,x + \sqrt{ax^2+c}) & (a>0) \\[4mm] \dfrac{x}{2}\sqrt{ax^2+c} + \dfrac{c}{2\sqrt{-a}}\arcsin\left(\sqrt{\dfrac{-a}{c}}\,x\right) & (a<0) \end{cases}$

(9) $\begin{aligned}\int_0^{\frac{\pi}{2}}\sin^n x\,\mathrm{d}x \\ \int_0^{\frac{\pi}{2}}\cos^n x\,\mathrm{d}x\end{aligned} = \begin{cases} \dfrac{(n-1)!!}{n!!}\times\dfrac{\pi}{2} & (n=\text{正偶数}) \\[4mm] \dfrac{(n-1)!!}{n!!} & (n=\text{正奇数}) \end{cases}$

(10) $\int_0^{\infty}\dfrac{\sin ax}{x}\,\mathrm{d}x = \begin{cases} \dfrac{\pi}{2} & (a>0) \\[4mm] -\dfrac{\pi}{2} & (a<0) \end{cases}$

(11) $\int_0^{\infty} e^{-ax}x^n\,\mathrm{d}x = \dfrac{n!}{a^{n+1}}$ （$n=$ 正整数，$a>0$）

(12) $\int_0^{\infty} e^{-ax^2}\,\mathrm{d}x = \dfrac{1}{2}\sqrt{\dfrac{\pi}{a}}$

(13) $\int_0^{\infty} x^{2n}e^{-ax^2}\,\mathrm{d}x = \dfrac{(2n-1)!!}{2^{n+1}}\sqrt{\dfrac{\pi}{a^{2n+1}}}$

(14) $\int_0^{\infty} x^{2n+1}e^{-ax^2}\,\mathrm{d}x = \dfrac{n!}{2a^{n+1}}$

(15) $\int_0^{\infty}\dfrac{\sin^2 ax}{x^2}\,\mathrm{d}x = \dfrac{\pi a}{2}$

(16) $\int_0^{\infty} xe^{-ax}\sin bx\,\mathrm{d}x = \dfrac{2ab}{(a^2+b^2)^2}$ （$a>0$）

$\int_0^{\infty} xe^{-ax}\cos bx\,\mathrm{d}x = \dfrac{a^2-b^2}{(a^2+b^2)^2}$ （$a>0$）

附录 Ⅲ　矩阵运算

　　把 $M\times N$ 个数 A_{mn}（$m=1,2,3,\cdots,m$；$n=1,2,3,\cdots,N$）按行（m）和列（n）排列，即得到矩阵：

$$\begin{bmatrix} A_{11} & A_{12} & \cdots & A_{1N} \\ A_{21} & A_{22} & \cdots & A_{2N} \\ \cdots & \cdots & \cdots & \cdots \\ A_{M1} & A_{M2} & \cdots & A_{MN} \end{bmatrix}$$

该矩阵可用符号 A 表示。

矩阵相等： 两个矩阵 A 和 B，若 A 与 B 中同行、列的元素都对应相等，即 $A_{mn}=B_{mn}$，则两矩阵相等，用矩阵符号表示为 $A=B$。

矩阵相加： 两矩阵 A 和 B 的行数与列数相等，则两矩阵相加可得到矩阵 C，C 中的矩阵元 C_{mn} 为 A、B 矩阵中相应矩阵元的和，即 $C_{mn}=A_{mn}+B_{mn}$，用矩阵符号表示为 $C=A+B$。矩阵加法满足交换律 $A+B=B+A$ 和结合律 $(A+B)+C=A+(B+C)$。

矩阵相乘： 若一个 l 列矩阵 A 和一个 l 行矩阵 B 可相乘得到矩阵 C，则 C 的矩阵元和 A、B 中矩阵元的关系为 $C_{mn}=\sum_l A_{ml}B_{ln}$，矩阵符号表示为 $C=AB$。矩阵相乘一般不满足交换律，但满足结合率 $(AB)C=A(BC)$。

转置矩阵： 把矩阵 A 的行和列交换，所得到的新矩阵即为原矩阵 A 的转置矩阵，用符号 A^T 表示，$A_{mn}^T=A_{nm}$。

共轭矩阵： 在转置矩阵 A 中，所有矩阵元都用它的共轭复数代替，得到的新矩阵称为原矩阵 A 的共轭矩阵，用符号 A^+ 表示，即 $A_{mn}^+=(A^T)_{mn}^*=A_{nm}^*$。

厄米矩阵： 若矩阵 A 和它的共轭矩阵 A^+ 相等，即 $A=A^+$，则称 A 为厄米矩阵。

附录Ⅳ 梯度、散度与旋度

定义向量算符 $\nabla=\dfrac{\partial}{\partial x}\vec{e}_x+\dfrac{\partial}{\partial y}\vec{e}_y+\dfrac{\partial}{\partial z}\vec{e}_z$，其中 $\vec{e}_i$（$i=x$，y，z）为直角坐标系中的单位向量，则一个数量函数 f 的梯度为

$$\nabla f=\frac{\partial f}{\partial x}\vec{e}_x+\frac{\partial f}{\partial y}\vec{e}_y+\frac{\partial f}{\partial z}\vec{e}_z。$$

梯度表示函数 f 在空间中某一点的陡峭程度。

梯度有如下基本性质：

$$\nabla(f+g)=\nabla f+\nabla g$$

$$\nabla(f \cdot g)=g\nabla f+f\nabla g$$

$$\nabla f^2=2f\nabla f$$

矢量函数 $\vec{\phi}$ 的散度定义为

$$\nabla \cdot f = \frac{\partial \phi_x}{\partial x} + \frac{\partial \phi_y}{\partial y} + \frac{\partial \phi_z}{\partial z}$$

散度和梯度一样，是线性算子，有

$$\nabla \cdot (\boldsymbol{\phi} + \boldsymbol{\psi}) = \nabla \cdot \boldsymbol{\phi} + \nabla \cdot \boldsymbol{\psi}$$

矢量函数 $\vec{f}$ 的旋度定义为

$$\nabla \times \boldsymbol{\phi} = \begin{vmatrix} \vec{e}_x & \vec{e}_y & \vec{e}_z \\ \dfrac{\partial}{\partial x} & \dfrac{\partial}{\partial y} & \dfrac{\partial}{\partial z} \\ \phi_x & \phi_y & \phi_z \end{vmatrix}$$

对数量函数 f 的梯度求散度，可得：

$$\nabla \cdot \nabla f = \frac{\partial^2 f}{\partial x^2} + \frac{\partial^2 f}{\partial y^2} + \frac{\partial^2 f}{\partial z^2}$$